JN427114

설 계 실 무 입 문

Architectural Professional Practice

옥 태 범

2014. 4.
개정판

명지대학교 출판부

표지사진
명지대학교 자연캠퍼스 차세대과학관(2008. 10. 준공)
총괄 명지대학교 건축대학 건축도시설계원 김석철학장
설계 건축도시설계원 옥태범건축사
감리 간삼건축/ 시공 TEC건설(구 명지건설)

개정판 서문

본 교재는 명지대학교 건축대학 건축학부 전공필수과목인 "설계실무1(이론)Professional Practice 1(Theory)"의 강의록에서 비롯되어 2011년 1월에 초판이 발행되었다. 몇 년이 지나면서 달라진 몇몇 내용을 손보고 약간의 첨삭을 더하여 이번에 개정판을 내게 되었다.

2011년 필자가 강의하기 이전에 개설된 설계실무1은 크게 두 가지 방식으로 진행되었는데, 교수의 이론 위주로 진행하는 것이 첫 번째 방식이고
두 번째 방식은 학생들이 가상으로 설계사무소를 창업하고 운영하며, 교수는 그에 필요한 지침을 제공하는 것이다.
본 교재는 설계실무라는 명칭에 부합되도록 주로 두 번째 방식을 채택하였다.

본 교재의 틀은 이 분야에서 고전적인 위치에 있는 "건축설계실무핸드북"을 참조하였으며, 내용은 필자의 실무 경험 및 기타 유용한 국내 사례들로 구성하였다.

또한 설계실무1이 실무영역의 전공필수과목으로서 인증 대상에 해당되므로 한국건축학교육인증원의 학생수행평가기준에 부족함이 없도록, 강의에서는 몇몇 안건과 과제를 추가하였다. 과제목록은 부록에서 확인할 수 있다.

미약하나마 본 교재가 학생 및 초심자들의 건축실무 입문에 도움이 된다면 더 바랄 나위가 없겠다.

2014년 4월

함박산 기슭 건축실무연구실에서

옥 태 범

목 차

제1장 개업 준비와 용역 범위
Firm Planning and Defining Services

§ 핵심 가치와 사업 모형

■ 창업 모형
국내에서의 몇 가지 유형을 살펴보면 다음과 같다.
◦ 독창적인 아이디어로 새로운 형식의 건물을 창조하는 천재 유형
◦ 한두 가지 특화된 영역을 특화하는 한 우물 파기 유형
◦ 클라이언트와의 공생을 통해 시장을 선점하는 이너 써클 유형
◦ 무엇이든 다 할 수 있는 팔방미인 유형
◦ 무엇이든 다 해야 하는 뷔페 유형
◦ 바쁜 고객을 위한 패스트푸드 레스토랑 유형, 등등

■ 사업계획 수립
낭신의 핵심 가치에 따라 회사의 사업계획이 수립된다.
◦ 회사의 대표적인 가치는 무엇인가?
설계(디자인)인가, 기술력인가, 조직력 혹은 규모인가
◦ 그 가치의 원동력은 누구인가?
창업자인가, 대표건축가인가, 임원진인가, 실무자인가
◦ 회사의 10년 후의 비전은 무엇인가?
그에 따른 업무전략은 외적인 경쟁력인 수주능력과 내적인 경쟁력인 업무수행 능력에 따라 달라진다.

§ 창업 준비

■ 건축사 및 사무소 현황
◦ 건축사 합격자: 약 17,000명(2009년 현재)
◦ 시청(구청)에 등록된 건축사: 약 10,600명(2010년 현재)
☞ 합격 건축사의 약 62%
◦ 시청(구청)에 등록된 건축사사무소: 약 9,800개(2010년 현재)
◦ 대한건축사협회 회원 건축사: 약 8,200명(2010년 현재)
☞ 등록 건축사의 약 77%
◦ 대한건축사협회 회원 건축사사무소: 약 7,400개(2010년 현재)
☞ 등록 건축사사무소의 약 70%
◦ 건축사자격 등록제도(2012.5.31 시행)

이 숫자는 계속 변한다. 매년 새로운 건축사가 탄생하고 새로운 건축사사무소가 개업하지만 다른 한편에서는 적지 않은 회사가 폐업하고 있다. 미국건축사협회에 의하면 매년 약 1천여 개의 새로운 회사가 개업하지만 이런 저런 이유로 3년 이후에도 존재하는 확률은 1/4에 불과하다고 한다. 국내에서도 개업을 앞둔 건축가에게 이 '3년' 법칙은 유효하다.

다음은 건축사사무소를 개업하기 위해 필요한 절차와 서류이다.

■ 건축사 제도

WTO 및 FTA의 확대에 따른 시장개방에 직면하여 국제기준에 맞는 자격제도가 요구되는 한편, 설계수준을 높이고 전문성을 확보하기 위하여 건축사제도가 2012.5.31. 이후 아래와 같이 변경되었다.

◦ 절차: 교육 이수- 실무수련- 자격시험 및 취득- 자격등록- 실무교육- 갱신등록
◦ 국제 수준의 자격체계와 유지관리를 위해 건축사등록원 설립 및 운영

■ 건축사[1]建築士 자격증

건축사 자격증은 건축사사무소의 가장 기본적이고도 필수적인 요건이다. 소관부처는 국토교통부이다. 이전에는 면허증이었는데 현재는 자격증이다.

건축사면허증
건설부장관

건축사면허증(구형)

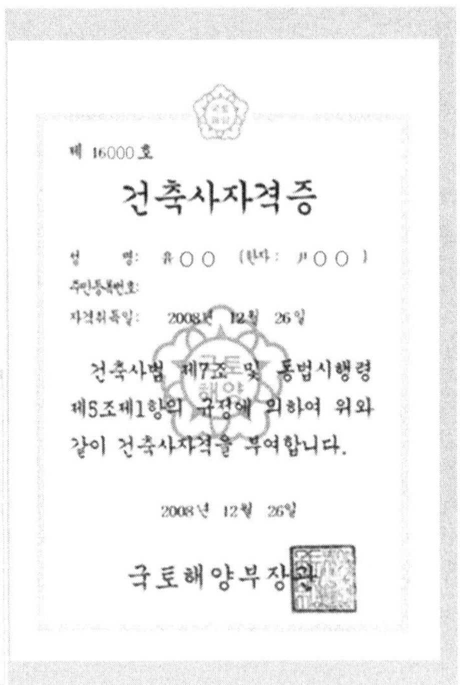
제 16000호

건축사자격증

성 명: 유○○ (한자: 尹○○)
주민등록번호:
자격취득일: 2008년 12월 26일

건축사법 제7조 및 동법시행령 제5조제1항의 규정에 의하여 위와 같이 건축사자격을 부여합니다.

2008년 12월 26일

국토해양부장관

건축사면허증(신형)

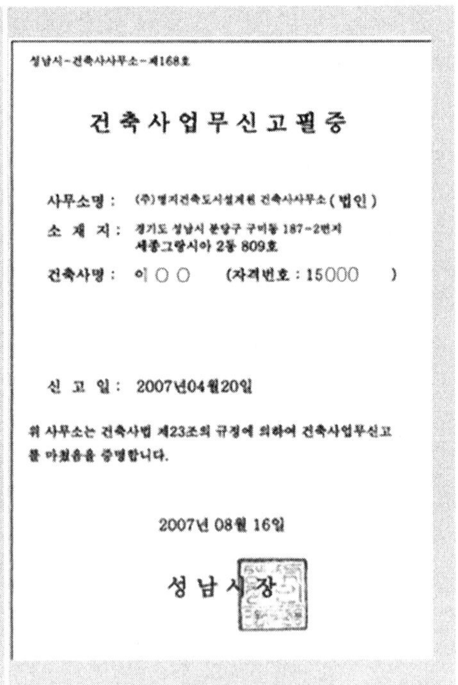
성남시-건축사사무소-제168호

건축사업무신고필증

사무소명: (주)[illegible] 건축사사무소(법인)
소 재 지: 경기도 성남시 분당구 구미동 187-2번지 세종그랑시아 2동 809호
건축사명: 이○○ (자격번호: 15000)

신 고 일: 2007년04월20일

위 사무소는 건축사법 제23조의 규정에 의하여 건축사업무신고를 마쳤음을 증명합니다.

2007년 08월 16일

성남시장

건축사업무신고필증

■ 건축사업무신고필증

건축사가 개업하려면 개설하고자 하는 지역의 시청(구청)에 등록을 신청해야 한다.

---

1) 건축사라 함은 국토해양부장관이 시행하는 자격시험에 합격한 자로서 건축물의 설계 또는 공사감리의 업무를 행하는 자를 말한다(건축사법 제2조(정의) 1호)

제출서류는 건축사업무신고서[2]와 자격증 사본, 사무실보유증명서[3]가 필요하며, 등록을 필하면 건축사업무신고필증을 교부한다. 소관부처는 시청(구청)이다.[4]

■ 법인등기부등본

'법인'이라 함은 '자연인'과 대립되는 개념으로서, 자연인이 아니면서도 법에 의하여 권리 능력이 부여되는 조직이다[5].

법인등기부등본은 회사의 상호, 목적, 회사가 발해할 주식의 총수, 1주의 금액, 본점의 소재지번, 회사가 공고하는 방법, 자본의 총액, 발행주식의 총수 그리고 자본규모와 그 구성에 관한 정보를 포함하고 있다. 법인등기부등본은 법인의 주민등록등본이라 할 수 있으며 등록번호도 주민등록번호와 마찬가지로 '000000-0000000'의 자릿수로 구성되어 있다. 소관부처는 대법원이며 실제 접수, 처리는 등기소에서 한다.

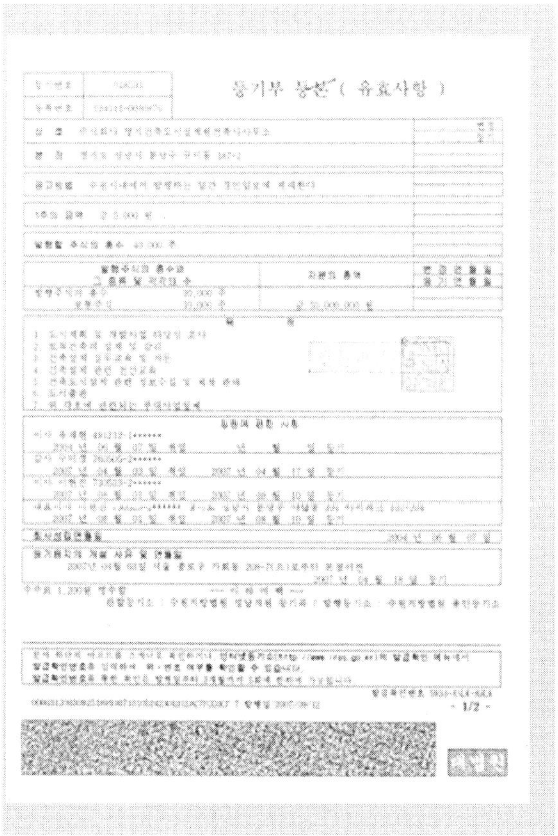

법인등기부등본 1면

법인등기부등본 2면

2) 자세한 양식은 부록 참조

3) 사무실 임대차계약서를 뜻한다. 사무실의 일반건축물대장 용도가 사무소(업무시설 중 일반업무시설 중 사무소 혹은 제2종 근린생활시설 중 사무소($500m^2$ 미만))이어야 한다.

4) 개업 이후에는 '건축사의 양성과정부터 건축사의 자격취득 이후 활동 전 과정을 체계적으로 관리하기 위해 정부로부터 위탁받아 대한건축사협회에서 설립한 건축사 자격관리 전담기관'인 건축사등록원KARB에 등록하여야 한다.

5) 법인에 대해 간단히 말하자면 개인사업체의 대표는 개인 '000'이지만, 법인사업체의 대표는 사람과 무관하게 항상 '대표이사' 자체이다. 현직 대표이사인 사람 000는 그 역할을 실제로 (대행)할 뿐이고 퇴임하면 대표이사와 무관하다. 따라서 법인의 도장인 법인인감에는 사람 이름 없이 '대표이사'로만 각인되어 있다.

■ 사업자등록증

회사가 사업을 개시하면서 관할세무서에 신고하면 사업자등록번호[6]와 사업자등록증을 교부받게 된다. 사업자등록번호는 세법상의 주민등록번호와 같은 것으로서 계산서[7] 등에 기재해야 하며 사업자등록증은 사업장에 비치해야 한다. 소관부처는 세무서이다.

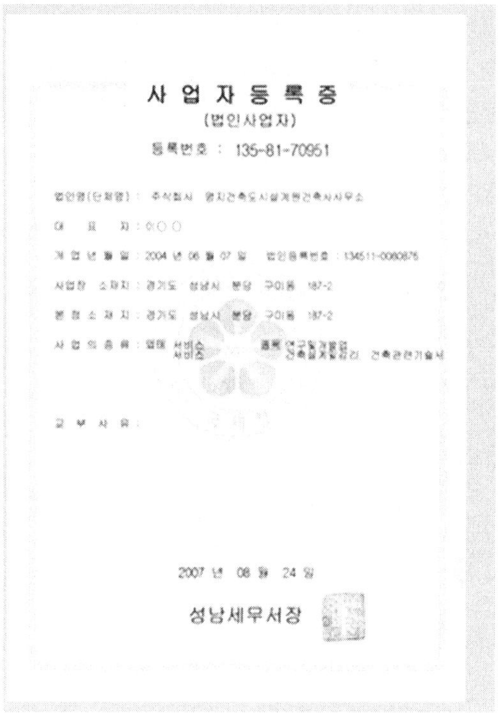

사업자등록증

(법인사업자)

등록번호 : 135-81-70951

대 표 자 : 이○○

개 업 년 월 일 : 2004 년 06 월 07 일 법인등록번호 : 134511-0060876

사업장 소재지 : 경기도 성남시 분당 구미동 187-2

본 점 소 재 지 : 경기도 성남시 분당 구미동 187-2

교 부 사 유 :

2007 년 08 월 24 일

성남세무서장

사업자등록증

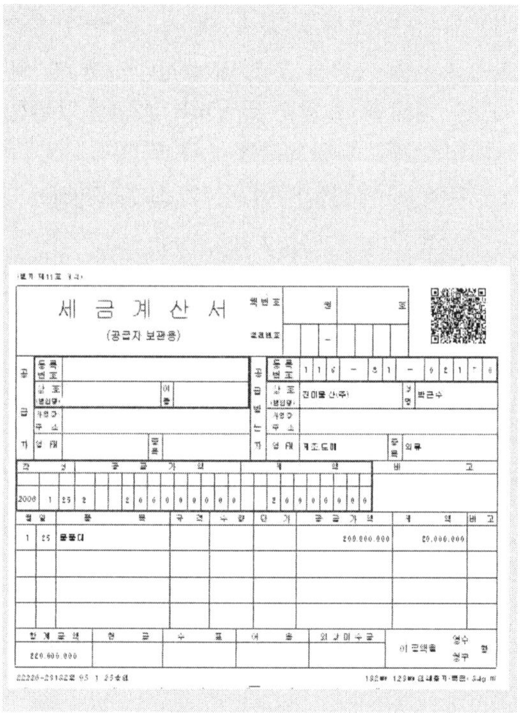

세금계산서

(공급자 보관용)

세금계산서

---

6) 사업자등록번호는 모두 10개의 숫자가 000-00-00000 형태로 표기되는데, 앞의 세 자리 수는 국세청과 세무서별 코드이며, 가운데 두 자리 수는 개인과 법인을 구분하는 코드이고, 끝의 다섯 자리 수 중 앞에서부터 네 번째까지의 수는 과세사업자나 면세사업자 또는 법인사업자별로 등록 또는 지정일자를 일련번호로 나타낸 것이고, 맨 끝 자리 수는 전산시스템으로 오류를 검증하기 위해 부여되는 검증번호이다.

7) 계산서의 종류에는 영수증, (그냥) 계산서, 세금계산서가 있다. 공히 사업자가 물건을 사고 팔 때 작성하는 서류로서, 부가가치세 과세사업자가 발행하는 것은 세금계산서, 면세사업자가 발행하는 것을 (그냥) 계산서라고 하며 작성 능력이 부족하거나 작성 필요성이 적은 경우에 사용할 수 있도록 간편하게 만든 서류가 영수증이다.

■ 다음은 인감[8]과 관련된 사항이다.

법인의 경우에는 법인인감과 사용인감이 있다.
법인인감은 한 법인체에 하나 뿐인 인감으로, 등기소에 그 인발이 보관되어 필요시 인감증명서로 증빙된다. 법인 인감증명서는 도장 없이 신청한다.
사용인감은 법인인감 하나로 부족한 경우에 자체적으로 추가해서 사용하는 일종의 복사본이라 할 수 있으며 자체적으로 제작한 사용인감계로 증빙된다. 이는 마치 사본을 증빙할 때 원본대조필 스탬프와 도장 날인으로 보증하는 것과 마찬가지이다.

일반적 형태의 법인인감(★)과 사용인감(3)

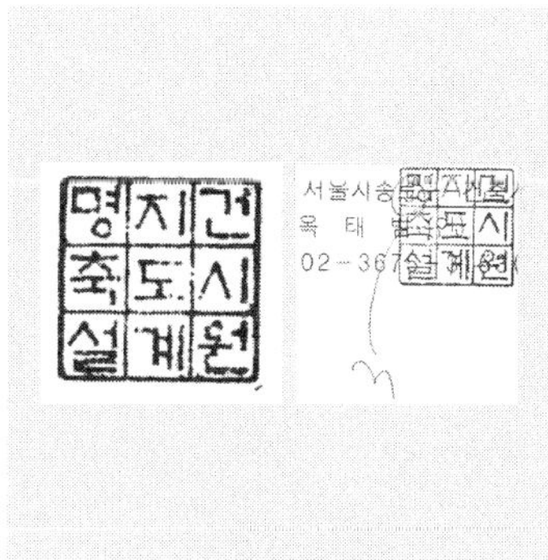

특이한 형태의 법인인감(좌)과 사용인감(우, '3')

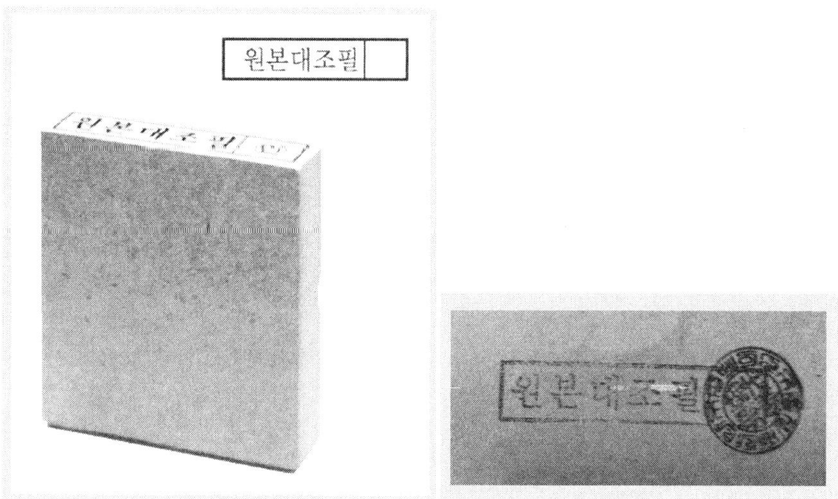

인감날인으로 사본을 증빙하는 원본대조필 스탬프

8) 당사자의 동일성 여부를 확인하기 위하여 관공서 또는 거래처 등에 미리 제출해 두는 특정한 인장.

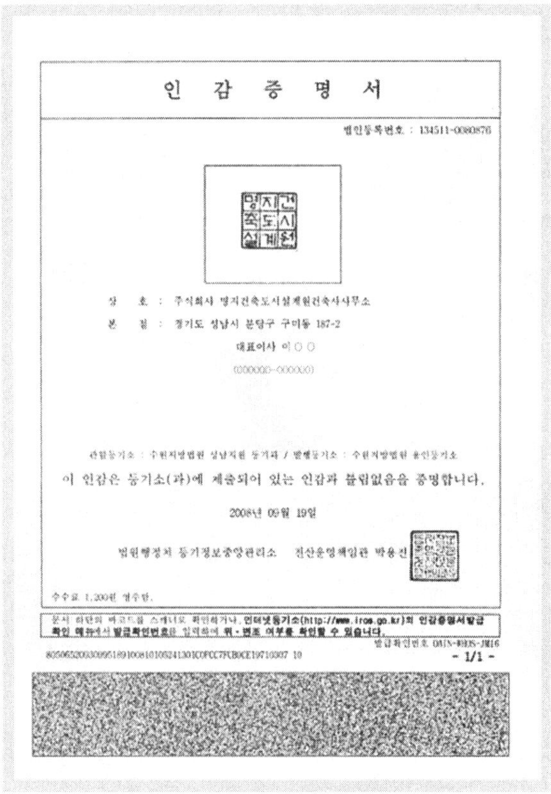

인 감 증 명 서

법인등록번호 : 134511-0080876

상 호 : 주식회사 명지건축도시설계원건축사사무소
본 점 : 경기도 성남시 분당구 구미동 187-2
대표이사 이○○
(000000-000000)

이 인감은 등기소(과)에 제출되어 있는 인감과 틀림없음을 증명합니다.

2008년 09월 19일

법원행정처 등기정보중앙관리소 전산운영책임관 박용진

수수료 1,200원 영수함.

- 1/1 -

법인인감증명서
위에 회사 인감, 아래에 증명청 인감

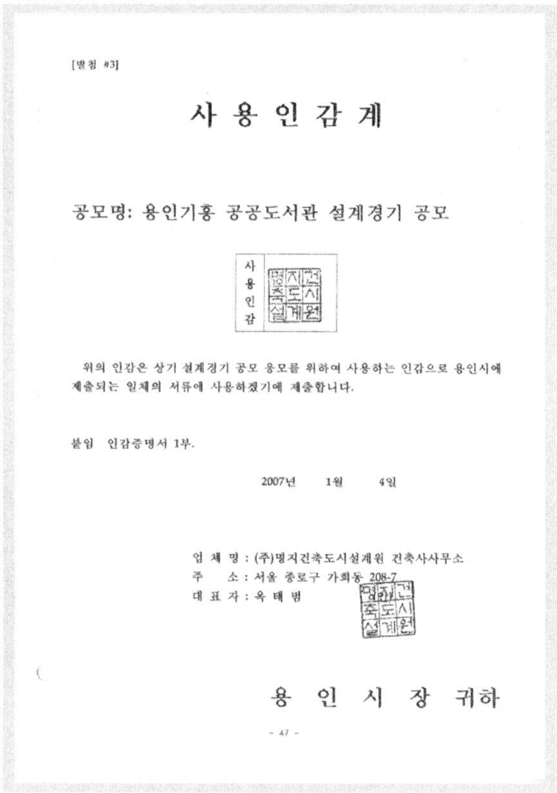

[별첨 #3]

사 용 인 감 계

공모명: 용인기흥 공공도서관 설계경기 공모

위의 인감은 상기 설계경기 공모 응모를 위하여 사용하는 인감으로 용인시에 제출되는 일체의 서류에 사용하겠기에 제출합니다.

붙임 인감증명서 1부.

2007년 1월 4일

업 체 명 : (주)명지건축도시설계원 건축사사무소
주 소 : 서울 종로구 가회동 208-7
대 표 자 : 옥 태 범

용 인 시 장 귀하

- 47 -

사용인감계
위에 사용 인감, 아래에 법인 인감

개인의 경우에는 개인인감이 있으며 역시 인감증명서로 증빙된다.
개인의 인감증명서는 동사무소에서 발급된다.

§ 회사의 법적 구조

회사의 종류는 관점에 따라 여러 가지로 분류될 수 있다.

1) 상법상의 분류
상법에서는 자본과 사원[9]의 책임한도에 따라 다음과 같이 분류한다.

- 합명회사合名會社, Ordinary Partnership

사원 모두가 회사의 채무에 대하여 직접 연대하여 무한 책임을 지는 회사. 소규모 기업에서 흔히 볼 수 있는 기업 형태이다.

- 합자회사合資會社, Limited Partnership

두 사람 이상이 자본을 대어 만든 회사. 유한·무한 사원으로 조직되는데, 무한 사원은

9) 일반적 의미의 사원은 피고용자를 지칭하지만 상법상으로는 출자자를 지칭한다.

업무의 집행에 관한 권리 및 의무를 가지고, 유한 사원은 재산에 대한 한정된 권한 및 감독권을 가진다.

■ 유한회사有限會社, Private Company
50인 이하의 유한 책임 사원으로 조직되는 회사. 사원들은 자본에 대한 출자 의무를 부담하며 회사 채무에 대하여서는 출자액의 한도 내에서만 책임을 진다.

■ 주식회사株式會社, Company Limited by Shares, Corporation
주식의 발행을 통하여 여러 사람으로부터 자본을 조달받는 회사. 7인 이상의 주주가 유한 책임 사원이 되어 설립되는 회사로, 자본과 경영이 분리되는 회사의 대표적인 형태이다.

2) 사회학적 형태에 따른 분류
사원의 수가 적고 그 개성이 짙으며 사원이 누구인가 하는 회사의 인적요소를 강조하는 회사를 인적회사라 하고, 사원의 수가 많고 그 개성이 희박하며 회사 재산이라는 회사의 물적요소를 강조하는 회사를 물적회사라 한다. 물적회사는 자본회사라고도 하며 가장 대표적인 형태가 주식회사이고, 유한회사는 물적회사의 색채가 강한 회사로 볼 수 었다. 또한 인적회사의 전형적 형태는 합명회사이고, 합자회사는 인적회사에 가까운 형태로 볼 수 있다.

■ 인적회사人的會社, Personengesellschaft
사원 상호 간의 결합 관계가 깊고 회사의 활동이 사원들의 인적 조건에 따라 이루어지는 회사. 사원들이 함께 출자하고 경영에 참여하며 책임도 함께 진다. 대표적으로는 합명회사가 있으며, 합자회사도 인적회사에 가깝다.
속칭 개인회사라 불리는 조직이 여기세 속한다고 할 수 있다.

■ 물적회사物的會社, Realgesellschaft, 자본회사
자본과 같은 물적 조건에 의하여 결합된 회사. 대표적으로는 주식회사가 있으며, 유한회사도 물적회사의 색채가 강하다

3) 규모에 따른 분류

■ 대규모기업집단
대기업의 경제적 집중을 억제하고 경제정의를 실현하기 위하여 공정거래위원회가 매년 일정규모의 기업을 관리대상으로 지정하는 제도로서 속칭 재벌그룹이 이에 해당된다.

■ 대기업
대규모기업집단이나 중소기업 양쪽에 속하지 않는 기업.

■ 중소기업

대기업에 비해 상대적으로 규모가 작은 기업으로서, 국내법[10]에 의하면 광공업 등에서는 상시종업원 300(건설업은 50)인 이하이거나 자산총액이 5억 원 이하, 서비스업에서는 상시종업원 20인 이하이거나 자산총액이 5천만 원 이하로 규정하고 있다. 그러나 실제로 중소기업의 정의는 논의의 대상에 따라 달라진다.

4) 회사 간의 지배관계에 의한 분류

■ 지배회사支配會社, Controlling Company, 모회사
콘체른(기업결합형태)을 조직하고 있는 기업 집단 가운데, 자본의 출자에 의하여 다른 기업들을 지배하는 회사. 순수한 지배회사와 지배회사 겸 사업회사가 있다.
유사한 의미로 지주회사(持柱會社, Holding Company)가 있는데, 다른 회사의 주식을 보유함으로써 그 회사를 독점적으로 지배하는 회사를 뜻한다. 순수지주회사와 사업지주회사가 있다.

■ 종속회사從屬會社, Subsidiary Company
지배회사에 상대되는 개념으로 자회사(子會社)를 뜻한다. 실질적으로 어떤 기업에 종속되고 있다는 의미에서 관계회사(關係會社)라고도 한다.

5) 목적에 의한 분류

■ 상사회사商事會社, Commercial Firm
상행위 및 영리를 목적으로 설립된 사단 법인으로서 합명 회사, 합자 회사, 주식회사, 유한 회사 따위가 있다. 줄여서 상사(商社)라고도 한다.

■ 민사회사民事會社
상행위 이외의 영리를 목적으로 설립된 사단 법인으로서 어업 회사, 광업 회사, 임업 회사, 농업 회사 따위가 있다.

6) 법인法人, Juridical Person, Corporation의 종류
자연인이 아니면서 법에 의하여 권리 능력이 부여되는 사단과 재단을 뜻한다. 법률상 권리와 의무의 주체가 될 수 있으며, 공법인과 사법인, 사단법인과 재단법인, 영리 법인과 비영리법인(공익법인), 중간법인 그리고 외국법인과 내국법인 따위로 나눈다. 비슷한 말로서 무형인・법인체가 있다.

■ 공법인公法人, Public Corporation
특정한 공공 목적을 위하여 설립한 법인으로 일반적으로 국가의 의사에 의하여 형성되며 그 목적에 부합되는 범위 안에서 행정권이 부여된다. 지방자치단체, 공공조합, 공사(公社), 공사단(公社團) 따위이다.

---

10) 중소기업법(1966년 12월 제정)

■ 사법인私法人, juridical Person of Private Law
사법(私法)에 바탕을 둔 법인으로 그 내부의 법률에 국가나 공공 단체의 강제적 권력이 작용하지 않는 법인이다. 내부 조직에 따라 사단법인과 재단법인으로, 목적에 따라 영리법인과 비영리법인(공익법인)으로 나눈다.

■ 영리[11]법인營利法人, Profit Corporation
재산상의 이익을 목적으로 하는 사단 법인으로 상법에서 회사를 이르는 말이다. 비슷한 말로서 영리사단・영리사단법인이 있다. 영리법인은 사단법인에 한하고 재단법인에는 인정되지 않는다.

■ 비영리법인非營利法人, Nonprofit Corporation, 공익법인
자체의 이익을 추구하지 아니하고 공익을 목적으로 사업을 하는 법인으로 학술 ·종교 ·자선 ·기예 ·사교 등의 법인이 있으며 비영리사단법인과 비영리재단법인으로 나뉜다. 이윤을 구성원에게 분배하지 않는 한, 본질에 반하지 않는 정도[12]의 수익행위가 허용된다.

■ 사단법인社團法人, Incorporated Association
일정한 목적을 위하여 결합한 사람의 단체를 실체로 하는 법인이다.
사단법인은 민법상의 사단법인, 상법상의 사단법인 곧 상사회사 등으로 구분할 수 있다.
예시) 사단법인 한국건축가협회, (사)새건축사협의회 등은 비영리 법인이고 주식회사 등은 영리 법인이다.

■ 재단법인財團法人, Foundation Corporation
사람이 결합된 사단법인에 대비되는 개념으로서, 일정한 목적에 바쳐진 재산을 개인소유로 하지 않고 독립된 것으로 운영하기 위하여 법률적으로 구성된 법인이다. 민법상 재단법인은 학술 ·종교 ·자선 ·기예 ·사교 등의 법인이 있다. 특별법에 의하여 설립되는 재단법인으로 학교법인 ·사회복지법인 ·의료법인 등이 있다. 줄여서 재단이라고 한다.

■ 내국법인內國法人, Domestic Corporation
국내법에 의하여 설립되어 국내에 주소를 둔 법인으로서 외국법인에 대응하여 한국법인이라고도 한다.

■ 외국법인外國法人, Foreign Corporation
내국법인이 아닌 법인.

7) 증권거래법상의 분류
증권거래법에서는 상장, 비상장에 따라 유가증권시장 상장법인, 코스닥시장 상장법인, 제3시장 지정법인, 금융감독원 등록법인, 외감법인, 기타법인 등으로 분류하고 있다.

---

11) 영리란 사업의 이윤을 추구하고 그 이익을 구성원에게 분배하여 경제적 이익을 도모하는 것을 말한다.
12) 사용료를 받는 시설의 임대, 입장료를 징수하는 전시회의 개최 등이 그 예이다.

■ 유가증권시장 상장법인
회사의 주식이 유가증권시장에 상장되어 매매가 자유롭게 이루어지는 회사를 말한다.
■ 코스닥시장 상장법인
주식 매매가 코스닥시장에서 이루어지는 회사를 말한다.
■ 제3시장 지정법인
장외주식 호가중개시장에 속하는 회사를 말한다.(증권거래소, 코스닥시장에 이어 3번째로 개장했다는 의미)
■ 비상장법인
상장법인 이외의 회사를 말한다. 등록법인, 외감법인, 기타법인으로 구분된다.

8) 기타
그 외에 과세의 관점에서 개인사업자와 법인사업자로 구분하기도 한다.

§ 건축용역의 범위

■ 용역(用役, Service)이란 무엇인가?
용역이란 물질적 재화Goods의 형태를 취하지 아니하고 생산과 소비에 필요한 노무를 제공하는 일로서 '품'을 의미한다. 용역업을 설명하는 가장 쉬운 예로 의사를 들 수 있다. 의사가 무엇을 만들어내는가? 의사는 무엇을 '만드는' 사람이 아니라 무엇을 '하는' 사람이다.
용역업의 가장 중요한 특징은 그 일이 일 하는 사람의 손(=머리)에 달려있고 그 일은 시간의 제한을 받는다는 데 있다. 건축설계는 용역이다.

■ 건축물의 생성 프로세스
건축물은 한 사람에 의해 지어지지 않고 클라이언트, 설계자, 시공자가 그리고 허가권자 등의 개입이 필요하다. 최근에는 프로젝트가 대형화, 복잡화, 전문화됨에 따라 공사관리자C.M.나 개발업자Developer 등도 개입된다. 건축물이 시작부터 완성되기 까지는 다음과 같은 복합적인 관계를 맺게 된다.

구 분	프로젝트의 진행			
클라이언트	구상, 기획			분양, 사용, 관리
설계자	기획	설계	사후설계관리, 감리	
시공자	기획		시공	
허가권자		심의, 허가	착공, 사용승인	
CM Developer				

■ 설계Design

설계단계를 좀 더 세분하여 설명하자면 다음과 같다.

◦ 기획업무Preliminary Study

◦ 계획설계Schematic Design

계획 설계는 건축가가 자신의 설계의도를 표현하는 것이다. 구상하는 건물이 예를 들어 세모인지, 네모인지 혹은 원인지를 결정하여 보여주는 단계이다. 정확한 치수 대신 스케치와 같이 손으로 그린 도면이나 이미지가 사용된다. 의도를 보다 효과적으로 표현하기 위해 색채를 사용하기도 하며 모형은 주로 정교성 보다는 이미지 전달을 우선으로 한다.

◦ 기본설계Design Development(중간설계)

기본 설계는 결정된 디자인을 구체화하여 그 뼈대를 세우는 작업이다. 계획 설계의 결과물에 정확한 치수를 부여하고 평면과 단면, 입면 간에 물리적으로 정확하게 일치시키며, 건축의 구체화가 완료되면 구조와 설비 같이 관련 영역으로 업무범위가 확장된다. 행정단계로는 대략 심의단계에 해당한다.

◦ 실시설계Construction Documents

실시 설계는 말 그대로 공사를 위한 도면 및 서류를 작성하는 작업이다. 기본도면(배치도, 평면도, 입면도, 단면도 등) 만으로는 시공하기에 부족하므로 추가로 확대 및 상세도면을 작성하고 이와 함께 시방서도 작성한다. 구조 및 설비분야의 계산서, 시방서, 내역서도 함께 작성된다. 행정단계로는 대략 허가에 해당한다.

◦ 사후설계관리Construction Administration

사후설계관리업무는 현장설계를 포함하는 일체의 관리업무를 칭한다. '현장설계'란 현장에서 건물이 세워지면서 보완되어야 할 디자인 업무로서 '감리'와는 구분된다. 시공도라 불리는 Shop Drawing은 시공자가 작성하는 경우에는 감리자의 승인을 득하게 되지만, 한편으로는 설계자에 의해 작성되는 일종의 현장설계도면이라고도 할 수 있다. 사후설계관리는 법적으로 감리업무를 수행하지 않는 경우에도 설계계약조건[13]에 의해 설계자의 업무로 존재할 수 있다.

◦ 감리Supervision

감리의 법적이고도 상식적인 의미는 공사가 설계도면대로 진행되는 지를 확인하고 지도하는 것이다.

■ 행정절차에 따른 단계별 설계

설계와 감리의 진행 단계별 행정절차는 다음과 같다.

단 계		주안점	도서의 종류	행정절차
기획 업무		입지, 사업타당성 검토	기획서	
설계	계획설계	설계의도 설명	도면, 모형, 이미지	
	기본설계	칫수 구체화, 구조 및 설비방식 결정	기본도면과 개요, 계획서	심의
		각 부 디자인 발전	확대단면 등	허가
	실시설계	공사용 도면 및 서류	상세도, 시방서, 계산서, 내역서	(납품)
공사	착공		착공신고서, 도면	착공검사
	사후설계관리, 감리			중간보고
	준공		사용승인신청서, 도면	사용승인, 건축물대장
사용, 유지관리				등기

■ 건축사사무(建築士事務所 Architectural Firm의 업무

건축사사무소의 주요 업무는 첫째가 설계이고 둘째가 감리이다. 2000년대에 들어와 각광받고 있는 CM이 현행법상 감리의 형식에 의해 진행되기 때문에 전문적인 CM회사 뿐 아니라 대부분의 대형 건축사사무소들도 CM을 표방하며 그 조직을 강화하고 있다.

건축사의 업무범위는 다음과 같다.

---

13) 발주자에 따라서는 설계용역비의 최종 지급시점을 설계가 종료되는 시점인 실시설계도서의 제출이 하니라 공사가 종료되는 준공시점으로 잡기도 한다. 발주자의 입장에서는 설계자와 시공자가 분리되는 경우에 불가피한 조치라고 할 수 있다.

- 설계업무
  - 기획업무
  - 건축설계업무: 계획설계, 기본설계(중간설계), 실시설계
  - 사후설계관리업무
  - 그 외에 리모델링 설계업무, 인테리어 설계업무 등
- 공사감리업무:
  - 수시(법정)감리
  - 상주감리
  - 책임감리
  - 그 외에 건축물의 사후관리 매뉴얼 작성 업무, 설계감리 업무 등
- 건설사업관리CM 업무
- 지구단위계획, 주택재건축 또는 도시환경정비사업을 위한 계획, 공원계획
- 그 외에
  - 건축물의 조사 또는 감정에 관한 업무
  - 건축물의 현장 조사 및 검사 등에 관한 업무
  - 건축공사 준공도서를 작성하는 업무
  - 종합계획도Master Plan 작성업무
  - 건축공사 사업타당성 분석업무
  - 건축물의 수명비용 분석 업무Life Cycle Cost Analysis
  - 건축물의 분양관련 지원업무
  - 기타 건축사가 참여하는 업무

■ 건축물의 각 단계별 업무비율

◦ 단일 프로젝트의 경우(건축사협회 규정)

구 분	일괄수행시	분리수행시
계획설계	20%	25%
중간설계(기본설계)	30%	35%
실시설계	50%	50%
계	100%	110%

◦ 사무소 전체(예시)

다수의 프로젝트를 진행하는 사무소 전체입장에서의 점유비율		
계획설계	50%	규모검토 단계의 프로젝트는 많으나, 실시설계까지 진행하는 경우는 많지 않다는 의미.
중간설계(기본설계)	15%	
실시설계	35%	

위의 내용을 간단하게 표로 정리하면 다음과 같다.

- 설계업무 : 기획업무, 계획설계, 기본설계, 실시설계
- 감리업무 : 법정감리, 상주감리, 책임감리
- 기타업무 : C.M. 등

<table>
<tr><th colspan="3">업무구분</th><th colspan="5">업무비율(%)</th><th>대가의 산정</th></tr>
<tr><td rowspan="17">1. **설계**업무</td><td colspan="2">가. **기획**업무* <계약전업무></td><td colspan="5">요율표 대가의 3-5-8 %*</td><td>**요율표***</td></tr>
<tr><td rowspan="6">나. **건축설계**업무</td><td rowspan="2"></td><td rowspan="2"></td><td colspan="2">건축법 허가</td><td colspan="2">타법령 인가</td><td rowspan="6"><종별*/도서량*/공사비></td></tr>
<tr><td>일괄</td><td>분리</td><td>일괄</td><td>분리</td></tr>
<tr><td>1) <**계획설계**>*</td><td rowspan="3">요율표* 대가의</td><td>**15**</td><td>20(18)</td><td>25</td><td>30(27)</td></tr>
<tr><td>2) **중간설계*** <기본설계></td><td>**25**</td><td>30(27)</td><td>30</td><td>35(32)</td></tr>
<tr><td>3) <**실시설계**>*</td><td>**60**</td><td>60(55)</td><td>45</td><td>45(41)</td></tr>
<tr><td></td><td>합계</td><td>100</td><td>110(100)</td><td>100</td><td>110(100)</td></tr>
<tr><td colspan="7">다. **사후설계관리**업무* <보완설계></td><td>실비정액가산식*</td></tr>
<tr><td rowspan="9">라. **건축주의 요청**이 있을 경우 다음의 각 업무 ... 기타 <설계></td><td colspan="6">1) **리모델링 설계**업무</td><td rowspan="2">**요율표***x1.5</td></tr>
<tr><td colspan="6">2) **인테리어 설계**업무</td></tr>
<tr><td colspan="6">3) 음향, 차음□방음, 방진설계업무</td><td rowspan="7">실비정액가산식*</td></tr>
<tr><td colspan="6">4) **3D 모델링** 업무</td></tr>
<tr><td colspan="6">5) **모형**제작업무</td></tr>
<tr><td colspan="6">6) **VE(Value Engineering)설계**에 따른 업무</td></tr>
<tr><td colspan="6">7) **Fast track 설계**방식 업무</td></tr>
<tr><td colspan="6">8) **흙막이** 상세도 작성 업무(굴토깊이 10m 이상)</td></tr>
<tr><td colspan="6">9) 건축물의 **분양**관련 지원업무</td></tr>
<tr><td rowspan="6">2. 공사**감리**업무 <감리></td><td colspan="7">가. 건축법시행령 제19조제6항의 규정에 의하여 **수시 또는 필요한 때** 공사현장에서 수행하는 감리업무 <법정감리></td><td>**감리요율표***</td></tr>
<tr><td colspan="7">나. 건축법시행령 제19조제6항 각호의 규정에 의하여 건축사보로 하여금 **공사기간동안 공사현장에서** 수행하는 감리업무 <상주감리></td><td rowspan="5">실비정액가산식*</td></tr>
<tr><td colspan="7">다. 다중이용건축물, 아파트 및 기타 건축물로서 건축주의 요청으로 수행하는 **책임감리**업무</td></tr>
<tr><td rowspan="3">라. **건축주의 요청**이 있을 경우 다음의 각 업무 ... 기타 감리</td><td colspan="6">1) 건축물의 **사후관리 매뉴얼** 작성 업무</td></tr>
<tr><td colspan="6">2) 건축물의 **사후평가** 업무</td></tr>
<tr><td colspan="6">3) 건설기술관리법 제2조제6호의 규정에 의한 설계감리 업무</td></tr>
<tr><td colspan="8">3. 건설산업기본법 제26조에서 정하는 건축분야와 관련된 **건설사업관리(CM)**업무 ... CM <설계 and/or 감리></td><td rowspan="9">실비정액가산식*</td></tr>
<tr><td colspan="8">4. **지구단위계획**, 주택재건축 또는 도시환경정비사업을 위한 계획, 공원계획 **등의 업무중** 건축물과 건축물□도로□녹지 등 주변환경과의 관계를 입체적으로 계획을 하고 건축물과 주변시설들의 용도□규모□형태□색채 등의 **설계기준을 작성**하는 업무 … 도시계획관련 <계획설계></td></tr>
<tr><td rowspan="7">5. 제1호 내지 제4호의 규정에 의한 **업무외에** 건축주로부터 요청을 받아 수행하는 다음 각목의 **업무** … 기타</td><td colspan="7">가. 건축물의 **조사 또는 감정**에 관한 업무 <기타></td></tr>
<tr><td colspan="7">나. 건축물의 **현장 조사 및 검사**등에 관한 업무 <기타></td></tr>
<tr><td colspan="7">다. 건축공사 **준공도서**를 작성하는 업무 <보완설계></td></tr>
<tr><td colspan="7">라. **종합계획도(Master Plan)** 작성업무 <계획설계></td></tr>
<tr><td colspan="7">마. 건축공사 **사업타당성 분석**업무 <계약전업무></td></tr>
<tr><td colspan="7">바. 건축물의 **수명비용 분석** 업무(Life Cycle Cost Analysis) <기타></td></tr>
<tr><td colspan="7">사. **기타** 건축사가 참여하는 업무 <기타></td></tr>
</table>

§ 건축설계산업에 있어서의 현황과 이슈

명지대 건축대학 건축학부 교수세미나 발표자료, 2010년 12월 박인석교수

1) 건축설계산업의 특성과 시장 현황

1,135조원에 달하는 2010년 3/4분기까지의 1년간 국내총생산[1]에서 66조원 규모의 건설업 및 4조원 규모의 건축설계업이 차지하는 비중은 각각 약 5.8%, 약 0.3%에 해당한다.[2]

	사업체 수		종사자 수		매출액	
		구성비		구성비		구성비
서울특별시	2,525	33.8	28,288	52.8	2,621,985	65.3
부산광역시	558	7.5	3,381	6.3	181,051	4.5
대구광역시	497	6.7	2,293	4.3	151,490	3.8
인천광역시	237	3.2	1,300	2.4	72,687	1.8
광주광역시	263	3.5	1,238	2.3	63,450	1.6
대전광역시	244	3.3	1,398	2.6	104,705	2.6
울산광역시	164	2.2	956	1.8	45,356	1.1
경기도	1,139	15.3	6,166	11.5	316,888	7.9
강원도	217	2.9	883	1.6	38,734	1.0
충청북도	208	2.8	1,359	2.5	75,121	1.9
충청남도	227	3.0	1,222	2.3	57,327	1.4
전라북도	210	2.8	775	1.4	33,438	0.8
전라남도	148	2.0	976	1.8	64,825	1.6
경상북도	327	4.4	1,311	2.4	52,435	1.3
경상남도	400	5.4	1,604	3.0	121,653	3.0
제주도	99	1.3	437	0.8	15,262	0.4
합계	7,463	100	53,587	100	4,016,407	100

<표> 지역별 건축설계산업 규모현황 (단위: 개, 명, 백만원)

출처: 건축도시공간연구소/ 2005년 건설업통계조사(통계청)

1) 국내총생산(GDP,Gross Domestic Product): 한나라의 영역 내에서 가계, 기업, 정부 등의 모든 경제주체가 일정기간동안 생산 활동에 참여한 결과 창출된 부가가치를 시장가격으로 평가해서 합계한 것.
2) 각 금액 규모를 가늠하기 위해 몇 가지 자료를 인용하자면 다음과 같다. 국가예산(2011년) 309.1조원(이중 국토해양부 15.9조원), 서울시(2011년) 20.6조원, 용인시(2011년) 1.3조원, 삼성전자(주) 매출액(2009년) 89.7조원 등

국내의 건축설계산업 규모를 국제적으로 비교해 보면, 이는 OECD 국가들과 비교해볼 때 상대적으로 열악한 편이다.

[그림] OECD 국가 건축설계산업 비교_업체 1개당 매출실적

그림 4. OECD 국가의 건축설계 산업 비교 – 업체 1개당 매출실적

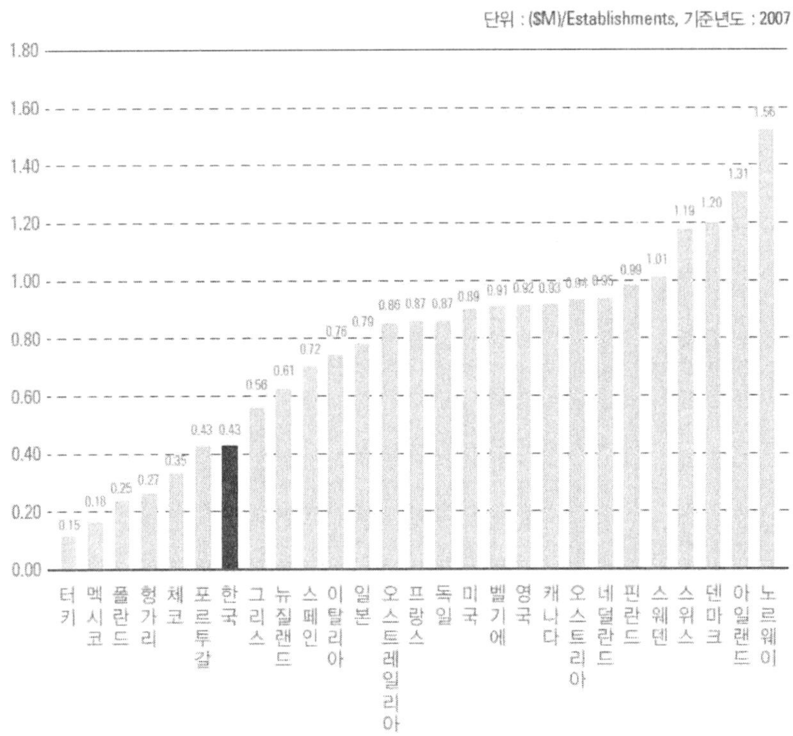

※ 위 차트는 OECD 회원국 중, 아이슬란드, 룩셈부르크, 슬로바키아를 제외한 27개 회원국 기준

국내 건축설계시장의 구조를 살펴보면 다음과 같다.

2009년 현재 건축사 합격자는 약 17,000명이다.

<표> 연도별 건축사 배출 현황 및 누계

• 년도별 건축사 배출 현황 및 누계

자료 : 대한건축사협회

구 분	'95 이전	'96	'97	'98	'99	'00	'01	'02	'03	'04	'05	'06	'07	'08	'09
배출자수	7,942	1,048	1,316	973	1,119	919	642	468	467	421	193	502	200	377	454
누 계	7,942	8,990	10,306	11,279	12,398	13,317	13,959	14,427	14,894	15,315	15,508	16,010	16,210	16,587	17,041

2010년 현재 시청(구청)에 등록된 건축사는 약 10,600명이며 등록된 건축사사무소는 약 9,800개이다.

<표> 건축사 및 건축사사무소 현황(2010년)

• 건축사 및 건축사사무소 현황 (2010년 10월30일 현재)　　　자료 : 세움터 집계

지 역	합 계	서울	부산	대구	인천	광주	대전	울산	경기	강원	충북	충남	전북	전남	경북	경남	제주
건축사사무소 수	9,787	3,386	739	580	361	262	323	204	1,454	238	270	308	299	271	414	538	140
등록건축사 수	10,590	3,887	761	647	370	285	358	214	1,502	245	301	325	302	273	427	550	143

2010년 현재 대한건축사협회의 회원 건축사는 약 8,200명이다. (아래 자료는 2009년 현재 약 8,000명)

<표> 건축사회별 회원현황 및 사무소형태별 회원현황(2009년)

건축사회별 회원현황

구분 / 건축사회	회원				준회원
	건축사	2급	계	비 율	
합 계	7,966	10	8,066	100.0%	23
서 울	2,496	3	2,499	33.9%	10
부 산	666	1	667	7.9%	9
대 구	602	0	602	7.7%	0
인 천	319	0	319	3.8%	0
광 주	274	0	274	3.7%	0
대 전	331	1	332	3.7%	0
울 산	214	0	214	2.6%	0
경 기	989	2	991	12.2%	2
강 원	202	0	202	2.6%	0
충 북	256	0	256	3.0%	0
충 남	267	3	270	3.1%	0
전 북	255	0	255	3.0%	0
전 남	177	0	177	1.9%	0
경 북	378	0	378	4.6%	1
경 남	425	0	425	5.0%	1
제 주	115	0	115	1.3%	0

사무소형태별 회원현황

구 분	개인사무소	법인사무소	전입미처리	합 계	비 고
회 원 수	5,341	2,625	90	8,056	
비 율	66.29%	32.59%	1.12%	100%	
사무소수	5,198	1,973	–	7,171	
비 율	72.49%	27.51%	–	100%	

2010년 현재 대한건축사협회 회원 건축사사무소는 약 7,400개이다. (아래 자료는 2009년, 약 7,200개)

<표> 건축사사무소 등록현황(2009년)

건축사사무소 등록현황

(사 : 사무소수, 회 : 회원수) 2009년 1월말

구분 건축사회	개인사무소								법인사무소												용역사무소		합계	
	1인		2인		3인이상		소계		1인		2인		3인		4인		5인이상		소계					
	사	회	사	회	사	회	사	회	사	회	사	회	사	회	사	회	사	회	사	회	사	회	사	회
합계	5,067	5,067	119	238	12	36	5,198	5,341	1,596	1,595	263	526	64	192	21	84	30	228	1,973	2,625		7	7,171	7,966
서울	943	943	32	64	5	15	980	1,022	877	877	156	312	39	117	12	48	16	120	1,100	1,474		6	2,080	2,496
부산	457	457	17	34	2	6	476	497	93	93	17	34	3	9	1	4	3	29	117	169			593	666
대구	408	408	25	50	4	12	437	470	62	62	19	38	6	18	1	4	2	10	90	132			527	602
인천	244	244	2	4	0	0	246	248	55	55	8	16	0	0	0	0	0	0	63	71			309	319
광주	201	201	1	2	0	0	202	203	37	37	6	12	2	6	2	8	1	8	48	71			250	274
대전	222	222	11	22	1	3	234	247	31	31	8	16	5	15	0	0	2	22	46	84			280	331
울산	169	169	7	14	0	0	176	183	18	18	5	10	1	3	0	0	0	0	24	31			200	214
경기	692	692	3	6	0	0	695	698	233	233	18	36	2	6	1	4	2	12	256	291			951	989
강원	169	169	1	2	0	0	170	171	22	22	2	4	0	0	0	0	1	5	25	31			195	202
충북	185	185	4	8	0	0	189	193	33	33	4	8	1	3	1	4	2	15	41	63			230	256
충남	202	202	1	2	0	0	203	204	38	38	7	14	1	3	2	8	0	0	48	63			251	267
전북	211	211	4	8	0	0	215	219	22	22	2	4	2	6	1	4	0	0	27	36			242	255
전남	155	155	0	0	0	0	155	155	13	13	1	2	0	0	0	0	1	7	15	22			170	177
경북	333	333	5	10	0	0	337	341	30	30	2	4	1	3	0	0	0	0	33	37		1	370	378
경남	371	371	7	14	0	0	378	385	24	24	8	16	0	0	0	0	0	0	32	40			410	425
제주	105	105	0	0	0	0	105	105	7	7	0	0	1	3	0	0	0	0	8	10			113	115

국내 건축설계의 실제 거래 평균금액은 2009년 현재 26,964원/m^2(약 89,000원/3.3m^2)인데, 이는 적정 수준 대가로 추정되는 52,129 원/m^2(약 172,000원/3.3m^2)의 절반을 겨우 넘는 수치이다.

<표> 건축설계대가

• **건축설계 대가, 용도별 실 거래가 현황** ※ 자료 : 건축사법 제19조의2에 따라 대한건축사협회에 업무실적 신고한 금액의 평균값 임

구 분	연도	단독주택	근린생활시설	공동주택	공장	사무실 (오피스텔 등)	집회·문화시설 (종교 포함)	공공건축물	평 균
실제거래 평균가격 (원/㎡)	2007	13,379	19,897	13,076	13,998	33,478	33,525	34,799	23,164
	2008	13,988	21,668	13,820	14,084	33,385	32,598	44,797	24,905
	2009	18,992	28,651	12,955	16,472	38,656	33,554	39,474	26,964
	대가기준 (추정)	60,500 (121만x5%)	53,000 (105만x5%)	36,300 (91만x4%)	30,200 (60.5만x5%)	48,400 (121만x4%)	76,000 (152만x5%)	60,500 (121만x5%)	52,129

국내 건축사사무소의 순위별 건설기술자 평균 보유인원은 최상위권 대형사무소의 경우 약 370명이지만 상위 10%[3]를 제외한 나머지 대다수의 사무실은 고작 5명 이하이다.

3) 시청 등록사무소 총 10,600개를 기준으로 하여 대략 1,000위까지의 사무실이 여기에 해당된다.

<표> 건축사사무소 순위별 건설기술자 평균 보유인원

● **건축사사무소 순위별 건설기술자 평균보유인원** * 2010. 10. 대한건축사협회 건설기술자 전산자료

순위	평균인원	비고
1 ~ 10	370.3	
11 ~ 50	103.5	
51 ~ 100	51.0	
101 ~ 500	21.5	
501 ~ 1,000	10.7	
1,001 ~ 5,000	5.0	
5,001 ~ 7,000	2.1	
7,001 ~	1.0	

2009년 현재 건축사사무소별 시장점유율(면적기준)을 살펴보면, 최상위1%(100위까지)의 사무실이 약 39%를, 상위10% 사무실이 약 74%를 점유하고 있다.

<표> 건축사사무소별 신축허가면적 합계 비교

● 건축사사무소별 신축허가면적 합계 비교

신축허가 면적 순위	2005년도		2006년도		2007년도		2008년도		2009년도	
	면적합계	평균	면적합계	평균	면적합계	평균	면적합계	평균	면적합계	평균
1~50위	25,616,834	29%	33,771,472	32%	28,623,396	23%	21,871,332	24%	23,280,253	30%
51~100위	8,661,472	10%	10,621,295	10%	12,750,773	10%	7,717,940	8%	6,513,891	9%
101~500위	25,869,402	29%	28,047,357	26%	37,237,619	31%	22,609,510	25%	17,647,403	23%
501~1,000위	10,317,145	11%	11,914,023	11%	15,248,884	13%	11,905,266	13%	9,253,320	12%
1,001~1,500위	5,605,003	6%	6,624,752	6%	8,193,964	7%	7,347,344	8%	5,799,366	8%
1,501~2,000위	3,674,021	4%	4,429,921	4%	5,372,177	4%	5,158,568	6%	4,041,981	5%
2,001~3,000위	4,504,947	5%	5,456,668	5%	6,661,762	5%	6,578,256	7%	5,083,962	7%
3,001~4,000위	2,376,802	3%	2,999,626	3%	3,666,329	3%	3,722,977	4%	2,699,681	4%
4,001~5,000위	1,252,550	1%	1,655,138	2%	2,037,217	2%	2,122,421	2%	1,374,125	2%
5,001~6,000위	658,111	1%	855,193	1%	1,125,791	1%	1,171,144	1%	638,720	1%
6,001~7,000위	339,668	0%	457,703	0%	619,627	1%	617,183	1%	253,410	0%
7,001~8,000위	126,742	0%	232,819	0%	346,123	0%	309,936	0%	26,374	0%
8,001~9,000위	1,222	0%	91,547	0%	174,163	0%	106,988	0%	0	0%
9,001~9,500위	0	0%	0	0%	37,443	0%	0	0%	0	0%
신축허가 면적합계	89,003,919		107,157,514		122,095,268		91,238,864		76,612,485	

이를 다시 실적별로 구분해보면 연간 실적이 전무한 사무소가 존재하는 것을 볼 수 있는데, 2009년의 경우 무실적사무소가 전체의 25% 가까이 차지하며 가장 많은 구성비를 보이고 있다.

<표> 실적별 건축사사무소 신축허가건수

□ 실적별 건축사무소 신축허가건 수

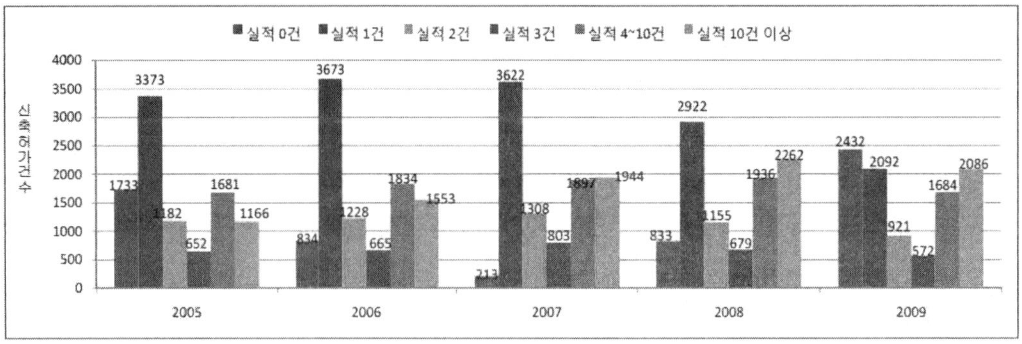

(각 연도별로 좌측부터 실적 0건, 1건, 2건, 3건, 4~10건, 10건 이상 순)

국내 대형 건축사사무소의 매출액 순위는 2009년 현재, 삼우를 선두로 하여 희림, 동명, 정림, 건원 등이 최상위 그룹을 형성하고 있다.

<표> 국내 건축설계업체 현황(매출액순)4)

• 국내 건축설계 업체 현황(매출액 순) ※ 출처 : '주식회사의 외부감사에 관한 법률' 에 따른 금융감독원 자료

	사 무 소 명	2006년도		2007년도		2008년도		2009년도	
		금 액	순위	금 액	순위	금 액	순위	금 액	순위
1	㈜삼우종합건축사사무소	122,449,565,217	1	156,127,232,454	1	237,605,605,845	1	260,935,386,455	1
2	㈜희림종합건축사사무소	91,463,014,843	2	120,134,983,534	2	155,837,235,737	2	157,901,074,957	2
3	동명기술공단종합건축사사무소	87,755,921,042	3	94,139,032,379	3	104,210,265,780	3	130,840,376,389	3
4	㈜정림건축종합건축사사무소	39,560,295,973	9	42,492,753,324	10	55,401,452,714	7	71,914,558,303	4
5	㈜종합건축사사무소건원	65,236,594,967	4	68,609,713,835	5	73,575,997,816	5	63,789,704,502	5
6	㈜해안종합건축사사무소	33,313,457,509	12	55,567,626,172	7	53,995,655,380	8	59,386,295,065	6
7	㈜무영종합건축사사무소	46,634,709,830	7	52,483,775,004	8	64,469,484,941	6	58,481,419,459	7
8	㈜디에이그룹엔지니어링종합건축사사무소					40,280,772,527	14	52,085,814,913	8
9	㈜공간종합건축사사무소	57,293,271,571	5	58,860,805,677	6	50,105,566,641	9	51,430,271,071	9
10	㈜경호엔지니어링종합건축사사무소	38,175,983,957	10	44,897,124,935	9	45,216,974,373	10	50,679,183,139	10
11	㈜간삼파트너스종합건축사사무소	23,977,732,226	17	30,017,618,413	15	44,102,505,093	12	45,318,012,654	11
12	㈜건축사사무소건원엔지니어링	26,052,476,561	15	29,879,753,733	16	36,894,328,924	15	41,343,050,804	12
13	㈜동우이앤씨건축사사무소	30,837,927,853	13	38,016,376,540	11	40,513,090,410	13	36,169,975,292	13
14	㈜창조종합건축사사무소	41,119,801,587	8	30,251,177,057	14	35,207,356,831	16	35,851,249,367	14
15	㈜종합건축사사무소 동일건축	24,983,528,198	16	30,424,853,901	13	44,455,180,020	11	33,626,810,301	15
16	㈜선진엔지니어링종합건축사사무소	12,103,719,549	21	16,997,227,825	22	23,825,287,874	19	31,138,615,218	16
17	㈜종합건축사사무소현종설계			26,728,421,770	17	27,872,788,487	18	29,976,930,137	17
18	㈜포스에이씨종합감리건축사사무소	21,469,187,276	18	26,554,287,070	18	21,200,648,886	20	19,413,483,467	18
19	㈜유원건축사사무소			11,265,018,111	24	14,166,344,578	25	14,790,171,784	19
20	㈜거성이엔지건축사사무소	3,875,509,277	26	18,575,950,661	21	18,888,316,898	23	13,324,640,656	20
21	㈜신한종합건축사사무소	15,213,595,572	20	20,023,268,219	19	16,389,196,157	24	13,068,909,196	21
22	㈜한성종합기술단건축사사무소	1,594,388,365	32	5,368,942,544	31	13,767,236,037	26	9,503,256,897	22
23	㈜유탑엔지니어링건축사사무소	5,344,886,445	25	5,541,308,801	30	5,088,164,787	33	9,439,570,981	23
24	㈜진명엔지니어링건축사사무소					6,815,628,750	29	9,217,289,086	24
25	㈜신화엔지니어링 종합건축사사무소	3,413,679,245	28	4,543,536,963	32	5,257,602,626	31	5,513,091,568	25

건축설계산업의 특성 중 하나는 제조업이나 기타 용역업에 비해 부가가치 창출이 높다는 것이다. 예컨대 10억의 생산결과물이 발생할 때, 타 부문에서는 4.7명의 취업이 발생되는데 비해 건축용역업에서는 무려 12.4명의 취업이 발생된다. 건축용역업에서는 또한 총 투입에서 인건비가 차지하는 비중이 높은데 이는 이 업종이 노동집약적일 뿐 아니라 지식 집약적이기도 한 특성을 말하는 것이다.

4) 건축사지 499호 인용

<표> 총투입에서 인건비가 차지하는 비중 비교

□ **총투입에서 인건비가 차지하는 비중이 높음(노동집약적+지식집약적)**

	건축서비스업	건설	제조업
인건비 비중	41.8	27.0	25.4
부가가치율	66.8	44.6	24.6

건축설계업계의 현황을 살펴보면 최근에 들어 건축사 수는 연평균 2.2% 정도로 꾸준히 증가하는데 비해, 허가면적은 연평균 -2.1% 정도로 계속 감소하는 추세이다.

<표> 총건축사 증가 대비 건축허가면적 증가율

* 건축사 증가 대비 건축허가면적 증가율

단위 : 명, 천m²

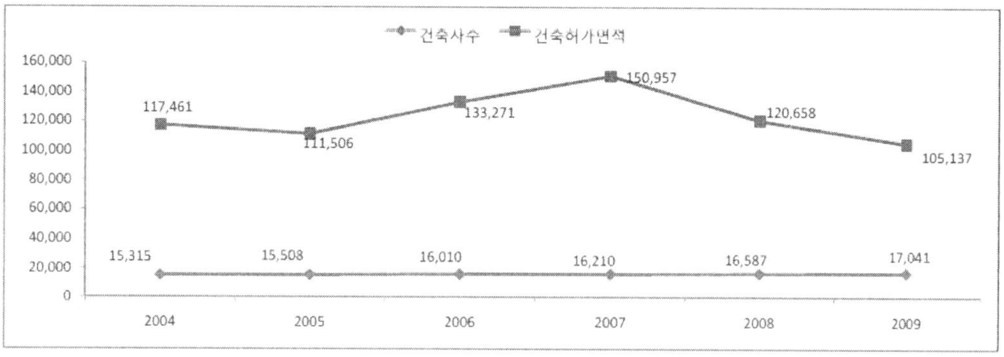

2) 건축설계산업의 법.제도적 상황

건축설계업-건축설계 및 관련 서비스업-은 한국표준산업분류 상 건설업이 아니라 전문,과학 및 기술 서비스업에 속한다.

<표> 한국표준산업분류

A 농업, 임업 및 어업(01~03)
B 광업(05~08)
C 제조업(10~33)
D 전기, 가스, 증기 및 수도사업(35~36)
E 하수 · 폐기물 처리, 원료재생 및 환경복원업(37~39)
F 건설업(41~42)
G 도매 및 소매업(45~47)
H 운수업(49~52)
I 숙박 및 음식점업(55~56)
J 출판, 영상, 방송통신 및 정보서비스업(58~63)
K 금융 및 보험업(64~66)
L 부동산업 및 임대업(68~69)
M 전문, 과학 및 기술서비스업(70~73)
N 사업시설관리 및 사업지원 서비스업(74~75)
O 공공행정, 국방 및 사회보장행정(84)
P 교육 서비스업(85)
Q 보건업 및 사회복지서비스업(86~87)
R 예술, 스포츠 및 여가관련 서비스업(90~91)
S 협회 및 단체, 수리 및 기타 개인 서비스업(94~96)
T 가구내 고용활동 및 달리 분류되지 않은 자가소비생산 활동(97~98)
U 국제 및 외국기관(99)

M 전문, 과학 및 기술서비스업(70~73)
- 70 연구개발업
- 71 전문서비스업
- 72 건축기술, 엔지니어링 및 기타 과학기술서비스업
  - 721 건축기술, 엔지니어링 및 관련기술 서비스업
    - 7211 건축 및 조경 설계 서비스업
      - 72111 건축설계 및 관련 서비스업
      - 72112 도시계획 및 조경설계 서비스업
    - 7212 엔지니어링 서비스업
      - 72121 건물 및 토목엔지니어링 서비스업
      - 72122 환경컨설팅 및 관련 엔지니어링서비스업
      - 72129 기타 엔지니어링 서비스업
  - 729 기타 과학기술 서비스업
- 73 기타 전문, 과학 및 기술 서비스업
  - 731 수의업
  - 732 전문디자인업
    - 7320 전문디자인업
      - 73201 인테리어 디자인업
      - 73202 제품 디자인업
      - 73203 시각 디자인업
      - 73209 기타 전문 디자인업
  - 733 사진 촬영 및 처리업
  - 739 그외 기타 전문, 과학 및 기술 서비스업

각종 산업은 각각의 근거 법률에 의하여 관리 및 진흥되고 있다. 예컨대 건설업이나 건설기술용역업(건축설계용역이 아님)은 공히 국토해양부 소관인 건설산업기본법이나 건설기술관리법에 의하고, 디자인업은 지식경제부 소관인 산업디자인진흥법에 의하며, 이외에도 특정 산업활동을 위한 법률이 무려 33가지나 운용되고 있다. 그러나 건축설계업을 산업적인 측면에서 관리하고 진흥하는 법률은 유감스럽게도 없다. 건축법은 건축물의 기준을 정할 뿐이고, 건축사법은 건축사의 업역을 보장하지만 건축설계업을 관리하지는 못하며, 최근인 2007년에 제정된 건축기본법은 상징적으로 건축의 문화적이 속성을 강조하고 있으나 아직 진흥의 차원에는 이르지 못하고 있다.

<표> 각종 산업의 관리 및 진흥을 위한 근거법률들(33가지)

법률명	산업유형	시행일
건설산업기본법	건설산업	2010.7.5
게임산업진흥에 관한 법률	게임산업	2011.1.1
고령친화산업 진흥법	고령친화산업	2010.7.5
곤충산업의 육성 및 지원에 관한 법률	곤충산업	2010.8.5
공간정보산업 진흥법	공간정보산업	2010.10.13
국제회의산업 육성에 관한 법률	국제회의산업	2010.7.1
기능성 양잠산업 육성 및 지원에 관한 법률	기능성 양잠산업	2009.11.28
기상산업진흥법	기상산업	2009.12.10
농어업·농어촌 및 식품산업 기본법	식품산업	2011.1.1
문화산업진흥 기본법	문화산업	2010.12.11
사행산업통합 감독위원회법	사행산업	2008.2.29
산업발전법	지식서비스산업	2010.4.14
산업디자인 진흥법	산업디자인	2009.5.21
석탄산업법	석탄산업	2010.7.5
소방산업의 진흥에 관한 법률	소방산업	2008.12.6
소프트웨어 산업 진흥법	소프트웨어 산업	2011.1.1
스포츠산업 진흥법	스포츠산업	2010.5.5
식품산업진흥법	식품산업	2010.12.1

법률명	산업유형	시행일
엔지니어링 산업 진흥법	엔지니어링산업	2010.10.13
원양산업발전법	원양산업	2010.4.23
유통산업발전법	유통산업	2010.12.1
음악산업진흥에 관한 법률	음악산업	2010.12.11
이러닝(전자학습)산업 발전법	이러닝 산업	2010.7.5
인삼산업법	인삼산업	2010.3.17
인쇄문화산업 진흥법	인쇄문화산업	2009.9.6
전시산업발전법	전시산업	2011.1.1
전통주 등의 산업진흥에 관한 법률	전통주 등의 산업	2010.8.5
정보통신산업 진흥법	정보통신산업	2010.9.23
종자산업법	종자산업	2010.9.1
철도산업발전 기본법	철도산업	2009.12.10
출판문화산업 진흥법	출판문화산업	2010.6.18
콘텐츠산업진흥법	콘텐츠 산업	2011.1.1
항공우주산업개발 촉진법	항공우주산업	2009.4.1

건설 및 건축관련 법률들에서 건축설계업의 상황을 살펴보면, 건설산업기본법에서는 건축설계업은 건설용역업에 속하고 건축사는 건설기술자에 속한다고 규정하고 있다. 그러나 건설기술관리법에서는 건설기술용역, 설계 등 용역, 설계감리 등에서 건축설계는 제외되고 있으며 건축사는 건설기술자에 포함되지 않고 있다.

<표> 건설산업기본법 주요 관련 내용

건설산업기본법

제2조 (정의) 이 법에서 사용하는 용어의 정의는 다음과 같다.

1. "건설산업"이라 함은 건설업과 건설용역업을 말한다.
2. "건설업"이라 함은 건설공사를 수행하는 업을 말한다.
3. "건설용역업"이라 함은 건설공사에 관한 조사・설계・감리・사업관리・유지관리등 건설공사와 관련된 용역(이하 "건설용역"이라 한다)을 수행하는 업을 말한다.
4. "건설공사"라 함은 토목공사・건축공사・산업설비공사・조경공사 및 환경시설공사등 시설물을 설치・유지・보수하는 공사(시설물을 설치하기 위한 부지조성공사를 포함한다), 기계설비 기타
구조물의 설치 및 해체공사등을 말한다. 다만, 다음 각목의 1에해당하는 공사를 포함하지 아니한다.

가. 「전기공사업법」에 의한 전기공사
나. 「정보통신공사업법」에 의한 정보통신공사
다. 「소방시설공사업법」에 따른 소방시설공사

라.「문화재보호법」에 의한 문화재수리공사
12. "건설기술자"라 함은 건설공사에 관한 기술 또는 기능을 가진 자로서 관계법령에서 그 기술이나 기능이 있다고 인정된 자를 말한다.

<표> 건설기술관리법 주요 관련 내용

건설기술관리법

제2조 (정의) 이 법에서 사용하는 용어의 정의는 다음과 같다.
1. "건설공사"라 함은「건설산업기본법」 제2조제4호의 규정에 의한 건설공사를 말한다.
2. "건설기술"이라 함은 다음 각목의 사항에 관한 기술을 말한다. 다만, 안전에 관하여는「산업안전보건법」에 의한 근로자의 안전에 관한 사항을 제외한다.
가. 건설공사에 관한 계획·조사(측량을 포함한다. 이하 같다)·설계(「건축사법」 제2조제3호의 규정에 의한 설계를 제외한다. 이하 같다)·설계감리·시공·안전점검 및 안전성 검토
나. 시설물의 검사·안전점검·정밀안전진단·유지·보수·철거·관리 및 운용
다. 건설공사에 필요한 물자의 구매 및 조달
라. 건설공사에 관한 시험·평가·자문 및 지도
마. 건설공사의 감리
바. 건설장비의 시운전
사. 건설사업관리
아. 기타 건설공사에 관한 사항으로서 대통령령이 정하는 사항
3. "건설기술용역"이라 함은 다른 사람의 위탁을 받아 건설기술에 관한 역무를 수행하는 것을 말한다.
4. "설계등 용역"이라 함은 제3호의 건설기술용역중 다음 각목의 1에 해당하는 역무를 수행하는 것을 말한다.
가. 건설공사에 관한 계획·조사·설계·설계감리 및 안전성검토
나. 시설물의 검사·관리 및 운용
다. 건설공사에 관한 시험·평가·자문 및 지도
6. "설계감리"라 함은 건설공사의 계획·조사 또는 설계가 관계법령 및 제34조제1항 각호의 건설공사설계기준 및 건설공사 시공기준등에 따라 품질 및 안전을 확보하여 시행될 수 있도록 관리하는 것을 말한다.
7. "건설업자"라 함은「건설산업기본법」 제2조제5호의 규정에 의한 건설업자를 말한다.
8. "건설기술자"라 함은「국가기술자격법」등 관계법률에 의한 건설공사 또는 건설기술용역에 관한 자격을 가진 자와 일정한 학력 또는 경력을 가진 자(이하 "학력·경력자"라 한다)로서 대통령령이 정하는 자를 말한다

건설기술관리법 시행령

[별표 1] <개정 2008.2.29>

건설기술자의 범위(제4조관련)

1. 건설기술자의 기술등급 및 인정범위

기술등급	기술자격자	학력·경력자
특급기술자	·기술사	-
고급기술자	·기사의 자격을 취득한 자로서 7년 이상 건설공사업무를 수행한 자 ·산업기사의 자격을 취득한 자로서 10년 이상 건설공사업무를 수행한 자	-

<table>
<tr><td>중급기술자</td><td colspan="2">·기사의 자격을 취득한 자로서 4년 이상
건설공사업무를 수행한 자
·산업기사의 자격을 취득한 자로서 7년 이상
건설공사업무를 수행한 자</td><td>-</td></tr>
<tr><td>초급기술자</td><td>·기사의
자격을
취득한 자
·산업기사의
자격을
취득한 자</td><td colspan="2">·석사 이상의 학위를 취득한 자
·학사학위를 취득한 자로서 1년 이상 건설공사업무를
수행한 자
·전문대학을 졸업한 자로서 3년 이상 건설공사업무를
수행한 자
·고등학교를 졸업한 자로서 5년 이상 건설공사업무를
수행한 자
·국토해양부장관이 정하는 교육기관에서 1년 이상
건설기술 관련 교육과정을 이수한 자로서 7년 이상
건설공사업무를 수행한 자</td></tr>
</table>

이로 인해 건축사는 국가기술자격이 아니며 건설기술자로도 인정받지 못하고 있는 상황이다. 건축사는 단지 회계사, 변호사 등과 같이 전문자격사로만 분류되고 있다.

<표> 국가기술자격법 주요 관련 내용

국가기술자격법

제9조 (국가기술자격의 등급 및 응시자격)

①국가기술자격의 등급은 다음 각 호의 구분에 따른다. <개정 2005.12.30>

1. 기술·기능분야 : 기술사, 기능장, 기사, 산업기사 및 기능사
2. 서비스분야 : 국가기술자격의 종목별로 3등급의 범위 안에서 대통령령으로 정하는 등급

②국가기술자격의 응시자격에 관하여 필요한 사항은 대통령령으로 정한다. <신설 2005.12.30>

③국가기술자격의 종목은 대통령령이 정하는 절차 및 기준에 따라 노동부령으로 정한다.

엔지니어링산업진흥법에서도 건축설계는 엔지니어링활동에 포함되고 있지 못하다. 동법 시행령 2조와 별표1에서 엔지니어링기술을 15개 부문 93개 전문분야로 규정하고 있는데, 이중 건설부문에 건축구조·조경·도시계획·건축기계설비·건축전기설비 등 20개 분야가 엔지니어링기술로 규정되고 있으나 건축설계는 포함되고 있지 못하다.

<표> 엔지니어링산업진흥법 주요 관련 내용

엔지니어링산업진흥법

제2조 (정의) 이 법에서 사용하는 용어의 뜻은 다음과 같다.

1. "엔지니어링활동"이란 과학기술의 지식을 응용하여 수행하는 사업이나 시설물에 관한 다음 각 목의 활동을 말한다.

가. 연구, 기획, 타당성 조사, 설계, 분석, 계약, 구매, 조달, 시험, 감리, 시험운전, 평가, 검사, 안전성 검토, 관리, 매뉴얼 작성, 자문, 지도, 유지 또는 보수

나. 가목의 활동에 대한 사업관리

다. 가목 및 나목에 준하는 것으로서 대통령령으로 정하는 활동

2. "엔지니어링산업"이란 엔지니어링활동을 통하여 경제적 또는 사회적 부가가치를 창출하는 산업을 말한다.
3. "엔지니어링사업"이란 엔지니어링활동을 수행하는 사업을 말한다.
4. "엔지니어링사업자"란 엔지니어링활동을 영업의 수단으로 하려는 자로서 제21조에 따라 지식경제부장관에게 신고한 자를 말한다.
5. "엔지니어링기술"이란 엔지니어링활동에 관한 과학기술로서 대통령령으로 정하는 것을 말한다.
6. "엔지니어링기술자"란 엔지니어링기술에 관하여 「국가기술자격법」에 따른 국가기술자격을 취득한 사람 또는 엔지니어링기술 관련 학력이나 경력을 가진 사람으로서 대통령령으로 정하는 사람을 말한다.

엔지니어링기술법시행령 [별표 1] 기술부문 및 전문분야별 엔지니어링기술

기술부문	전문분야		
건설부문	1. 토질 및 기초	2. 토목구조	3.농어입토목
	4. 토목품질시험	5. 항만 및 해안	6. 도로 및 공항
	7. 철도	8. 교통	9. 수자원개발
	10. 상하수도	11. 건축구조	12. 건축품질시험
	13. 도시계획	14. 조경	15. 건설안전
	16. 화약류관리	17. 건축기계설비	18. 건축전기설비
	19. 측량 및 지형공간정보		20. 지질 및 지반

문화예술진흥법에서는'문화예술'에 건축을 포함시키고 있어, 이 법에 근거한 문화예술 진흥정책에 의해 건축설계업의 지원이 가능하다. 그러나 정작 문화예술활동에 대한 지원사업을 심의・결정하는 한국문화예술위원회의 위원 구성에 관련한 규정(법 23조 및 시행령 28조)에서는 건축분야가 소외되고 있다.

문화산업진흥기본법은 문화산업의 지원・육성을 위해 1999년에 제정되었는데, 지원 대상인 '문화산업'에 건축설계업은 포함되어 있지 못하다.

<표> 문화예술진흥법 및 문화산업진흥기본법 주요 관련 내용

문화예술진흥법

제2조 (정의) ①이 법에서 사용하는 용어의 뜻은 다음과 같다.
1. "문화예술"이란 문학, 미술(응용미술을 포함한다), 음악, 무용, 연극, 영화, 연예(연예), 국악, 사진, 건축, 어문(어문) 및 출판을 말한다.
2. "문화산업"이란 문화예술의 창작물 또는 문화예술 용품을 산업 수단에 의하여 기획·제작·공연·전시·판매하는 것을 업(업)으로 하는 것을 말한다.
3. "문화시설"이란 공연, 전시, 문화 보급, 문화 전수 등 문화예술 활동에 지속적으로 이용되는 시설을 말한다.

제23조 ((한국문화예술)위원회의 구성) ①위원회는 문화예술에 관하여 전문성과 경험이 풍부하고 덕망이 있는 자 중에서 문화체육관광부장관이 위촉하는 11명의 위원으로 구성한다.
②문화체육관광부장관이 제1항에 따라 위원을 위촉할 때에는 문화체육관광부장관이

위촉하는 자로 구성하는 위원추천위원회가 추천하는 자 중에서 위촉하여야 한다. 이 경우 위원추천위원회에는 문학·미술·음악·무용·연극·전통예술 등 문화예술 각 분야의 인사가 고루 포함되어야 한다.

문화예술진흥법시행령

제28조 (위원추천위원회의 구성 등) ②문화체육관광부장관은 제1항 본문에 따라 위원추천위원회의 위원을 위촉할 때에는 다음 각 호의 사항을 고려하여야 한다.

1. 문학·미술·음악·무용·연극 및 전통예술의 분야별 전문가가 2명 이상, 문화일반·복지·예술 경영·행정 또는 지역문화 분야 등의 전문가가 5명 이상 포함될 것

문화산업진흥기본법 제2조 (정의) 이 법에서 사용하는 용어의 뜻은 다음과 같다.

1. "문화산업"이란 문화상품의 기획・개발・제작・생산・유통・소비 등과 이에 관련된 서비스를 하는 산업을 말하며, 다음 각 목의 어느 하나에 해당하는 것을 포함한다.

가. 영화・비디오물과 관련된 산업

나. 음악・게임과 관련된 산업

다. 출판・인쇄・정기간행물과 관련된 산업

라. 방송영상물과 관련된 산업

마. 문화재와 관련된 산업

바. 만화・캐릭터・애니메이션・에듀테인먼트・모바일문화콘텐츠・디자인(산업디자인은 제외한다)
・광고・공연・미술품・공예품과 관련된 산업

사. 디지털문화콘텐츠, 사용자제작문화콘텐츠 및 멀티미디어문화콘텐츠의 수집・가공・개발・제작
・생산・저장・검색・유통 등과 이에 관련된 서비스를 하는 산업

아. 그 밖에 전통의상・식품 등 전통문화 자원을 활용하는 산업으로서 대통령령으로 정하는 산업

다행히도 산업발전법이 개정되면서 지식서비스업이 새로이 국가 주요산업으로 부상하고 있는데 건축설계업이 여기에 포함되어 있다.

산업발전법은 제조업의 경쟁력 강화를 위해 제조업 및 관련 서비스업을 대상으로 1999년 제정되었는데, 2008년 이명박 정부가 지식기반서비스산업 육성을 국정과제 중 하나로 책정함에 따라 2009년 5월 산업발전법 개정, 지식서비스산업 지원정책 추진의 근거조항을 신설하고 지식서비스산업의 범위를 정하였는데 건축설계업이 속한 "한국표준산업분류번호 72" <건축기술, 엔지니어링 및 기타 과학기술 서비스업>이 포함된 것이다.

<표> 산업발전법 주요 관련 내용

산업발전법

제8조(지식서비스산업의 육성) ① 정부는 산업의 고부가가치화 및 경쟁력 강화를 위하여 지식서비스산업의 발전을 촉진하는 다음 각 호의 사업을 할 수 있다.

1. 국내외 지식서비스산업의 실태조사
2. 지식서비스산업의 전문인력 양성 및 연구 활성화 지원
3. 새로운 지식서비스 사업모델의 개발 및 확산
4. 지식서비스 정보시스템의 구축 및 활용 지원
5. 지식서비스산업 표준화 및 보급에 관한 지원
6. 지식서비스의 외주화(外注化) 촉진
7. 그 밖에 지식서비스산업의 경쟁력 향상을 위한 지원

② 제1항에 따른 지식서비스산업이란 지식의 생산, 가공, 활용 및 유통을 통하여 부가가치를 창출하는 산업으로서 대통령령으로 정하는 업종을 말한다.

③ 정부는 지식서비스산업에 관하여 전문성이 있다고 인정하여 대통령령으로 정하는 기관으로 하여금 제1항의 사업을 지원하게 할 수 있다.

산업발전법시행령

제3조(지식서비스산업의 범위 및 지원기관 등) ① 법 제8조 제2항에서 "대통령령으로 정한 업종"이라 함은 별표2의 업종을 말한다.

<표> 지식서비스산업의 범위(제3조관련)

[별표 2] 지식서비스산업의 범위(제3조관련)

해당업종	한국표준산업분류번호
ㅇ소프트웨어 개발 및 공급업	582
ㅇ영화, 비디오물 및 방송프로그램 제작업	5911
ㅇ영화, 비디오물 및 방송프로그램 제작 관련 서비스업	5912
ㅇ방송업	60
ㅇ전기통신업	612
ㅇ컴퓨터 프로그래밍, 시스템 통합 및 관리업	62
ㅇ정보서비스업	63
ㅇ연구개발업	70
ㅇ법무관련 서비스업	711
ㅇ회계 및 세무관련 서비스업	712
ㅇ광고업	713
ㅇ시장조사 및 여론조사업	714
ㅇ경영컨설팅업	71531
ㅇ건축기술, 엔지니어링 및 기타 과학기술 서비스업	72
ㅇ전문디자인업	732
ㅇ번역 및 통역서비스업	73902
ㅇ사업 및 무형재산권 중개업	73903
ㅇ물품감정, 계량 및 견본추출업	73904
ㅇ보안시스템 서비스업	75320
ㅇ문서작성업	75911
ㅇ콜센터 및 텔레마케팅 서비스업	75991
ㅇ전시 및 행사대행업	75992
ㅇ신용조사 및 추심대행업	75993
ㅇ포장 및 충전업	75994
ㅇ온라인교육학원	85504
ㅇ기술 및 직업훈련학원	8565
ㅇ컴퓨터 학원	85691
ㅇ기타보건업	869

3) 공공부문 설계용역 계약-발주 관련 법률 및 기준들

공공부문에 있어 모든 물품, 공사 및 용역 조달의 근거법인 국가(지방자치단체)를 당사자로 하는 계약에 관한 법률에서는 일반경쟁과 가격입찰을 원칙으로 규정하고 있다. 이로 인하여 공공부문의 건축설계 발주 중 상당량이 일반경쟁에 의한 설계가격입찰로 이루어지고 있다. 예외적으로 몇몇 경우에 한하여 제한경쟁, 지명경쟁 및 수의계약 가능하나 그 요건을 까다롭게 규정함으로써 감사에 대한 부담으로인해 담당 공무원들이나 기관장들이 사실상 선택을 회피하고 있는 실정이다.

다행히 지식기반사업에 대한 계약은 가격보다 기술이 우월한 업체를 선정하는 것이 취지인바, 협상에 의해 계약을 허용하고 있으나, 지식기반사업에 엔지니어링사업과 산업디자인은 포함되어 있으나 건축설계는 포함되어 있지 않은 것이 작금의 현실이다.

<표> 국가를 당사자로 하는 계약에 관한 법률 주요 관련 내용

국가를 당사자로 하는 계약에 관한 법률

제7조 (계약의 방법) 각 중앙관서의 장 또는 계약담당공무원은 계약을 체결하고자 하는 경우에는 일반경쟁에 부쳐야 한다. 다만, 계약의 목적·성질·규모등을 고려하여 필요하다고 인정될 때에는 대통령령이 정하는 바에 의하여 참가자의 자격을 제한하거나 참가자를 지명하여 경쟁에 부치거나 수의계약에 의할 수 있다.

제10조 (경쟁입찰에 있어서의 낙찰자 결정) ①세입의 원인이 되는 경쟁입찰에 있어서는 최고가격의 입찰자를 낙찰자로 한다. 다만, 계약의 목적, 입찰가격 및 수량등을 고려하여 대통령령으로 기준을 정한 경우에는 그러하지 아니하다.
②국고의 부담이 되는 경쟁입찰에 있어서는 다음 각호의 1의 기준에 해당하는 입찰자를 낙찰자로 한다.
1. 충분한 계약이행능력이 있다고 인정되는 자로서 최저가격으로 입찰한 자
2. 입찰공고 또는 입찰설명서에 명기된 평가기준에 따라 국가에 가장 유리하게 입찰한 자
3. 기타 계약의 성질·규모등을 감안하여 대통령령으로 특별히 기준을 정한 경우 그 기준에 가장적합하게 입찰한 자

국가를 당사자로 하는 계약에 관한 법률 시행령

제43조의2 (지식기반사업의 계약방법) ①각 중앙관서의 장 또는 계약담당공무원은 정보과학기술 등 집약도가 높은 지식을 활용하여 고부가가치를 창출하는 사업중 다음 각호의 1에 해당하는 사업(이하 "지식기반사업"이라 한다)에 대한 계약을 체결하는 경우에는 제43조의 규정에 따라 협상에 의한 계약체결방법을 우선적으로 적용할 수 있다.
1. 「엔지니어링기술 진흥법」 제2조제4호의 규정에 의한 엔지니어링사업. 다만, 「건설기술관리법」 제2조제3호의 규정에 의한 건설기술용역에 있어서는 고난도 또는 고기술을 요하는 경우에 한한다.
2. 「소프트웨어산업 진흥법」 제2조제3호의 규정에 의한 소프트웨어사업

3. 「정보화촉진 기본법」 제2조제2호의 규정에 의한 정보화에 관한 사업
4. 「산업디자인진흥법」 제2조의 규정에 의한 산업디자인에 관한 사업
5. 「문화산업진흥 기본법」 제2조제1호의 규정에 의한 문화산업
6. 「온라인 디지털콘텐츠산업 발전법」 제2조제3호의 규정에 의한 온라인디지털콘텐츠산업
7. 기초과학 및 응용과학에 관한 학술연구용역
8. 그 밖에 각 중앙관서의 장이 이에 해당한다고 인정하는 사업

②각 중앙관서의 장 또는 계약담당공무원은 제1항의 규정에 의하여 협상에 의한 계약을 체결하고자 하는 경우에는 기획재정부장관이 정하는 제안서 평가방법 및 협상절차 등에 따라 세부기준을 정하여 그 계약을 체결하여야 한다.

또 다른 방법으로 설계경기에 의한 발주방식(현상설계)과 기술용역 적격심사기준과 사업수행능력평가기준(PQ)이 있다.

건축설계를 가격입찰 이외의 방식으로 발주할 수 있는 유일한 근거 조항인 설계경기에 의한 발주방식은 핵심 내용을 건설기술관리법(건축설계를 포함하지 않는)에서 규정하고 있다. 이는 현행법에서 건축설계업이 독자적 산업분야로 다루어지지 못하고 있는 현실을 반영하는 것이라 할 수 있다.

기술용역 적격심사기준과 사업수행능력평가(PQ)기준을 보면, 국가(지방)계약법은 계약이행능력을 심사하여 낙찰자를 선정하도록 규정하고 있는데, 이에 따른 기획재정부(행정인진부) 예규인 '적격심사기준'에서는 다시 계약담당공무원이 세부심사기준을 마련하도록 규정하고 있다. 이에 따라 조달청과 행정안전부가 자체 예규로 국가 및 지방자치단체의 기술용역적격심사 세부기준을 정하고 있으며, 기타 주요 공공발주기관들 역시 자체적인 기술용역적격심사 세부기준을 정하고 있다. 이들 기준은 대부분 건설기술관리법, 엔지니어링산업진흥법 등 기술관련 법령상의 기준을 준용하고 있는 바, <용역 수행능력>은 건설기술관리법과 엔지니어링산업진흥법에 의한 건설기술자의 등급・실적을 기준으로 적용하고, <기술인력>은 기술자 보유 현황을 기준으로 적용하는데 이들 법령에 의한 기술자에 건축사 등 건축설계 경력자가 포함되지 않다보니, 건축설계업은 '기술용역' 수주를 위한 적격자에서 배제되고 있는 현실이다.

건설기술관리법 시행규칙에 의하면 일정금액 이상인 설계용역을 발주하는 경우에는 사업수행능력평가(PQ) 규정을 적용하고 있는데 <설계 등 용역업자>의

사업수행능력평가기준(시행규칙 제13조 및 별표5)과, <건축설계자>의 사업수행능력평가기준(제13조의2 및 별표7)을 따로 규정하다 보니 결국 건축설계업은 건축사법에 의한 설계용역 입찰에만 참여 가능하며 기타 도시설계, 조경설계 등 '기술용역'으로 분류되는 설계용역 입찰에는 참가자격 자체를 인정받지 못하도록 되어 있다. 건축사가 도시설계나 환경설계 영역에 진입하지 못하는 법적인 제약이 바로 여기 있다.

<표> 건설기술관리법 시행령

건설기술관리법

시행령 제38조 (용역업자의 선정기준 및 절차) ①발주청(제3조의2제2호 내지 제7호에 해당하는 자를 제외한다. 이하 이 조에서 같다)은 제37조의 규정에 의하여 공고된 건설기술용역**을 발주할 때에는 이에 참여하는 건설기술자의 능력, 사업의 수행실적, 신용도 등을 종합적으로 고려한 사업수행능력평가기준에 따라 평가하여 입찰에 참가할 자를 선정하여야 한다.

②발주청은 제37조의 규정에 의하여 공고된 「건축사법」에 의한 설계**를 발주할 때에는 설계의 예술성·작품성, 참여기술자의 능력, 작업계획 및 수법 등을 종합적으로 고려한 사업수행능력평가기준에 따라 평가하여 입찰에 참가할 자를 선정하거나 건축설계경기에 의하여 설계자를 선정할 수 있다.

③발주청은 건설기술용역 또는 「건축사법」에 의한 설계를 발주함에 있어서 특별히 기술이 뛰어난 자를 낙찰자로 선정하려는 경우에는 먼저 기술평가기준에 의하여 입찰에 참가할 수 있는 적격자를 선정하고 기술과 가격을 분리하여 입찰하게 할 수 있다.

공공부문에서 건축물의 발주방식별 통계를 살펴보면 건수기준으로 볼 때 대다수의 발주가 가격입찰에 의해 결정됨을 알 수 있다. 설계경기와 턴키를 합친 건수가 전체의 7%에 불과하다.(금액기준시 턴키비율 18% 초과)

<표> 공공건축물 발주방식별 통계(2007.1~2009.6?)

□ **공공건축물 발주방식별 통계**(2007.1-2009.6 ?)

• 전체

* 금액기준 턴키비율 : 18.2%

구분	계	턴키 *		설계경기		PQ		가격입찰		수의계약	
	건수	건수	비율	건수	비율	건수	비율	건수	비율	건수	비율
중앙부처	469	5	1.1%	60	12.8%	138	29.4%	86	18.3%	180	38.4%
지자체	2,279	34	1.5%	215	9.4%	131	5.7%	809	35.5%	1,090	47.8%
교육청	3,501	2	0.1%	24	0.7%	116	3.3%	1,583	45.2%	1,776	50.7%
정부투자기관	101	-	0.0%	90	89.1%	10	9.9%	1	1.0%	-	0.0%
계	6,350	41	0.6%	389	6.1%	395	6.2%	2,479	39.0%	3,046	48.0%

이상과 같이 건축설계업의 법률적 위상을 살펴본 결과 다음과 같이 요약할 수 있다.

■ 현행 법률체계에서 산업활동으로서 건축설계업에 대해 규정하는 법률은 없으며 일부 필요한 사항을 (건축설계를 포함하지 않는 건설기술을 다루는 법률인) 건설기술관리법에서 규정하고 있는 상태이다.

■ 각종 산업의 진흥・지원을 목적으로 하는 법률들에서 건축설계업이 제외되어 있다.
◦ 즉, 엔지니어링산업진흥법에서는 도시설계・조경설계・구조설계・설비설계 등은 엔지니어링기술로 포함하는 반면 건축설계는 포함하지 않고 있다.
◦ 또한 문화예술진흥법에서는 건축을 문화예술에 포함하고 있지만 한국문화예술위원회에 건축분야를 포함하지 않고 있어 건축설계가 지원 대상에서 소외되고 있으며, 문화산업진흥법 역시 문화산업에 건축설계를 포함하지 않고 있다.

■ 공공부문의 건축설계 발주는 국가계약법이 규정하는 일반경쟁입찰(가격입찰)이 원칙으로 규정되어 있다.
◦ 따라서 일정규모 이상[5]의 건설기술용역 내지 건축사법에 의한 설계만 PQ 가 필요하고 대다수의 나머지는 가격입찰이 가능하다.(즉 최저가가 답이다)
◦ 가격입찰방식 적용이 불합리한 지식기반사업에 대해서는 '협상에 의한 계약'을 허용하고 있으나 건축설계는 이에 포함되지 않다.
◦ 국가계약법에서는 건축설계를 일반 용역업들과 동일하게 취급하고 있다.
◦ 건축설계 발주방식에 대한 별도 규정은 "PQ 및 설계경기에 의한 설계자 선정이 가능하다"라고 규정한 건설기술관리법 시행령 38조가 유일하다.

■ 2009년 5월 개정된 산업발전법에서 새로이 정의한 ' 지식서비스산업' 에 도시설계・조경설계 등 엔지니어링 설계와 함께 건축설계업이 포함된 것은 희망적인 조짐이다.

4) 문제와 쟁점들

■ 건축설계 활동 특성에 적합한 설계발주방식이 불가능하다.
◦ 현재 법체계에서 건축설계 발주는 기본적으로 ' 가격입찰' 대상이다.
건설기술관리법에 설계금액이 일정수준 이상(2억원 이상)인 건축설계용역에 대해서는 설계경기에 의할 수 있다는 단서조항이 있을 뿐이며, 지명・제한・수의계약이 가능하다고 규정되어 있지만 실제로는 거의 불가능하며, 국가계약법이 규정하는 지식기반사업에 속하지 않음으로써 '협상에 의한 계약' 방식 적용도 불가능하다.
◦ 공공건축설계 발주의 상당부분이 설계가격입찰로 이루지고 있으며, 설계경기가 이루어지는 경우에도 일반경쟁 이외에 지명초청 설계경기, 신진건축가 대상 설계경기 등이 사실상 불가능하다.

■ 건축사가 도시설계 등 공간환경 관련 설계발주에서 배제되고 있다.

---

5) 건설기술관리법 21조 및 동 시행령 제37조의 규정에 의하여 공고된 건설기술용역/건축사법에 의한 설계로서 2억원 이상이 해당된다.

◦ 건설기술관리법에 따라 일정금액 이상의 건설기술용역은 사업수행능력평가(PQ)에 의해 입찰참가자를 선정하고 있기 때문에 평가기준은 주로 참여건설기술자의 등급・실적・경력을 기준으로 하며, 건축사 등 건축설계 종사자들은 건설기술관리법상 '건설기술자'에서 제외되어 건축설계사무소가 점수를 받는 것이 사실상 불가능 하다.
◦ 건설기술용역으로 발주되는 도시설계 등의 용역에서 건축설계사무소가 배제되는 결과를 초래하고 있다.

▪ 각종 법률들에 근거한 '진흥계획'에서 건축사가 소외되고 있다.
◦ 건설산업기본법은 건설산업 육성을 위해 국토해양부장관이 5년마다 건설산업진흥기본계획을 수립・시행하도록 규정하고 있는 바, '건설기술의 개발 및 건설기술인력의 육성'에 관해서는 건설기술관리법에 의한 건설기술진흥기본계획에 따르도록 하고 있으나 건축설계는 건설기술에 속하지 않으므로 이 진흥기본계획에서도 배제되고 있다.
◦ 건축설계업은 엔지니어링산업이나 문화산업에도 속하지 않으므로 엔지니어링산업진흥법에 근거한 엔지니어링산업진흥기본계획, 문화산업진흥기본법에 따른 문화산업진흥기본계획에서도 배제되고 있다.

5) 논의되고 있는 개선방안 및 기준들

(1) 관련 법률들이 규정하고 있는 지원 대상 산업 범위에 건축설계업을 포함시킨다.

▪ 국가를 당사자로 하는 계약에 관한 법률 및 지방자치단체를 당사자로 하는 계약에 관한 법률 개정
◦ 공공부문 건축설계 발주에서 '협상에 의한 계약'이 가능하도록 '지식기반사업'에 건축설계 포함
. 국가를 당사자로 하는 계약에 관한 법률 시행령 제43조의 2 개정
. 지방자치단체를 당사자로 하는 계약에 관한 법률 제44조 개정

▪ 지식서비스산업 육성정책에서 건축설계업에 대한 내용 충실화
◦ 산업발전법에서 지식서비스산업을 새로이 규정함에 따라 이를 근거로 지식경제부가 입안할 것으로 예상되는 지식서비스산업 지원・육성정책에서 건축설계업에 대한 내용이 충실히 포함되도록 하는 것이 필요[6)]

▪ 문화예술진흥법, 문화산업진흥기본법 개정
◦ 문화예술진흥법에 근거한 지원사업에 건축설계업 포함 추진
. 지원사업을 심의・결정하는 한국문화예술위원회에 건축분야 인사 참여 필요
. 문화예술진흥법 제23조 및 시행령 제28조를 개정하여 위원회 및 위원추천위원회 구성 분야에 건축분야 명시

---

6) 이에 대한 후속조치로서 대한건축사협회는 자체 발행하는 건축문화신문(2010년 12월16일자) 1면에서 건축설계가 유망 지식서비스산업에 포함돼야한다고 주장하였다.

◦ 문화산업진흥기본법 제2조를 개정, 문화산업의 범위에 건축설계업 포함

(2) 건축설계업에 대한 지원과 발주방식을 별도로 규정하는 독자적인 법률을 확보한다.

■ 건축기본법의 적극적 운용

◦ 건설기술관리법에 기형적으로 규정되어 있는 설계경기 등 건축설계 발주방식 관련 규정을 건축기본법을 중심으로 통폐합, 개편

. 이를 근거로 국가계약법 등에서 건축설계 발주방식을 건축설계의 특성에 적합하도록 별도로 규정

. 건축사 등 건축설계 전문가들에 대한 자격기준을 공식화 - 기술사 등 건설기술자에 상응하는 자격기준으로 규정

◦ 건축설계산업 통계조사 정례화, 전문인력 육성 등 지원정책의 근거 마련

■ 건축서비스산업진흥법(가칭) 제정[7)]

§ 건축설계와 유망지식서비스산업

건축설계, 유망 지식서비스산업에 포함돼야_101207_대한건축사협회

대한건축사협회, '지식산업으로서의 건축' 토론회 열어
중소기업지원사업에서 제외
건축진흥법 제정 등 적극적 국가 지원 필요

조정식 국회의원이 주최하고 대한건축사협회가 주관한 '지식산업으로서의 건축' 토론회가 2010년 12월 7일에 국회의원회관 소회의실에서 개최됐다. 이날 토론회에는 조정식 의원과 대한건축사협회 최영집 회장을 비롯해 건축사, 교수, 공무원 등 약 150여명이 참석한 가운데 열렸다. (하략)

7) 이에 대한 후속조치로서 역시 대한건축사협회는 자체 발행하는 건축문화신문(2010년 12월16일자) 1면에서 건축진흥법 제정이 필요하다고 주장하였다. 이후 법률 제11865호로 제정 및 공포되었다.(공포일 2013.06.04; 시행일 2014.06.05.)

디자인 코리아
녹색성장의 기수
친환경건축문화를 선도하는
대한건축사협회

acn 건축문화신문

2010년 12월 16일 제100호 / 격주간 / 발행 대한건축사협회 THE ARCHITECTURAL CULTURE NEWS www.kira.or.kr 창간 2006년 9월 9일

"「건축설계」 유망 지식서비스산업에 포함돼야"

대한건축사협회 '지식산업으로서의 건축' 토론회 열어

중소기업지원사업' 에서 제외

건축진흥법 제정 등 적극적 국가 지원 필요

조정식 국회의원이 주최하고 대한건축사협회가 주관한 '지식산업으로서의 건축' 토론회가 12월 7일 오후2시 국회의원회관 소회의실에서 개최됐다. 이날 토론회에는 조정식 의원과 대한건축사협회 최영집 회장을 비롯해 건축사, 교수, 공무원 등 약 150여명이 참석한 가운데 열렸다.

조정식 의원은 개회사에서 "현재 시대적 추세는 제조업에서 지식산업으로 전환되고 있다. 본인은 대학에서 건축을 전공했다. 건축분야도 지식, 창조산업이다. 이제는 건축의 질적인 팽창을 통해 도시문화의 발전과 국격을 높여야 한다"고 밝히며, "오늘 이 자리는 이러한 문제를 인식하고 같이 고민하는 자리가 되길 바란다. 지식경제부에서도 오늘 토론회에 귀를 기울여주길 바란다"고 말했다.

대한건축사협회 최영집 회장은 축사에서 "시대가 변하 듯, 건축도 많은 변화를 추구해야 한다. 오늘 이 자리가 대한민국 건축을 증진시킬 수 있는 자리가 되길 바란다"고 밝혔다.

이어진 주제발표에서 건축도시공간연구소 김진욱 부연구위원은 '산업적 관점에서의 건축'에 대한 연구를 발표했다. 김 연구위원은 "전 세계 도시수는 2,077개로 그 중 서울의 건축설계시장은 13위 정도이지만, 세계설계시장 점유율은 2% 남짓밖에 되지 않는다"고 밝혔다. 또한 "4조원인 건축설계 시장의 평균 임금은 2,300만원이며, 서울과 경기지역 매출비율이 73.2%로 수도권에 편중되어 있다"고 밝혔다. 아울러 "건축서비스산업은 1,000억을 투자할 시, 900억의 부가가치유발효과와 1,705명의 취업유발효과를 주는데, 제조업은 각각 626억, 920명을 나타낸다."고 말했다.

또한 "이런 점을 볼 때, 건축서비스산업은 정부 차원의 산업적 정책지원 근거를 마련해야 하며, 지원방안이 함께 수립되어 건축서비스 산업이 육성되어야 한다"고 피력했다.

중소기업연구원 심우일 연구위원은 "스페인 빌바오의 구겐하임 미술관은 건축물 하나로 도시 전체의 이미지를 변화시켰다. 연간 100만명 방문과 1억6천만 달러의 관광수입을 올리고 있다. 이러한 점에서 건축은 문화를 비롯한 사회전반적인 곳에 영향을 미치고 있다"고 밝혔다. 이어 "관련된 실태조사를 분석한 후 건축서비스산업의 육성 및 발전을 위해 법, 제도 개정 추진을 해야한다"고 말했다.

대한건축사협회 전영철 상근이사는 "현재 지식기반산업을 관할하는 지식경제부의 중소기업 진흥을 위한 지원사업에 '건축서비스업'은 제외되어 있다. 앞의 연구를 통해 보듯 건축은 '유망지식서비스업'에 포함돼야 하며, 세제 및 금융지원을 비롯해 중소기업청을 통한 건축사사무소 지원이 이뤄져야 한다"고 목소리를 높였다.

2부 순서는 동국대학교 전영일 교수가 좌장을 본 가운데 토론회가 진행됐다.

토론회에서는 ▲건축설계업의 열악한 현실 ▲정부차원의 건축설계업의 지원 필요 ▲복합적인 성격의 건축분야의 재정립 ▲주인의식이 필요한 건축계 등의 주요의견이 제시됐다. 이에 지식경제부 지식서비스과 장금영 과장은 "건축설계업은 포지셔닝의 문제가 가장 큰 듯하다. 예술, 기술, 산업 등 다소 경계가 모호한 부분이 있는데, 그 점을 명확히 할 필요가 있다"며, "건축이 지식산업으로 거듭나기 위해서는 부처 간의 논의가 필요하며, 건축계 내부적으로 많은 고민을 해야 할 것"이라고 밝혔다.

한편 대한건축사협회는 이번 토론회를 계기로 건축분야가 '지식서비스산업'으로서의 기틀을 마련할 수 있도록 관련부처를 대상으로 다각적인 활동을 펼칠 계획이다.

손석원 기자 news@kira.or.kr

아래는 지식경제부 소관 산업디자인진흥법에 의한 우수디자인 선정 증서이다.

우수디자인 선정증서

우수디자인 선정증서Certficate of Good Design Selection

Product: 한정식 두마레(분당)
Brand: 두마레
Model: 인테리어 디자인
Company: Jay is working
Desinger: 이세영, 류혜연, 장순각
위 상품은 산업디자인진흥법 제6조 제1항[8]의 규정에 의하여 우수디자인으로 선정되었음을 증명합니다.

2009. 11. 10
한국디자인진흥원장 000, 지식경제부

---

8) 산업디자인진흥법 제6조(우수산업디자인상품의 선정 등) ① 지식경제부장관은 우수한 산업디자인의 개발을 촉진하기 위하여 디자인이 우수한 상품을 선정하는 등 필요한 조치를 할 수 있다. ② 지식경제부장관은 제1항에 따라 선정된 우수산업디자인상품에 대하여 필요하다고 인정하는 경우에는 시상을 할 수 있다.

§ 건축사 및 건축사사무소 현황

■ 건축사 합격자: 약 17,000명(2009년 현재)

• 년도별 건축사 배출 현황 및 누계

자료 : 대한건축사협회

구 분	'95 이전	'96	'97	'98	'99	'00	'01	'02	'03	'04	'05	'06	'07	'08	'09
배출자수	7,942	1,048	1,316	973	1,119	919	642	468	467	421	193	502	200	377	454
누 계	7,942	8,990	10,306	11,279	12,398	13,317	13,959	14,427	14,894	15,315	15,508	16,010	16,210	16,587	17,041

■ 시청(구청)에 등록된 건축사: 약 10,600명 및
건축사사무소: 약 9,800개(2010년 현재)

• 건축사 및 건축사사무소 현황 (2010년 10월30일 현재)

자료 : 세움터 집계

지 역	합 계	서울	부산	대구	인천	광주	대전	울산	경기	강원	충북	충남	전북	전남	경북	경남	제주
건축사사무소 수	9,787	3,386	739	580	361	262	323	204	1,454	238	270	308	299	271	414	538	140
등록건축사 수	10,590	3,887	761	647	370	285	358	214	1,502	245	301	325	302	273	427	550	143

■ 대한건축사협회 회원 건축사: 약 8,200명
(2010년 현재; 아래 자료는 2009년, 약 8,000명)

건축사회별 회원현황

구분 건축사회	회원				준회원
	건축사	2급	계	비율	
합 계	7,966	10	8,066	100.0%	23
서 울	2,496	3	2,499	33.9%	10
부 산	666	1	667	7.9%	9
대 구	602	0	602	7.7%	0
인 천	319	0	319	3.8%	0
광 주	274	0	274	3.7%	0
대 전	331	1	332	3.7%	0
울 산	214	0	214	2.6%	0
경 기	989	2	991	12.2%	2
강 원	202	0	202	2.6%	0
충 북	256	0	256	3.0%	0
충 남	267	3	270	3.1%	0
전 북	255	0	255	3.0%	0
전 남	177	0	177	1.9%	0
경 북	378	0	378	4.6%	1
경 남	425	0	425	5.0%	1
제 주	115	0	115	1.3%	0

사무소형태별 회원현황

구 분	개인사무소	법인사무소	전입미처리	합 계	비 고
회 원 수	5,341	2,625	90	8,056	
비 율	66.29%	32.59%	1.12%	100%	
사무소수	5,198	1,973	-	7,171	
비 율	72.49%	27.51%	-	100%	

■ 대한건축사협회 회원 건축사사무소: 약 7,400개(2010년 현재;
아래 자료는 2009년, 약 7,200개)

건축사사무소 등록현황

(사 : 사무소수, 회 : 회원수)

2009년 1월말

구분 건축사회	개인사무소								법인사무소												용역사무소		합계	
	1인		2인		3인이상		소계		1인		2인		3인		4인		5인이상		소계					
	사	회	사	회	사	회	사	회	사	회	사	회	사	회	사	회	사	회	사	회	사	회	사	회
합계	5,067	5,067	119	238	12	36	5,198	5,341	1,596	1,595	263	526	64	192	21	84	30	228	1,973	2,625		7	7,171	7,966
서울	943	943	32	64	5	15	980	1,022	877	877	156	312	39	117	12	48	16	120	1,100	1,474		6	2,080	2,496
부산	457	457	17	34	2	6	476	497	93	93	17	34	3	9	1	4	3	29	117	169			593	666
대구	408	408	25	50	4	12	437	470	62	62	19	38	6	18	1	4	2	10	90	132			527	602
인천	244	244	2	4	0	0	246	248	55	55	8	16	0	0	0	0	0	0	63	71			309	319
광주	201	201	1	2	0	0	202	203	37	37	6	12	2	6	2	8	1	8	48	71			250	274
대전	222	222	11	22	1	3	234	247	31	31	8	16	5	15	0	0	2	22	46	84			280	331
울산	169	169	7	14	0	0	176	183	18	18	5	10	1	3	0	0	0	0	24	31			200	214
경기	692	692	3	6	0	0	695	698	233	233	18	36	2	6	1	4	2	12	256	291			951	989
강원	169	169	1	2	0	0	170	171	22	22	2	4	0	0	0	0	1	5	25	31			195	202
충북	185	185	4	8	0	0	189	193	33	33	4	8	1	3	1	4	2	15	41	63			230	256
충남	202	202	1	2	0	0	203	204	38	38	7	14	1	3	2	8	0	0	48	63			251	267
전북	211	211	4	8	0	0	215	219	22	22	2	4	2	6	1	4	0	0	27	36			242	255
전남	155	155	0	0	0	0	155	155	13	13	1	2	0	0	0	0	1	7	15	22			170	177
경북	333	333	5	10	0	0	337	341	30	30	2	4	1	3	0	0	0	0	33	37		1	370	378
경남	371	371	7	14	0	0	378	385	24	24	8	16	0	0	0	0	0	0	32	40			410	425
제주	105	105	0	0	0	0	105	105	7	7	0	0	1	3	0	0	0	0	8	10			113	115

§ 국내 주요 건축단체

1) 건축사 관련 주요 3단체

■ (사)한국건축가협회

◦ 심볼:

◦ 영문: K.I.A.(Korean Institute of Architects)
◦ 창립: 1957년
◦ 자격: 건축인(건축사 비보유자 가능)
◦ 역대회장: 이천승, 엄덕문, 김수근, 김정철, 윤승중, 황일인 등
◦ UIA와의 관계: 1963년 가입
◦ 소속: 문화부(2014년 현재 문화체육관광부)

■ (사)대한건축사협회

◦ 심볼:

◦ 영문: K.I.R.A.(Korea Institute of Registered Architects)
◦ 창립: 1965년(건축사법)
◦ 자격: 건축사 자격증 보유자(실제로는 개업건축사)
◦ 역대회장: 이영희, 한명수(명지 동문) 등
◦ UIA와의 관계: 2000년 가입(FIKA 명의)
◦ 소속: 건설부(2014년 현재 국토교통부)

■ (사)새건축사협의회

◦ 심볼:

◦ 영문: K.A.I.(Korea Architects Institute)
◦ 창립: 2002년
◦ 자격: 건축인(건축사 비보유자 가능)
◦ 역대회장: 최관영, 이필훈, 함인선
◦ UIA와의 관계: 2000년 가입(FIKA 명의)
◦ 소속: 건설부(2014년 현재 국토교통부)

그 외 한국건축가연합

2) 그 외 주요 단체

- 한국건축단체연합
- ◦ 심볼:
- ◦ 영문: F.I.K.A.(Federation on Institute of Korean Architects)
- ◦ 창립:
- ◦ 자격:
- ◦ 역대회장:
- ◦ UIA와의 관계:
- ◦ 소속:
- ◦ 기타: [2010.03.03] 국내 3대 건축분야 전문가 모임인 대한건축사협회와 한국건축가협회, 새건축사협의회의 통합이 무산됐다. 이들 3개 단체 회장단은 최근 통합을 결의하고 정관변경 절차에 들어갔으나 가장 규모가 큰 대한건축사협회 대의원 총회에서 부결돼 통합단체인 '대한민국건축사협회(가칭)' 출범이 사실상 물건너 갔다.

- (사)한국여성건축가협회
- ◦ 심볼:
- ◦ 영문: K.I.F.A.(Korean Institute of Female Architects)
- ◦ 창립:
- ◦ 자격:
- ◦ 역대회장:
- ◦ UIA와의 관계:
- ◦ 소속:

- (사)대한건축학회
- ◦ 심볼:
- ◦ 영문: A.I.K.(Architectural Instute of Korea)
- ◦ 창립:
- ◦ 자격:
- ◦ 역대회장:
- ◦ UIA와의 관계:
- ◦ 소속: 교육부

§ 대형 건축사사무소 목록

(2009년 현재)

명칭	대표자 성명	출생	학력	설립	인원	주요 작업
간삼	김자호	1945	중앙대 학사, 석사	1983	275	포스코 센터, 한국은행 본관, 명지대 인문캠 종합학술관
	이광만	1952	홍익대 학사, 석사			
건원	양재현	1946	서울대 학사, 연세대 경영원, 프리스턴 대학원	1984	300	삼성동 아이파크, 송도 국제화 단지
	김종국	1947	서울대 학사			
	함인선	1959	서울대			
	김종남	1958?	서울시립대 77입			
공간	이상림	1955	한양대	1960	400	경동교회, 서울올림픽 주경기장
나우동인	김수훤	1958	서울대	1994	197	안면도 오션캐슬, 덕산 스파캐슬
	박병욱	1958	서울대			
동일	오봉석	1941	부산대 학사, 한양대 산업원	1982	450	송도 신도시 주상복합, 전주월드컵경기장
DA그룹	김현호	1962	서울대 학사, 석사	2001	250	용산 시티파크, 부산 트럼프월드 센텀시티
DMP	문진호	1962	서울대 학사, 석사, UC Berkeley 석사	2007	92	일산 서구청사, 타슈켄트 도시개발 사업
	박승홍	1954	서울대 학사, 베를린대학, U Minn, Harvard U 석사			
무영	안길원	1942	인하대	1985	600	아파트 다수, 인천타워 151, 인천컨벤션센터
삼우	손명기	1952	서울대	1976	846	타워팰리스, 리움, 종로타워, 수원축구 전용 경기장
엄&이	이각표		연세대	1948	200	캐리비안베이, 정부과천청사, 하이마트 사옥, 세종문화회관, 국립극장
	이근창		연세대			
	서상하		인덕전문대			
	이관표	1955	연세대 학사, 석사			
정림	이필훈	1955	연세대 학사, O.S.U. 석사	1967	600	국립중앙박물관,연세세브란스 새병원, SK T-Tower, 외환은행본점
	이충노		충남대 학사, 연세대원 경영학			
창조	김병현	1937	서울대	1984	205	LG트윈타워, GS타워, LG화학본사(대전), LG전자LCD공장.
해안	윤세한	1964	서울대 학사, 석사	1990	200?	.일산 라페스타, 행정도시 중심행정타운.
희림	.이영희	1938	서울대	1970	1,007	국민은행 본점, 동아 미디어센터, 베트남대사관, 서울 워커힐
	.정영균	1962	서울대 학사, 석사, U. Penn 석사			

§ 소형 건축사사무소 목록

(2009년 현재)

아래 소형사무소 목록에는 중진급의 건축가(승효상 등), 해당분야에서 전문성을 인정받은 건축가(MAI건축 등), 건축상을 수상한 신인건축가(임영환 등) 등이 포함되어 있다. 작가성 건축가 위주로 작성된 것은 그들만의 수주특성을 분석하기 위해서 이다.

대표(+파트너)	상호	수련경력
강승우**	MAI건축	1959년, 연세대, 캘 스테이트 폴 텍
유찬*	MAI건축	1959년, 연세대, 프랫 인스티튜트

곽희수		이뎀도시건축	
권문성**		성균관대 교수/ 아뜰17	서울대
	이경락*	아뜰리에17	부산대
김동진		로디자인건축	홍익대?, 파리벨빌대
김범준		공간건축 소속	
김승회**		서울대 교수/ 경영위치	서울대, 미시간대
	강원필*	경영위치	서울대
김찬중**		시스템 랩	고려대, 하바드, 스위스연방공대
	홍택*	시스템 랩	
김헌		어사일럼건축(1993년 예다)	1960년, 한양대, 미시간대
문훈		건축발전소	1968년, 인하대, MIT
민규암		토마건축	서울대
민성진		SKM건축	1964년 USC, 하버드
민현식**		한국예종 교수/ 기오헌	서울대
	이은식*	기오헌	서울대
서승모		r DA Unit	경원대, 도쿄예술대학원
승효상		이로재	서울대
유현준		홍대 교수?/ 유현준디자인	1969년, 연세대, MIT, 하버드
윤승현**		인터커드건축	연세대
	서준혁*	인터커드건축	
윤웅원**		제공건축	
	김정주*		
이기용		KLNB건축	명지대, 프랑스 파리 라빌레뜨
이민아			
이성관		한울건축	1948년?, 서울대, 컬럼비아대
이은석		경희대 교수/ COMA건축	홍익대, 프랑스
이정훈		JOHO건축	성균관대, 파리 라빌레뜨
인의식**		연미건축	
	장명희*	연미건축	
임영환**		홍익대 교수/ D-LIM건축	1969년, ?, U.Penn, 미국 건축사
	김선현*	D-LIM건축	1972년,홍익대, 하버드대
임재용		OCA건축	서울대
장윤규**		국민대교수/ 운생동	1964년, 서울대
	신창훈*	운생동	영남대, 시립대
전병욱**		JNK건축	연세대, 연새대, AA
	강진구*	JNK건축	고려대(기계과), 연세대
조남호		솔토지빈건축	시립대
조민석		매스스터디건축	1966년, 연세대, 컬럼비아대
조병수		조병수건축	1957년, 몬태나주립대, 하버드대
조정구		구가도시건축	1966년, 서울대
최문규		연세대교수/ 가아건축	1961년, 연세대, 컬럼비아대
최삼영		가와건축	1958년, 경상대, 홍익대
최욱		ONE O ONE건축	홍익대, 이태리 유학
한만원		인지건축	1956년, 홍익대, 라빌레뜨
한형우**		스페이스연건축	연세대, 프랑스 유학
	이상대*		연세대

이 외에도 젊은건축가상 수상자들을 주목하라.

§ 소형 건축사사무소 수주분석을 위한 체크리스트

1. 조사대상 사무소 개요

- 대표자
- 창립연도
- 규모
- 사무실 위치
- 대표작

2. 대표자
- 주요약력
- 수련: 주요 근무처
- 학력: 고등학교, 대학교, 대학원
- 주요 파트너 경력
- (조직도)

3. 작업목록에 의한 수주분석

- 최근 순서 목록:
  제목/
  연도/
  위치/
  규모/
  용도/
  발주자/
  기타 특기사항(발주자와의 관계)
- 그 외 특성별 목록:

4. 벤치마킹 사항

§ 세계 최초의 건축 비즈니스 석사학위 개설

2010. 11. 18.
엘리자베쓰 호프커크

디자인과 경영을 결합한 세계 최초의 건축석사학위 프로그램이 영국의 왕립예술대학 및 뉴런던 아키텍쳐(NLA[1])와 공동으로 스페인의 한 대학에 의해 시작되었다.

오는 2011년2월에 시작되는 13개월 기간의 본 프로그램은 온라인과 일정기간 동안의 오프라인(런던 및 스페인의 IE 대학 경영캠퍼스)을 통해 영어로 강의될 예정이다.
영국에서의 강의 공간 및 교사는 왕립예술대학의 혁신디자인공학과가 담당한다.

이 프로그램은 젊은 자영 건축가와 직원, 파트너를 대상으로 하여 진보적인 디자인과 사업경영 사이에 있는 격차를 해소할 수 있도록 의도되었다.

IE 건축대학 학장인 하비에르는 다음과 같이 말한다: 최고의 디자인은 사업이나 재정적인 강요로부터 자유로운 예술가에게서 나왔다고 생각하는 순진한 귀족들이 있었음을 근대건축 역사를 통해 알 수 있다.

그러나 현대의 실무에서 디자인에서의 우월성이 성공에 필수적이긴 하지만 충분조건은 아니다. 사실, 대부분의 건축가들은 올바른 훈련을 받지 못하고도 사업상의 책임을 져야하는 모험적인 사업가들이요, 타고난 디자이너들이었다.

하비에르 학장은 또한 이 프로그램에서 건축가-디자인에서의 우월성을 사업에서의 성공과 결합하는 건축가-를 만날 기회도 있다고 강조했다.
초청 강사로는 포스터, 자하 하디드 S.O.M. 등의 건축가들이 포함된다.

---

1) NLA는 파이퍼 프로젝트 사(Pipers Projects Ltd)에 의해 운영되는 독립조직이다 (http://www.newlondonarchitecture.org/)

World's first business of architecture degree launched

18 November 2010

By Elizabeth Hopkirk

The world's first architectural masters degree combining design with management has been launched by a Spanish university in collaboration with the Royal College of Art and New London Architecture.

The 13-month programme, which begins in February, will be taught in English both online and with face-to-face periods in London and at IE University's business campus in Madrid. The RCA's department of Innovation Design Engineering is providing studio space and teachers for the UK element.

Aimed at young independent architecture professionals and employees or partners it is intended to bridge the gap between advanced design and business management.

Javier Quintana de Ua, dean of IE School of Architecture, said: "Throughout the modern history of architecture, there has existed the noble if[2] naive perception that the best design came from artists whose practice remained untouched by the imperatives of business or finance.

"However, contemporary practice has proven that while design excellence is very necessary it is not sufficient to perform with success. Most architects are, in fact, entrepreneurs and vocational designers who face business responsibilities without the right training."

He said highlights would include the chance to meet architects who combine design excellence with business success.

Guest speakers during the programme will include architects from Foster & Partners, Zaha Hadid Architects, Snohetta, SOM, David Chipperfield Architects and Kristine Fallon.

2) 문맥을 고려하여 원문상의 if를 임으로 of로 교체하여 번역하였음

§ 건축사 업무신고서 및 필증[1]

〔별지 제19호서식〕〈개정 2000.5.22〉 (앞 쪽)

<table>
<tr><td colspan="4" rowspan="2">건축사업무신고서</td><td>처리기간</td></tr>
<tr><td>5 일</td></tr>
<tr><td rowspan="2">신고인</td><td>대 표 자 명</td><td></td><td>자 격 번 호</td><td></td></tr>
<tr><td>주 소</td><td colspan="3"></td></tr>
<tr><td rowspan="3">사무소</td><td>사 무 소 명</td><td></td><td>구 분</td><td>□개인 □법인</td></tr>
<tr><td>소 재 지</td><td colspan="3">(전화:)</td></tr>
<tr><td>전 용 면 적</td><td colspan="3">㎡</td></tr>
<tr><td colspan="5">건축사법 제23조제1항의 규정에 의하여 건축사업무신고를 합니다.
년 월 일
신고인 (서명 또는 인)
특별시장
광역시장 귀하
도 지 사</td></tr>
<tr><td colspan="4" rowspan="2">구비서류
1. 자격증 사본
2. 사무실보유증명서
3. 법인등기부등본(법인에 한합니다)</td><td>수수료</td></tr>
<tr><td>20,000원</td></tr>
</table>

210㎜×297㎜

(신문용지 54g/㎡(재활용품))

1) 건축사가 개업하려면 구비 서류를 첨부하여 시청(구청)에 접수하고, 건축사업무신고필증을 교부받는다.

이 신고서는 아래와 같이 처리됩니다. (뒤 쪽)

신 고 인	처 리 기 관 시 . 도
신 고 서 작 성	접 수
	↓
	확 인
	↓
	검 토
	↓
	결 재
	↓
신 고 필 증 교 부	신고부기재 및 신고필증작성

<table>
<tr><td rowspan="2">사무명</td><td rowspan="2" colspan="3">건축사업무 신고안내</td><td rowspan="2">관련부서</td><td>처리기관</td><td>지도감독</td><td>주무부서</td></tr>
<tr><td>구건축과</td><td>시건축지도과</td><td>건설교통부</td></tr>
<tr><td>사무내용</td><td colspan="7">1.1.1.1.1.1.1.1. 건설부장관의 면허를 받은 건축사가 건축물의 설계와 공사감리 건축물의 조사 또는 감정에 관한 사항 및 건축관계법령에 의한 절차 이행대리에 관한 업무를 하기 위하여 건축사법에 따라 건축사사무소를 정하여 사무소를 개업하고자 할 경우 신청하는 민원사무임.</td></tr>
<tr><td rowspan="7">처리과정</td><td>접수처</td><td>건축과</td><td>경유처</td><td></td><td>처분청</td><td colspan="2">구청장</td></tr>
<tr><td>대조공부</td><td></td><td>비치대장</td><td>건축사사무소 등록부</td><td>처리기간</td><td colspan="2">5 일</td></tr>
<tr><td>최종결재</td><td></td><td>수수료</td><td>20,000</td><td>면허세</td><td colspan="2"></td></tr>
<tr><td>현장조사사항</td><td colspan="6">신청사항과 합치여부, 사무소 적정여부(시설기준) 등록거부 사유해당여부(건축사법 제24조)</td></tr>
<tr><td>처리요건</td><td colspan="6"></td></tr>
<tr><td>후속민원</td><td colspan="6"></td></tr>
<tr><td>근거법규</td><td colspan="7">건축사법 제23조제1항
건축사법시행령 제22조
건축사법시행규칙 제13조및〔별지19조〕</td></tr>
<tr><td>구비서류</td><td colspan="7">1. 신청서 1부
2. 자격증사본 1부
3. 사무실보유증명서 1부
4. 법인등기부등본(법인인 경우) 1부</td></tr>
<tr><td>처리요령및유의사항</td><td colspan="7">1. 구비서류 확인
2. 면허증원본과 대조확인
3. 수수료 첨부여부 및 채권매입필증 첨부여부
4. 시설기준 적정여부
5. 건축사법 제24조(등록거부의 사유) 해당여부 엄밀검토</td></tr>
</table>

[별지 제24호서식] <개정 2005.7.18> (앞쪽)

제 호

건축사업무신고필증

사무소명 : (□개인 □법인)

소재지 :

건축사명 : (자격번호 :)

신고일 : 년 월 일

위 사무소는 「건축사법」 제23조의 규정에 의하여 건축사업무신고를 하였음을 증명합니다.

월 일

특별시장
광역시장 (인)
도지사

210mm×297mm
(신문용지 54g/㎡(재활용품))

(뒤쪽)

변경사항

변경일자	변경항목	변경내용	기록자인

처리부서: 건축과 ☎ 2260-1390 ~ 4

§ 2011년 세계 100대 건축사사무소

(2011년 2월 현재)
2011년 세계 100대 건축사사무소(Architects employed 기준) 조사에서 국내 건축사사무소 중 삼우, 희림, 건원, 간삼 4개 회사가 선정되었다.

(참고: 일본 니켄세케이 1,070명, 400만달러 이상으로 4위)
(참고: 미국 퍼킨스&윌 761명, 225만달러로 7위)
(참고: 영국 포스터 712명, 215만달러로 9위)

삼우는 건축사 596명, 매출액 230~2억39백만달러(2,500~2700억원)로 14위,
희림은 건축사 510명, 매출액 180~1억89백만달러(2,000~2,200억원)로 20위,

(참고: 영국 아럽 500명으로 21위)
(참고: 미국 HOK 427명, 255만달러로 23위)

건원은 건축사 403명, 매출액 90~99백만달러(1,000~1,100억원)로 25위,

(참고: 미국 SOM 403명, 175만달러로 공동 25위)
(참고: 미국 RTKL 400명, 205만달러로 27위)

간삼은 건축사 284명, 매출액 40~49백만달러(450~550억원)로 40위에 올랐다.

WA 100 The definitive survey of the world's largest practices 2011

TOP 100

RANK 2011	RANK 2010	NEW ENTRY	PRACTICE NAME	COUNTRY	ARCHITECTS EMPLOYED	ARCHITECTS PREVIOUS YR	FEE INCOME (US$ MILLION)
1	52		Aecom	USA	1,488	184	Over $400m
2	2		Aedas	UK/China/USA	1,133	1,122	$180-189m
3	3		Gensler	USA	1,092	975	Over $400m
4	1		Nikken Sekkei	Japan	1,073	1,165	Over $400m
5	6=		IBI Group	Canada	970	750	$140-149m
6	6=		P&T Architects and Engineers	China (Hong Kong)	800	750	$130-139m
7	17		Perkins & Will	USA	761	522	$220-229m
8	5		RMJM	UK	746	833	
9	6=		Foster & Partners	UK	712	750	$210-219m
10=	10		BDP	UK	623	646	$180-189m
10=		★	RSP Architects	Singapore	623		
12	9		HDR Architecture	USA	620	720	$330-339m
13	12		DP Architects	Singapore	604	574	$70-79m
14		★	Samoo Architects & Engineers	South Korea	596		$230-239m
15	13		Atkins	UK	550	565	$80-89m
16	11		HKS Architects	USA	543	644	$110-119m
17	14		Cannon Design	USA	540	539	$130-139m
18	21		Sweco	Sweden	530	400	$60-69m
19	28		Callison	USA	525	302	$90-99m
20	84		Heerim Architects	South Korea	510	95	$180-189m
21		★	Arup Associates	UK	500		
22	18		Perkins Eastman	USA	490	490	$110-119m
23	4		HOK	USA	427	894	$250-259m
24		★	GMP	Germany	423		$70-79m
25=	59		Kunwon Architects & Engineers	South Korea	403	142	$90-99m
25=	16		Skidmore, Owings & Merrill	USA	403	525	$170-179m
27	15		RTKL	USA	400	538	$200-209m
28	20		NBBJ	USA	398	417	$190-199m
29	19		SmithGroup	USA	396	445	$100-109m
30	21 (2009)		Nihon Sekkei	Japan	379		$150-159m
31	27		Kume Sekkei	Japan	364	305	$110-119m
32	22		Stantec	Canada	362	372	$170-179m
33	25		Hassell	Australia	357	352	$100-109m
34	29=		White Arkitekter	Sweden	330	300	$50-59m
35	31		DLR Group	USA	311	290	$130-139m
36=	26		ATP Architects	Austria	300	320	$70-79m
36=	44		Populous	UK	300	210	$60-69m
38	33		KEO International	Kuwait	288	252	$110-119m
39	24		Leo A Daly	USA	287	355	$170-179m
40	36		Gansam Architects & Partners	South Korea	284	241	$40-49m

2012년 5월 31일

건축사 자격 제도가

이렇게
달라집니다

국토해양부 대한건축사협회
KOREA INSTITUTE OF REGISTERED ARCHITECTS

1. 건축사 자격제도 변경

배 경

국제 환경의 변화
- WTO 및 FTA의 확대에 따른 시장개방 에 직면
- 국제기준(UIA권고기준)에 맞는 자격제도 요구

국내 환경의 변화
- 전문성 확보 를 위한 제도의 정비
- 수준 높은 건축설계 의 요구
- 다양한 사회적 변화 수용에 대한 요구

건축사 제도의 변경내용

기존 제도
- 교육이수 → 예비시험 → 경력관리 → 자격시험 → 자격취득 → 건축사업무

※ 학력 실무경력 요건이 건축에 관한 전문성 부족 단기간 기계적 학습을 통해 자격획득

변경 제도
- 교육이수 → 실무수련 → 자격시험 → 자격취득 → 자격등록 → 실무교육 → 갱신등록
  (UIA권고안을 기준으로 국내여건을 감안 개정)
- 외국과 같은 자격체계와 유지관리 위한 건축사 등록원 설립 운영
  (미국 : NCARB , 영국 : ARB, 독일 : BAK, 프랑스 : CNOA)

2. 실무수련 제도 신설

주요내용

- 3년 이상 건축사 사무소에서 감독건축사의 지도 감독에 따라 실무수련 후 건축사자격시험 응시가능

제도취지

- 건축실무에 관한 기본지식과 전문기술의 습득으로 전문성을 확립
- 건축사자격의 국가간 상호인정에 대비한 국제기준 충족

관련근거

- 건축사법 제13조

※ 건축사자격시험에 응시하려면 3년 이상의 실무수련을 받아야 함.

- 건축사법시행령(안) 제15조

※ 3년 이상의 기간에 465일 이상 실무수련을 이수하여야 함.

감독건축사

- 건축사자격등록 및 사무소개설신고를 마친 건축사
- 실무수련자의 실무수련을 감독하고 체계적으로 교육할 의무 지님

실무수련 대상자

- 건축학인증 학위과정 5년제 졸업자 및 8학기 이상 이수자
- 건축학 대학원 : 학사과정 (건축전공) 2학기 이상 이수자
  학사과정 (건축 비전공) 4학기 이상 이수자

※ 건축학 비 인증 과정 졸업자 (2023년까지 유예) : 실무수련 4년

※ 법 시행일 전 5년제 비인증졸업자 : 실무수련 최대 4년까지 소급인정

※ 현행 건축사예비시험 : 2019년 12월 31일 까지 시행

※ 현 건축사예비시험합격자 : 2026년12월31일까지특별전형에 응시가능

대한건축사협회
KOREA INSTITUTE OF REGISTERED ARCHITECTS

서울특별시 서초구 서초1동 1603-55 건축사회관
1603-55, Seocho1-dong, Seocho-gu, Seoul, Korea
TEL. 02-3415-6800 FAX. 02-3415-6899
www.kira.or.kr

* 본지에 수록된 사진은 "2011년도 건축문화대상" 수상작품입니다.

3. 건축사자격 등록제도 신설

주요내용

- 건축사업무를수행하려면 대한건축사협회에 건축사자격을 등록 해야함

- 기 존 - 건축사업무수행 : 건축사업무신고 (지자체)
- 변 경
  건축사업무수행 : 건축사자격을 등록(대한건축사협회)
  건축사업수행 : 건축사 자격등록 후 건축사사무소 개설 신고(지자체)

※ 건축사사무소개설자 : 건축사사무소개설신고를 한 건축사
※ 소속건축사 : 건축사 업무수행이 가능하나 협회에 건축사자격 등록을 하여야 함

제도취지

- 실무수련, 자격등록, 갱신등록으로 연계되는 건축사자격의 체계적 관리
- 국제기준의 자격제도에 맞추어 건축사자격의 상호인증에 대비한 경쟁력 확보

관련근거

- 건축사법 제18조 제1항, 건축사법 제38조의3 제2항 제4호

※ 건축사자격시험에 합격한 사람이 건축사업무를 수행하려면 국토해양부 장관(대한건축사협회)에게 등록하여야 함

등록 대상자

- 건축사업무를 수행하려고 하는 모든 건축사
- 건축사업무를 수행하고 있는 기존 건축사도 2013. 5. 30 까지 등록하여야 함.

건축사 윤리선언

- 등록 신청 시 건축사 윤리선언을 하여야 함.
- 윤리선언을 위반 할 시 징계대상이 됨.

※ (법 제30조의3 제1항 제2호)

4. 건축사자격 갱신등록제도 신설

주요내용

- 건축사자격 등록 후 3년 이상의 범위에서 (5년) 건축사 자격을 갱신등록

제도취지

- 건축사의 최신기술 습 득 및 자기계발 동기 부여
- 실무교육을 강화 함으로써 국제경쟁력을 확보

관련근거

- 건축사법 제18조 제5항, 시행령(안) 제26조 제2항

※ 건축사 자격등록 후 5년마다 건축사자격을 갱신등록 하여야 함.

자격등록 및 갱신등록 절차

신고서 작성
협회 홈페이지 접속 신고서 다운
또는 인터넷으로 직접작성

구비서류 접수
건축사윤리선언서 등
시.도건축사회 또는 우편 접수

접수확인
신고서류 및 구비서류 확인 (본회)

등록증 발급
건축사 자격 등록증
건축사 개인 – 인터넷 출력

5. 건축사 실무교육 제도 신설

주요내용

- 건축사자격 갱신등록의 필수사항으로 5년 내 60시간 (12시간/년)이수

제도취지

- 건축사자격 취득 이후의 계속적인 직능교육 유도
- 건축전문직으로서의 최신기술 습득 및 자기계발의 여건 조성

관련근거 (건축사법시행령(안) 제30조 제1항)

- 등록한 건축사는 5년에 60시간 이상의 실무교육을 받아야 함

실무교육 실시기관

- 대한 건축사협회

실무교육 종류

- 윤리교육
- 전문교육
- 자기계발

실무교육 방법

- 집체교육
- 온라인교육
- 활동 참여

6. 건축사 등록업무 추진일정

2011년 5월 30일 건축사법 개정공포

2011년 6월 국토해양부로 부터 건축사 등록업무 협회 위탁 문서 수령

2011년 7월 건축사등록업무 준비위원회 구성 및 업무수행

2012년 1월 건축사 등록업무관련 전산프로그램개발 착수

2012년 4월 건축사 등록업무관련 전산프로그램 개발 완료

2012년 5월 31일 건축사 등록업무 개시

Q&A

Ⓠ 기존 건축사도 등록을 하여야 하는가?

Ⓐ 기존 건축사도 1년 이내에 등록을 하여야 함

Ⓠ 교육은 언제부터 어디서 하여야 하는가?

Ⓐ 교육은 2012년 5월 31일부터 협회에서 실시

(현재 실시방안 수립 중)

Ⓠ 건축사 윤리선언에는 어떤 내용이 들어가게 되는가?

Ⓐ 인류, 국가, 사회, 건축주, 동료건축사, 자기자신, 함께 일하는 사람에 대한 의무 등, 공공의 이익을 위해 건축사로서 지켜야 할 기본적 의무로 구성

Ⓠ 기존 위탁업무인 건설기술자, 건축사 실적관리업무는 어떻게 되는가?

Ⓐ 건설기술자는 건설기술관리법, 실적관리는 건축사법으로 등록업무와는 성격이 다름.

현재 업무의 편리성을 위해 위탁업무 모두 전산상 연계 처리토록 계획하고 있음

Ⓠ 등록업무를 협회에서 수행하는데 회원의 혜택은?

Ⓐ 법률에 근거한 등록업무는 회원과 비회원 차별을 금지함

회원은 실무교육 부분에서 협회 활동, 교육수강 등에서 비회원과 다른 혜택 부여 방안 협의 중에 있음

§ 건축서비스산업진흥법

[시행 2014.6.5] [법률 제11865호, 2013.6.4, 제정]
국토교통부(규제개혁법무담당관), 044-201-3225

제1장 총칙

제1조(목적)

이 법은 건축서비스산업의 지원·육성에 필요한 사항을 정함으로써 건축서비스산업의 발전 기반을 조성하고 건축서비스산업의 진흥을 통하여 국민편의 증진과 국민경제의 발전에 이바지함을 목적으로 한다.

제2조(정의)

1. "건축서비스"란 건축물과 공간환경(이하 "건축물등"이라 한다)을 조성하는 데에 요구되는 연구, 조사, 자문, 지도, 기획, 계획, 분석, 개발, 설계, 감리, 안전성 검토, 건설관리, 유지관리, 감정 등의 행위를 말한다.

나. 지방자치단체
다. 「공공기관의 운영에 관한 법률」 제4조제1항에 따른 공공기관
라. 「지방공기업법」에 따른 지방공기업
6. "공공건축"이란 공공기관이 건축하거나 조성하는 건축물 또는 공간환경을 말한다.
② 제1항에 규정된 것 외의 용어에 관하여는 이 법에서 특별히 정하는 경우를 제외하고는 「건축기본법」 제3조에 따른 용어의 예에 따른다.

제3조(국가 및 지방자치단체 등의 책무)

① 국가 및 지방자치단체는 건축서비스산업의 진흥을 위한 시책을 수립하고, 그 추진에 필요한 행정적·재정적 지원방안 등을 마련하여야 한다.

제5조(건축서비스산업 진흥 기본계획의 수립 등)

10. 제21조에 따른 설계공모의 활성화 등 품격제고에 관한 사항

③ 국토교통부장관은 기본계획을 수립하거나 변경하고자 하는 때에는 관계 중앙행정기관의 장과 미리 협의하고 「건축기본법」 제13조에 따른 국가건축정책위원회의 심의를 거쳐 확정한다.

제9조(건축서비스산업의 연구·개발 등)

③ 정부는 제1항에 따라 개발된 연구 성과의 이용·보급 및 관련 산업과의 연계를 촉진하기 위하여 필요하다고 판단하는 경우에는 대통령령으로 정하는 바에 따라 건축서비스산업 진흥 시범사업을 할 수 있다.

제12조(공정한 거래질서 구축)

관련 표준약관 또는 표준계약서를 제정 또는 개정하여 그 시행을 권고할 수 있다. 이 경우 공공기관은 특별한 사유가 없는 한 표준약관 또는 표준계약서에 따른 계약을 하여야 한다.

제3장 건축서비스산업의 활성화

제13조(건축서비스 전문인력의 양성)

④ 국가 및 지방자치단체는 건축서비스산업의 균형 있는 발전과 창의적인 디자인을 유도하기 위하여 역량 있는 건축사(「건축사법」에 따른 건축사를 말한다. 이하 이 조에서 같다)가 공공사업에 참여할 수 있도록 공모의 방법으로 설계자를 선정하는 경우 대통령령으로 정하는 자격요건을 구비한 건축사로 공모 대상을 제한할 수 있다.

제15조(창업지원)

1. 창업자금의 지원 및 융자

4. 제16조에 따른 건축서비스산업 진흥시설에 대한 우선 입주기회 제공

제20조(우수 건축물등의 지정 및 지원)

④ 국토교통부장관 및 시·도지사는 제1항에 따라 지정된 우수 건축물등의 보수나 리모델링에 드는 비용의 전부 또는 일부에 대하여 예산의 범위에서 재정지원을 하거나 「조세특례제한법」 및 「지방세특례제한법」에 따라 조세를 감면할 수 있다.

제4장 건축물의 품격제고를 통한 건축서비스산업 진흥

제21조(설계공모의 활성화 등)

② 공공기관은 우수한 건축물등을 조성하기 위하여 대통령령으로 정하는 용도 및 규모에 해당하는 건축물등의 설계(「건축사법」에 따른 설계를 말한다. 이하 이 조에서 같다)를 발주하는 경우에는 공모방식을 우선적으로 적용하여야 하며, 공모방식의 적용대상·기준 및 절차 등에 필요한 사항은 대통령령으로 정한다.

제22조(설계의도 구현)

① 공공기관이 대통령령으로 정하는 건축물등의 공사를 발주하는 경우 설계자의 설계의도가 구현되도록 대통령령으로 정하는 바에 따라 해당 건축물등의 설계자를 건축과정*(옥註: 건설과정)*에 참여시켜야 한다.

제24조(공공건축지원센터)

① 국토교통부장관은 제23조제2항에 따른 공공건축 사업계획서에 대한 사전검토와 같은 조 제3항에 따른 자문에 대한 응답 등의 업무를 수행하기 위하여 관계 공공기관을 공공건축지원센터로 지정할 수 있다.

제5장 건축진흥원 및 특별회계

제25조(건축진흥원의 설립 등)

② 건축진흥원은 다음 각 호의 사업을 수행한다.

1. 건축서비스산업 진흥을 위한 정책 및 제도의 연구·조사·기획

5. 제15조에 따른 건축서비스산업 관련 창업지원

부칙 <법률 제11865호, 2013.6.4>

이 법은 공포 후 1년이 경과한 날부터 시행한다.

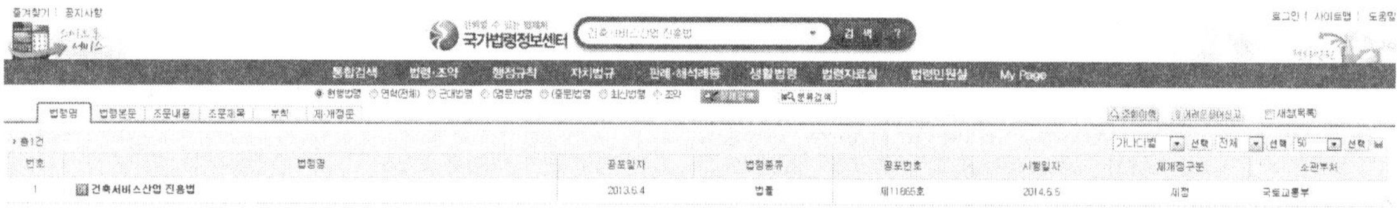

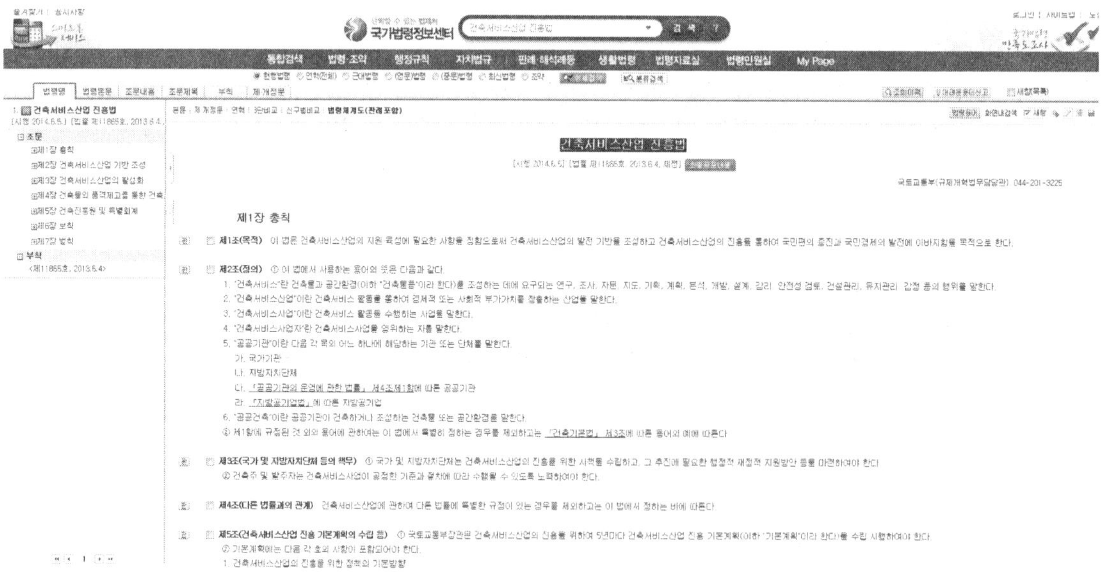

제2장 마케팅과 인사, 재무
Marketing,
Human Resources,
Financial Operations

§ 클라이언트

클라이언트Client는 사전적 의미로는 의뢰인이나 고객을 뜻한다. 국내 건축분야에서는 오랫동안 건축주로 통용되어 왔는데 이는 건축주, 발주자, 시행자 등 여러 입장을 대표하기에 충분치 못할 뿐 아니라 막연히 후원자Patron를 연상시킬 수 있으므로 본서에서는 원어 그대로 클라이언트로 부르도록 하겠다.
클라이언트가 건축가를 선택하는 데는 몇 가지 요소들이 있다.

◦ 누군가의 추천 혹은 건축가 자신
◦ 건물 그 자체
◦ 지역적 근거리 혹은 저렴한 용역비 등

결과적으로 건축가는 '상품 우선'과 '가치 우선' 사이에서 선택된다고 할 수 있다.

§ 마케팅

건축가들의 프로젝트 출처에 관한 2002년 미국건축사협회의 조사에 의하면 새로운 일을 얻는 최고의 수단은 반복적인 업무였다. 그러나 그 비중은 회사의 규모에 따라 차이가 있었는데 20명 이상의 회사들은 3/4 이상이 제안서 요청에 응하여 일을 얻는 반면에 5명 이하의 회사들은 겨우 1/3 이상만이 같은 방법으로 일을 얻는다.

■ 주도적인 마케팅과 수동적인 마케팅

주도적인 마케팅의 경우, 장점은 시장에서 장기적인 안목으로 다양한 문제점들에 대해 준비함으로써 업계에서 주도권을 가질 수 있다는 것이고, 단점은 돈과 시간이 소요되며 투자가 항상 성공을 보장하지는 않는다는 것이다.
수동적인 마케팅의 경우, 장점은 불필요한 간접비를 줄이고 작업이 빠르고 단순하며 시장에 일이 충분한 한 수익성을 창출할 수 있는 반면, 단점은 시장의 요구에 수동적으로 대응해야 하며 비수기에는 대책이 없다는 것이다.

일반적으로 대형 사무소에서는 주도적인 마케팅을 위주로 하고, 소형 사무소에서는 그 반대로 활동한다고 생각하기 쉽지만 실제로는 회사의 특성은 규모와 무관하게 대표자의 성향과 결정에 따르는 것일 수도 있다. 수주는 고객과의 접촉에서 비롯되지만 접촉은 수주 전에 이루어져야 유용하다. 주도적인 마케팅에 돈과 시간이 소요되는 이유이다.

- 공공에 대한 봉사

국내에서 새건축사협의회에 소속된 몇몇의 건축사들의 사례이다. 그들은 당장의 회사 영업에 도움이 되지 않는 일에도 바쁜 시간을 쪼개 공공과 사회에 대한 봉사차원에서 여러 가지 활동을 펼친 바 있다. 그렇게 자발적으로 선행된 노력과 연구결과는 시간이 흐른 뒤에 해당 업역에 대한 공무원들의 당면한 문제를 빠르고 손쉽게 해결하는 단초가 되었고 이런 협의는 공무원들로 하여금 호의적인 시각을 갖게 했으며 이윽고 공공프로젝트의 발주와 수주로 연결되었다. 이 사례는 공공에 대한 봉사 내지는 지역사회의 절실하고도 해결되어야 할 요청이 곧 공공 프로젝트로 이어질 수 있다는 가능성을 보여주었다.

이상과 같이 몇 가지의 경우를 통해 고객과의 접촉을 통한 수주를 살펴보았다. 그러나 보다 심도 깊은 사례조사를 필요로 하는 이 과정은 실제로는 각 건축가의 보안사항으로 분류되는 까닭에 타인에게 쉽게 노출되지 않는 속성이 있다.

§ 인사 관리

건축가는 디자인에 숙달되어야 하는 한편 건설 기술에도 익숙해져야 하고, 다른 한편으로는 금융, 법률, 마케팅, 인사관리의 문제에 직면해서도 능숙해져야 한다. 인적 자산을 다루는 문제는 건축가 뿐 아니라 모든 직종에 있어서 가장 어려운 일에 속한다. 건축용역이 결과적으로 건물을 세우게 되지만 건축사사무소의 중요한 자산은 건물이나 자본이나 컴퓨터 등의 장비가 아니라 그 과정으로서의 디자인과 기술적인 능력 그리고 축적되는 정보이다. 건축사사무소의 핵심은 바로 사람인 것이다.

회사는 이러한 인적자원으로서의 사람을 어떻게 선발하고 관리하고 교육시키는지 그리고 감원이 불가피한 경우 무엇을 어떻게 희생해야 할지에 대해 준비와 철학이 필요하다.

직원 모집과 채용은 다음과 같은 절차를 거쳐 진행된다.
- 경력에 따라: 신입사원, 경력사원
- 근무형태에 따라: 정직, 계약직
- 선발과정 및 절차: 학력과 경력, 직무 및 관리 능력, 업무 의욕 및 태도, 신체적 요건 등
- 직원 선발과 고용 조건: 직급, 보직, 급여 등
- 직무교육 기간, 수습 기간

직원에 대한 고용의 종결에는 다음과 같은 경우가 있다.
◦ 자발적 사임
◦ 일반적인 해고, 불경기의 정리해고
◦ 그리고 드물기는 하지만 은퇴의 경우도 있다.
각 경우 노동법의 가이드라인을 준수해야 할 것이다.

§ 재무 관리

■ 재무 계획

건축가들은 재무제표[1]나 회계보고 등에 얽매이지 않고 설계에 몰두하고 싶어 하지만 사업을 유지하려면 자금의 흐름에 신경을 써야 한다. 경영자라면 관리자의 입장에서 매 시점에서의 자금의 상태와 필요한 시점에서의 자금 확보에 대해 정보를 필요로 한다.
재무관리시스템은 자금의 흐름을 추적하여 필요한 시점에서의 재정 상태를 파악하기 위한 것이다.

재정 상태는 수입과 지출에 의해 좌우된다. 수입은 프로젝트가 계약서에서 약정한 시점에 도달했을 때 청구하여 수금할 수 있으며, 지출은 인건비나 외주비 등의 직접비와 세 간접비가 매달 일정한 수준을 유지하는 고정비와 그렇지 않은 변동비의 형태로 집행된다. 건축 작업의 진행은 경험적으로 볼 때 최초에 수립된 일정보다 지연되는 경우가 대부분이다. 이 경우 일정 목표에 도달해야만 수금이 가능한 수입이 시간에 비례하여 발생되는 지출에 못 미치게 되어 적자가 발생하게 된다. 프로젝트 매니저는 예산을 편성하는 초기 시점에 실행이 가능한 예산을 편성해야 하며, 일단 프로젝트가 시작된 이후에는 그 실행예산의 일정대로 과업이 진행되도록 최선을 다하여야 한다.

재무관점에서 프로젝트의 시종을 살펴보면 다음과 같다.
◦ 용역비의 계산
◦ 지명원(용역비 견적서) 제출
◦ 낙찰
◦ 계약서 작성, 계약 전후로 실행예산 편성
◦ 프로젝트 진행시 맨파워 타임쉬트 작성에 의한 실시간 피드백
◦ 결산

1) 재무제표財務諸表, Financial Statements는 기업의 경영성적과 재정 상태를 이해관계자에게 보고하기 위한 수단으로 작성하는 여러 가지 회계보고서 서류들이다. 상법에서는 재무제표의 범위를 재산목록, 대차대조표, 영업보고서, 손익계산서, 준비금과 이익이나 이자 배당에 관한 의안 등 5가지(재산계산 중심)를 들고 있으며, 기업회계원칙(재무제표규칙)에서는 대차대조표, 손익계산서, 이익잉여금 처분계산서 또는 결손금처리계산서, 각 부속명세표의 4가지(손익계산 중심)를 들고 있다.

각 프로젝트의 결산이 합산되어 기업의 대차대조표[2] 및 손익계산서[3]로 표현된다. 따라서 기업의 최고경영자는 이익을 발생시키는 프로젝트 관리자 및 부서에 인사고과에서 좋은 점수와 후한 금전적 혜택을 주게 되고, 손해를 발생시키는 관리자 및 부서에는 그 반대의 조치를 취하게 된다. 이 과정이 누적되어 개인의 승진 여부가 결정된다.

■ 재무 요소

재무 요소에는 다음과 같은 것들이 있다.

◦ 사업 계획
사업 계획이란 수입과 지출을 미리 계획하는 것으로서, 매출을 예상하고 고용계획을 수립하며 제 비용을 통제하는 것이다.
◦ 수입 전망
수입은 프로젝트를 수주하여 계약함으로써 시작되고 프로젝트를 진행하고 납품하면서 종료된다. 프로젝트들을 3가지로 분류하여 검토한다.
현재 진행 중인 프로젝트/ 수주 가능한 프로젝트/ 불확실 내지 미확정 프로젝트
◦ 지출 계획
지출은 각 프로젝트별로 비용 정산이 가능한 직접비와 그 외 간접비로 나뉜다.
◦ 직접비直接費, Direc Cost
건축용역에서는 프로젝트 별로 정산이 가능한 인건비와 외주비가 대표적인 직접비이다.
◦ 인건비人件費, Labor Cost
사람을 부리는데 드는 비용
◦ 외주비外注費, Outside Order Expense
외부 협력업체에게 발주하는 데 필요한 비용
◦ 간접비間接費, Overhead Indirect Cost
여러 가지 제품의 생산에 공통적으로 소요되는 비용이다.
◦ 이윤利潤, Profit
엔지니어링 사업대가의 기준에서 이윤은 기술료에 포함되어 있다.
◦ 수익계획
수익은 수주량에 따른 매출액 금액의 많고 적음과 각 프로젝트에서 창출되는 이율의 많고 적음에 달려있다. 따라서 기업에서는 전체 수주량의 증대를 위해 수주를 활성화하는 한편 개별 프로젝트의 특성을 파악하여 프로젝트별 금액과 이익의 정도를 결정해야 한다.
◦ 개별 프로젝트 계획
프로젝트 매니저와 최고 경영자는 해당 프로젝트가 유인성 프로젝트인지 수익성

---

2) 대차대조표貸借對照表, Balance Sheet, BS는 일정 시점에 기업이 가지고 있는 자원(자산)과 기업에 대한 채권자 및 소유자의 청구권(지분)을 대조 표시한 보고서이다. 재정상태표라고도 한다. 대차대조표는 일정 시점에 있어서의 재정상태의 단면이며 이러한 의미에서 정태표情態表라고도 한다. 이에 비해 손익계산서는 일정 기간 동안의 경영활동을 파악하는 것이므로 동태표動態表라 하며 양자는 재무제표의 중심적 부분을 구성한다.
3) 손익계산서損益計算書, Income Statement
기업의 경영성과를 명확히 하기 위해 영업연도 중 발생한 모든 수익과 이에 대응한 비용을 기재하고 그 기간 동안의 순이익을 표시하는 계산서이다. 이 손익계산서는 대차대조표와 함께 경영활동에 의한 순손익을 계산하는 것이므로 두 계산에 의한 순손익액은 동액이어야 한다.

프로젝트인지 판단하여 실행예산을 편성하고 결제해야 한다. 결산의 기준은 계약금액이 아니라 승인된 실행예산 금액이 되어야 한다.

■ 재무 건전도

재무 건전도를 유지하기 위한 3가지 요소들은 다음과 같다.

◦ 수익성: 손실이 발생하지 않을 수준의 수입을 창출하는 가능성
◦ 유동성: 자산을 시기적절하게 현금화 시킬 수 있는 능력
◦ 지급능력: 채무에 대한 변제가 일정대로 집행될 수 있는 능력

§ 클라이언트 브리핑

아뜰리에17 권문성 건축사의 인사동 덕원갤러리 증축설계, 2002

변경전 **변경후**

■ 초기 브리핑

탑골공원과 인사동 조감도

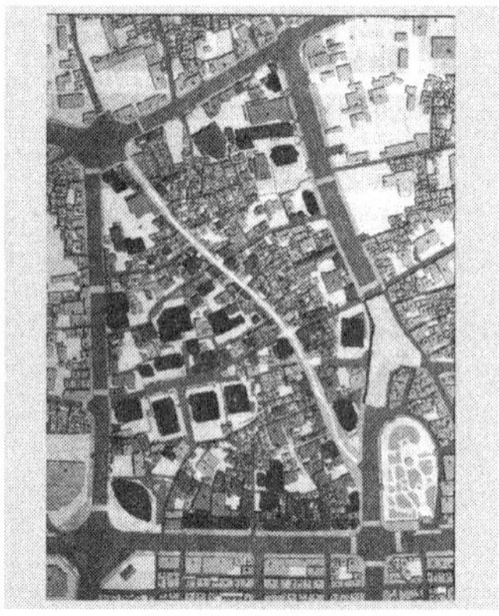

탑골공원과 인사동 배치도

시간이 지나면서 길가의 파사드가 변화한 모습(각각 위가 2000년, 아래가 1980년)

■ 기본

계획

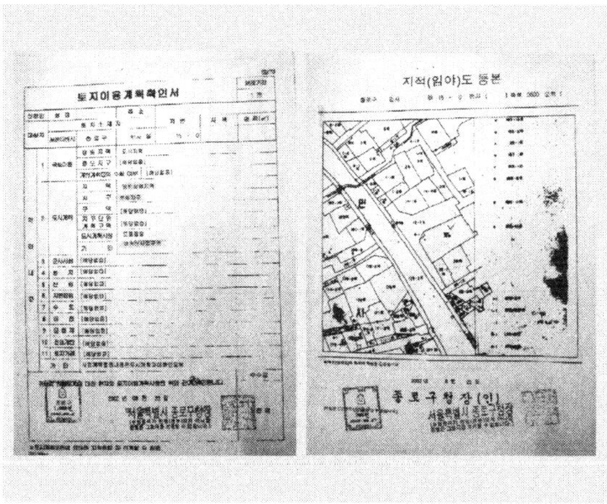

서류 검토

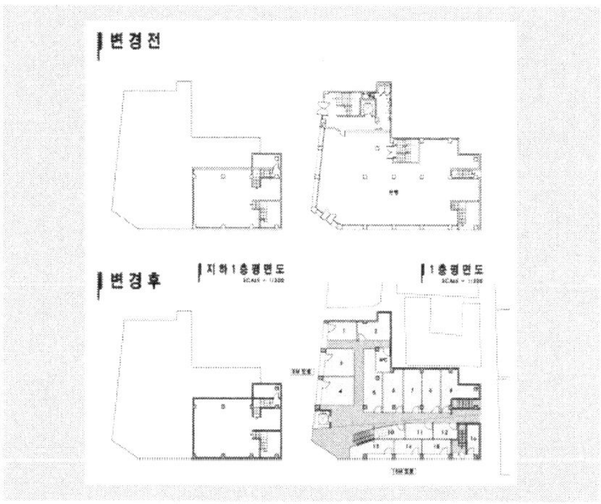

변경전후 지하층, 1층

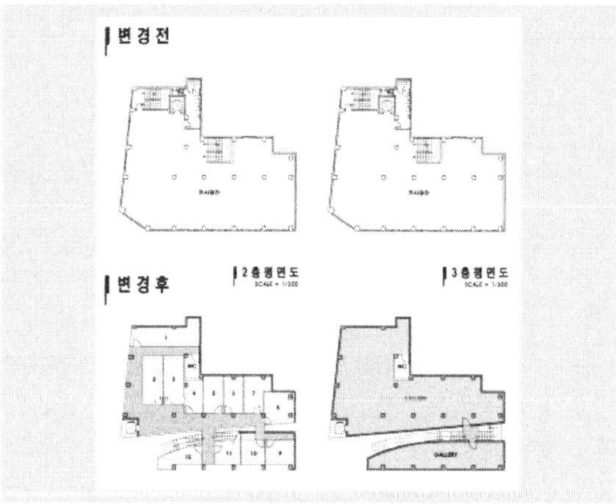

변경전후 2층, 3층

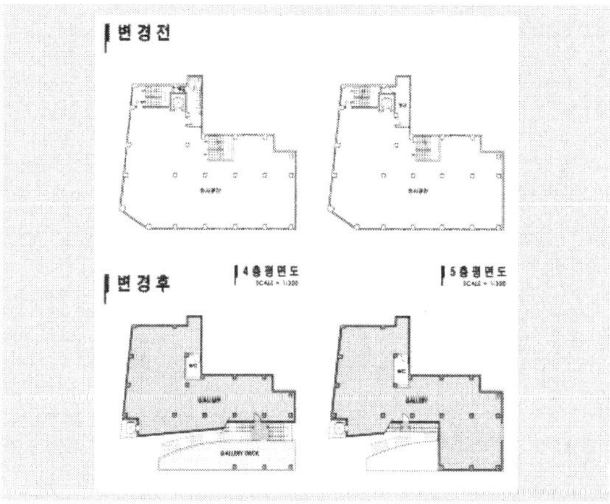

변경전후 4층, 5층

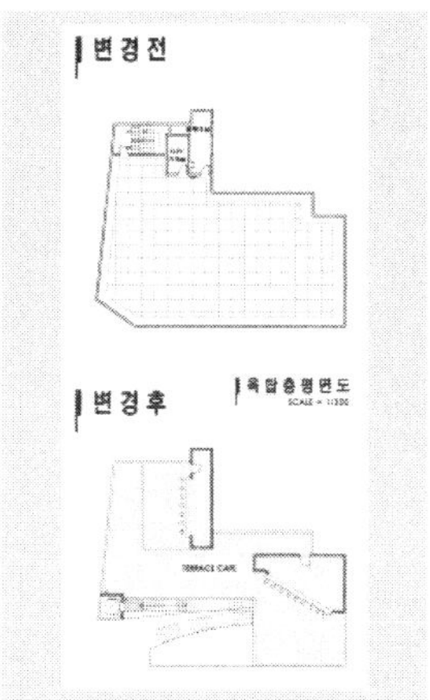

변경전후 옥탑층

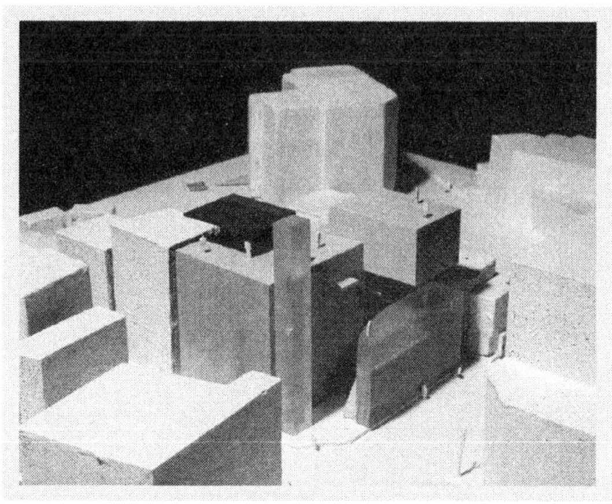

모형

■ 단계별 도면의 변천

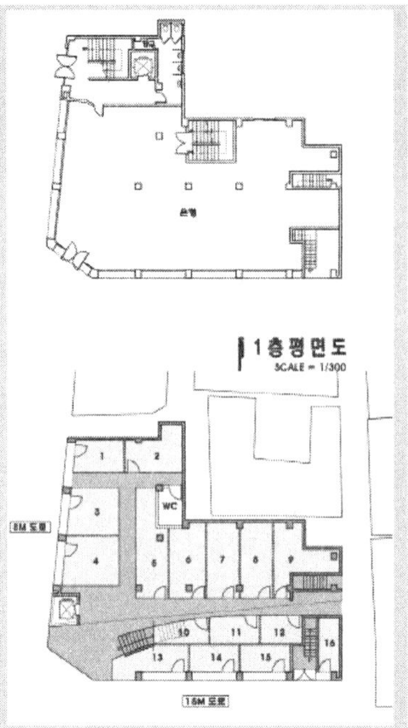

1) 기본 계획(변경 전후)

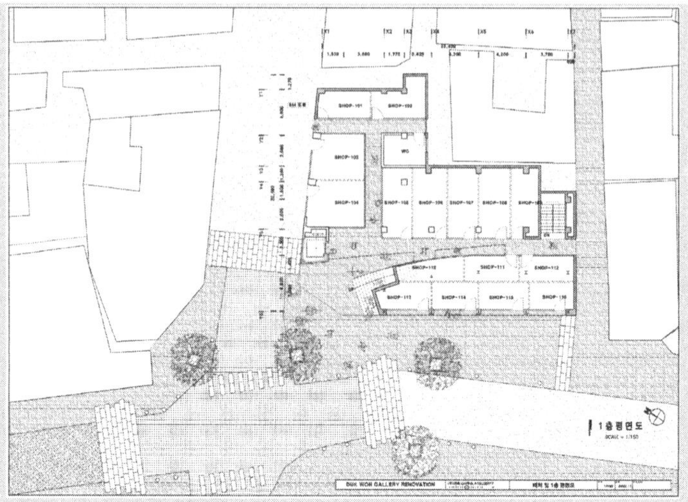

2) 기본 설계

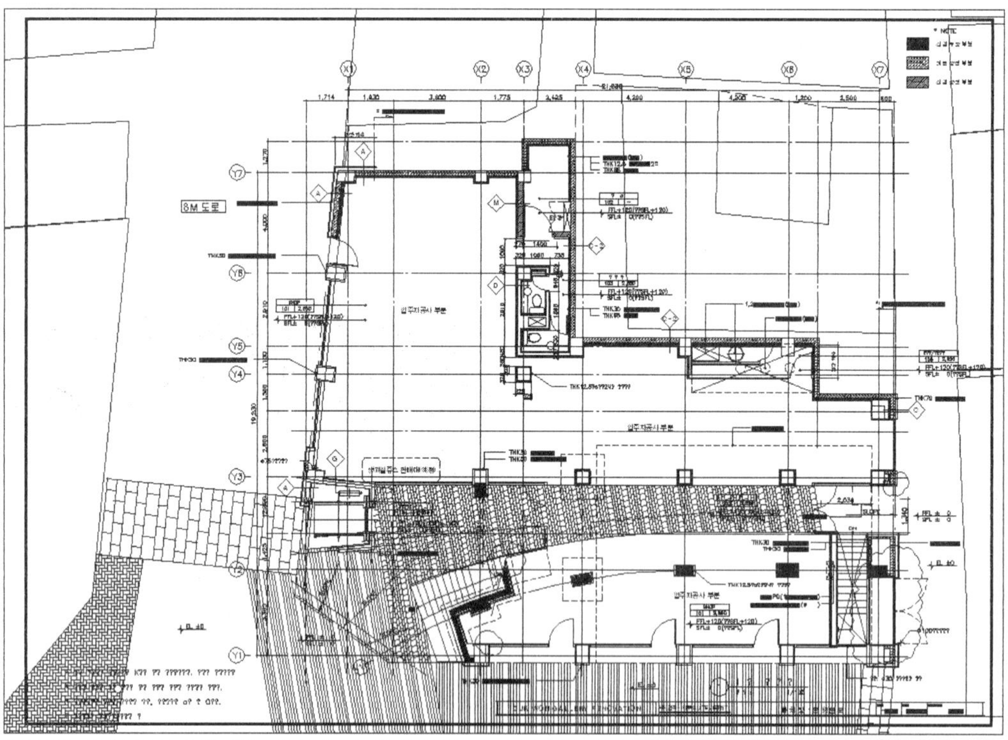

3) 실시 설계

§ 보고서

보고서는 핵심 담아 한 장으로

Chosun Biz 2010.12.01
[뉴 트렌드]
월요 회의·오후6시 이후 회의 없애고, 보고서는 핵심 담아 한 장으로
기업들 '스마트워크' 바람
장우정 조선경제i 기자 woo@chosun.com

"월요일 회의, 매일 오전 8~10시 회의, 오후 6시 이후 회의를 없애겠습니다."
전자부품기업 삼성전기는 최근 전 직원에게 세 가지 회의를 없애겠다고 알렸다. 과장급 1500여명을 대상으로 실시한 설문조사에서 '개선해야 할 업무' 중 1순위로 꼽힌 것이 '회의'였기 때문이다. 보고서를 만들 때 '한 장으로 핵심만 정리', '발표 자료는 5매 이내로 작성', '결론 먼저'와 같은 원칙을 정했다.

삼성전기 직원들이 회의를 하고 있는 모습. 직원들은 발표자 옆으로 보이는 모니터 화면을 통해 화상 원격회의를 동시에 할 수 있다. /삼성전기 제공주요 대기업들의 업무 형태에 '3무(無) 원칙'이 확산되고 있다. 정기적으로 해왔던 회의와 장문의 보고서, 직원들의 개성을 무시한 획일적인 출퇴근 제도를 퇴출시키는 것이다. 형식적인 규율이 업무의 효율성을 떨어뜨린다는 판단에서 나온 조치들이다.

포스코는 '1페이지 보고서'를 원칙으로 한다. 보고서가 너무 장황할 경우 핵심을 파악하기 어렵다는 지적 때문이다. 보고서 작성 원칙도 제시했다. 첫 부분에는 보고의 목적과 결론을, 중간에는 결론의 근거를, 마지막에는 향후 실행계획을 담도록 했다. 짧고(Short), 이해하기 쉬우며(Simple), 명확하게(Specific) 하자는 '3S' 방침이다. 포스코 스테인리스 원료구매실 이은기 대리는 "글씨체나 사진 같은 부수적인 것들을 걱정하지 않고 내용에만 충실하면 돼 시간을 절약할 수 있어서 좋다"고 말했다.

1페이지 보고서는 삼성그룹과 SK텔레콤에서도 시행하고 있다.

출퇴근 시간을 아껴 업무시간을 효율적으로 사용하는 기업도 늘고 있다. 삼성SDS는 최근 개인 맞춤형 근무제도를 도입했다. 이를 위해 서울 강남구 삼성동과 수원 사무실에 업무에 필요한 통신시설과 무선인터넷이 가능한 스마트워크 센터를 구축했다. 삼성SDS 직원들은 자신의 사무실이 삼성동이라고 해도 집이 수원 근처이면 수원으로 출근한다.

LG이노텍은 지난 6월 오전 7시부터 10시까지 출근 시간을 자유롭게 선택할 수 있는 '탄력근무제'를 도입했다. 삼성전자는 2일 최지성 사장 주재로 같은 시간에 높은 성과를 낼 수 있는 업무 환경 조성을 위해 회의를 열 예정이다. 삼성전기 인재개발그룹 김기주 상무는 "빠른 의사결정과 집행력을 요하는 시대에 '스마트워크'는 기업의 경쟁력을 끌어올리기 위한 필수 선택"이라고 말했다.

§ 2010/2011 신입사원 모집요강 취합

※ 유의사항

◦ 포트폴리오 형식이 온라인(화일)인지 오프라인(실물)인지 유의할 것.

◦ 포트폴리오에 분량 제한이 있음에 유의할 것.

◦ 교외 공모전 수상실적에 비해 교내 수상은 비중 적음. 그러나 졸업설계는 교수진에게 인정받는 기회가 됨

◦ 대형사무소는 대부분 실기시험(1일)을 시행하며 일부 회사는 여름방학 중에 워크숍(0박0일)을 시행하므로 지원 시점에 유의해야 함.

◦ 일부 회사는 도시설계나 CM 등 특별부문을 명시함에 유의할 것.

사무소	모집부문	차수	일시	내용	비고
간삼	건축설계, 도시설계, CM	1차	10/8	서류, 포트폴리오	집단토론 삭제됐음
		2차	10/13	실기, 실무면접	
		3차	10/21	임원 면접	
		최종발표	10/29	-	
건원		1차	7/14	서류, 포트폴리오	여름방학 중 조기 결정
		2차	7/27-30	워크숍(3박4일) w/ 수행계획서(A4*1)	
		3차	8월 한달간	인턴근무	
		최종발표	9월 초 경	(인턴근무자 중 50%)	
공간	건축설계, 도시설계	1차	10/6	서류	
		2차	10/21-22	포트폴리오, 면접	
		3차	10/29	실기	
		최종발표	11/5	-	
DA	건축설계, 도시설계	1차	10/26	서류, 포트폴리오	
		2차	10/31	실기, 면접	
		최종발표	11/4	-	
DMP		1차	10/13	서류, 포트폴리오	2010년 말 현재 실기 없음
		2차	10/30	면접	
		최종발표	11/10	-	
MAI (마이)	건축설계	1차	(2008-12/12)	서류, 포트폴리오	최근 공채 없어 2008년도 자료임
		2차	?	면접	
		최종발표	?	-	
무영	모든 분야	1차	10/15	서류, 포트폴리오	신입사원교육을 겸한 해외건축기행
		2차	10/31	실기, 면접	
		최종발표	11/6	-	

삼우		1차	6/말	서류, *포트폴리오?*	여름방학 중 조기 결정
		2차	7/26-30	삼우디자인워크숍(4박5일)	
		3차	8/27	(워크숍 수료자에 한해) 서류	
		4차	9/2-3	포트폴리오 프레젠테이션 면접	
		5차	9/6	2차 면접, 인성평가	
		최종발표	9/16	-	
엄이		1차		서류, 포트폴리오	2009/2010년 자료임 영어 프리젠테이션시 가산점 부여
		2차		실기, 면접	
		최종발표		-	
정림[1)]	건축설계, 도시설계, 개발기획, 경영기획, CM	1차	2010-10/1	서류, 포트폴리오	
		2차	2010-10/16	실기 및 프레젠테이션	
		3차	2010-10/23	면접 및 인성평가	
		최종발표	2010-10/29	-	
창조	건축설계, 실내건축, 환경디자인 (조경 포함)	1차	9/10	서류, 포트폴리오	
		2차	9/12-14	면접	
		3차	9/17-19	워크숍(2박3일)	
		최종발표	9/27	-	
해안	건축설계, 도시설계	1차	10/6	서류, 포트폴리오	
		2차	10/13	오전 실기, 오후 면접	
		최종발표	11/3	-	
희림	건축설계	1차	10/6	서류, 포트폴리오	외국어 및 수상실적 우대
		2차	10/15	실기, 면접	
		최종발표	10/26	-	

1) 2012/2013에는 설계, BIM, CM, 개발기획으로 변경되었다. 즉, 모집부문은 시대의 요구에 따라 변화한다.

§ 신입사원 지원서 사례

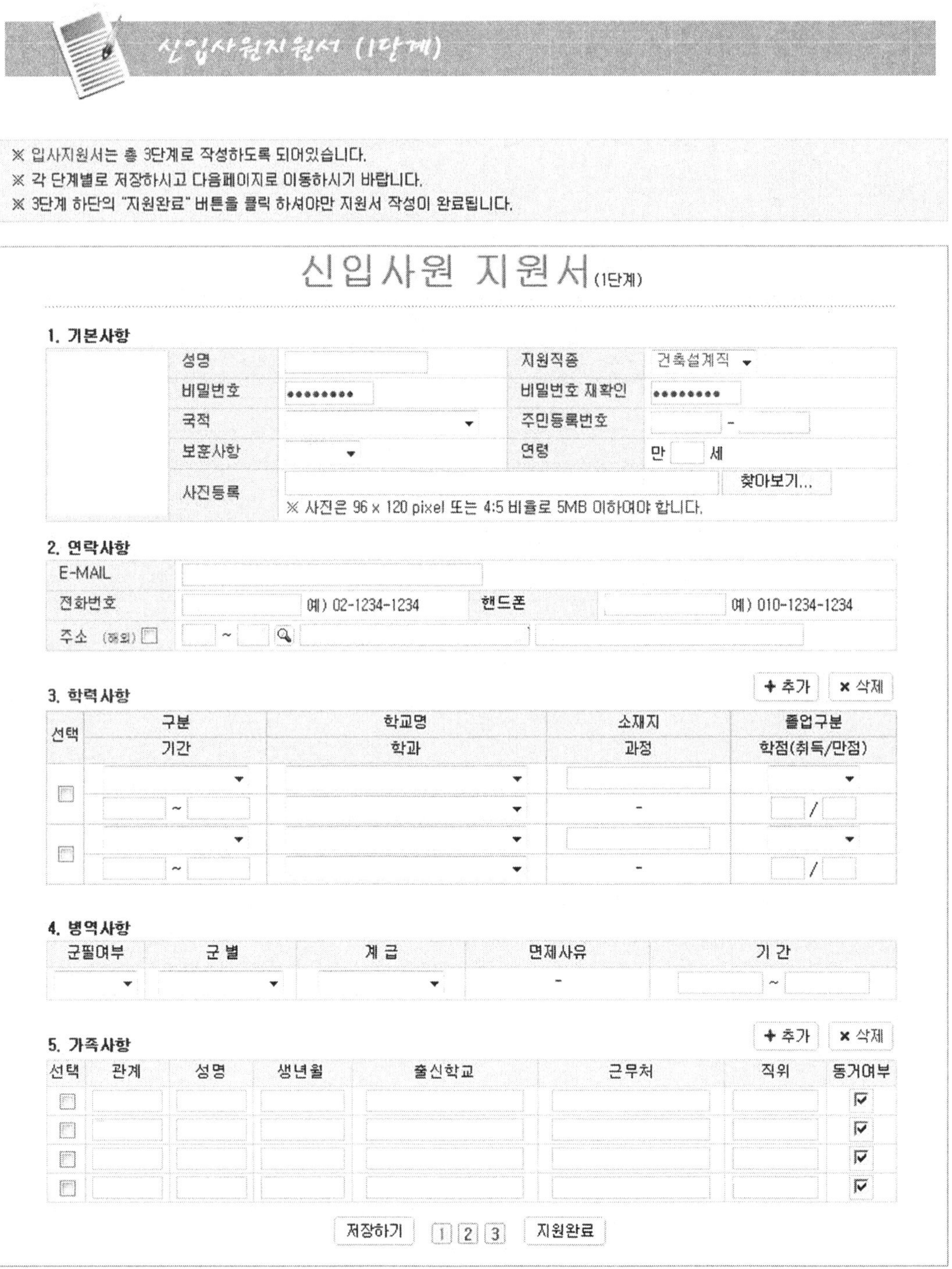

신입사원지원서 (1단계)

※ 입사지원서는 총 3단계로 작성하도록 되어있습니다.
※ 각 단계별로 저장하시고 다음페이지로 이동하시기 바랍니다.
※ 3단계 하단의 "지원완료" 버튼을 클릭 하셔야만 지원서 작성이 완료됩니다.

신입사원 지원서(1단계)

1. 기본사항

	성명		지원직종	건축설계직
	비밀번호	••••••••	비밀번호 재확인	••••••••
	국적		주민등록번호	-
	보훈사항		연령	만 세
	사진등록	찾아보기... ※ 사진은 96 x 120 pixel 또는 4:5 비율로 5MB 이하여야 합니다.		

2. 연락사항

E-MAIL			
전화번호	예) 02-1234-1234	핸드폰	예) 010-1234-1234
주소 (해외)	~		

3. 학력사항 + 추가 × 삭제

선택	구분 / 기간	학교명 / 학과	소재지 / 과정	졸업구분 / 학점(취득/만점)
	~		-	/
	~		-	/

4. 병역사항

군필여부	군 별	계 급	면제사유	기 간
			-	~

5. 가족사항 + 추가 × 삭제

선택	관계	성명	생년월	출신학교	근무처	직위	동거여부
							☑
							☑
							☑
							☑

저장하기 1 2 3 지원완료

신입사원지원서 (2단계)

※ * 마크가 표시된 항목은 필수 입력 항목입니다.
※ 입력란에 특수문자 (') , (") 사용하지 마시기 바랍니다.

신입사원 지원서(2단계)

1. 자격증

+ 추가 × 삭제

선택	취득년월	자격증
☐		

2. 수상경력

+ 추가 × 삭제

선택	수여년월	단체명	수상내용
☐			
☐			
☐			
☐			

3 . 어학사항

어학	점수	어학기타능력
선택하세요 ▾		

4 . 사회봉사활동

단체명		기 간	~
주요활동내역			
단체명		기 간	~
주요활동내역			

5 . 특별활동

단체명		기 간	~
주요활동내역			
단체명		기 간	~
주요활동내역			

저장하기 1 2 3 지원완료

신입사원지원서 (3단계)

※ * 마크가 표시된 항목은 필수 입력 항목입니다.
※ 3단계 하단의 "지원완료" 버튼을 클릭 하셔야만 지원서 작성이 완료됩니다.

신입사원 지원서(3단계)

자기소개

1. 성장배경 등 1693 / 2000

2. 성격상 장단점 1919 / 2000

3. 취미 및 특기 1603 / 2000

4. 존경하는 인물과 그 이유 1989 / 2000

5. 국내외여행 및 연수경험 1990 / 2000

6. 지원동기 및 포부 1376 / 2000

저장하기 1 2 3 지원완료

제3장 발주 방식
Delivery Methods

§ 개요

건축 프로젝트를 발주하는 데에는 여러 가지 방식이 있다. 여러 방식이 공존하는 이유는 각 프로젝트마다 독특한 조건과 특성이 있기 때문이다. 평생에 단 한번 자기 집을 짓는 단순한 건축주와 대형 할인점과 같이 수많은 건축 경험이 있고 앞으로도 계속 신규 매장을 건설해 나갈 지속적인 발주자 사이에는 공통점만큼이나 많은 이질적 요소들이 존재한다.

클라이언트가 프로젝트의 발주 방식을 결정할 때에는 많은 고려 사항이 있다.

◦ 발주자는 일반인인가, 전문가인가?
◦ 설계자는 설계에만 전문가인가? 시공까지 제어할 수 있는 전문가인가?
◦ 시공자는 단순한 도급자인가? 시공도[1] 작성은 기본이고 대안입찰까지 가능한 가치공학[2] 자격 업체인가?
◦ 최우선 요소는 공사비인가, 일정인가, 품질확보인가, 안전성 확보인가?

설계와 시공이 분리된 이후 가장 전통적인 발주방식은 설계Design-입찰Bid-시공Build방식이었다. 이때의 시공자는 단순한 시공자Contractor의 수준에 머물렀으나 점차 종합건설업체 General Contractor를 거쳐 건설관리자 Construction Manager로 진화했다. 프로젝트가 점차 대형화 복잡화되면서 설계 영역에서도 변화가 있었는데 전통적으로 건축가의 영역이었던 프로그램 분야에도 전문가의 조언이 필요하게 되었다[3].

이와 같이 현대 건물의 설계 및 건설 과정은 수많은 사람들이 참여하는 일련의 복잡한 의사결정과정의 산물인데 누군가는 이 복잡하고도 장기간 동안 업무조정 역할을 해야 한다. 프로젝트의 초기부터 관여하는 건축가가 당연하게 맡아 왔던 이 역할은 이제 복잡한 대형 프로젝트에서부터 시작하여 서서히 CM회사들이 담당하게 되었다.

이제 각 발주방식을 살펴보도록 하자.
아래 그림은 클라이언트와 설계자, 시공자 그리고 그 사이에서 사업 관리자, 자금 출자자 등이 독립적 복합적으로 작용하는 것을 표현한 것이다.

---

1) Shop Drawing, Working Drawing으로도 불리는 시공도는 공사를 실시할 때, 사용 재료・공법・시공 순서 따위에 관한 사항을 상세하고도 구체적으로 그린 도면으로서 실제 제작자에 의해 작성된다.
2) Value Engineering, V.E. 가치공학은 원가절감과 제품가치를 동시에 추구하기 위해 제품의 개발에서부터 설계, 생산, 유통, 서비스 등 모든 경영활동의 변화를 추구하는 경영기법으로 가치분석이라고도 한다.
3) 근래 각 국에서 경쟁적으로 건설된 초대형 국제공항의 경우에는 물류동선 배분의 중요성이 디자인에 우선되었다. 이로 인해 전문 프로그램 매니저 Professional Program Manager가 등장하게 되었다.

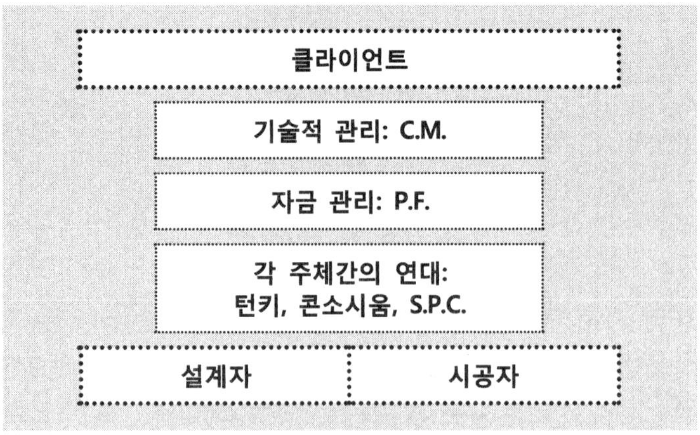

§ 클라이언트가 자체자본으로 직접 발주하는 경우

■ 설계Design-입찰Bid-시공Build 방식
◦ 설계와 시공을 분리해서 발주하는 방식으로, 국내에서 가장 일반적인 방법이다.
◦ 설계자 선정 방식은 다음과 같다.

수의계약
가격입찰
건축설계경기(현상 공모)
입찰참가자격 사전심사제P.Q.[4]

■ 설계Design-시공Build 방식(일명 턴키Turn-Key)
◦ 설계와 시공을 일괄 발주하는 방식

■ 기술제안입찰[5]
◦ 발주기관이 교부한 입찰안내서에 따라 기 납품된 실시설계도서를 시공자가 검토한 후 시공계획, 공사비 절감방안, 공기 단축방안 등을 제안하면 발주기관은 이를 심사하여 낙찰자를 결정하는 방식이다. 이 때 시공자는 여러 가지 가치공학Value Engineering을 적용하여 시설물의 총 생애주기비용Life Cycle Cost를 줄이는데 역점을 두게 된다.

---

4) 신용도, 기술개발 및 투자실적, 업무중첩도, 참여기술자, 수행실적 등을 점수로 환산하여 평가하는 방식으로서 P.Q.(pre-qualification)라고도 한다.
5) 2008년 행정도시 정부청사 1단계 1구역 건립공사에서 처음으로 시범 적용되었으며 한동안 확대적용될 추헤이다.

§ 클라이언트로부터 관리나 자본이 분리된 경우

■ 공사관리C.M., Construction Management
직발주와 대립되는 개념으로 CM이 있는데 다음과 같이 세분화된다.

◦ CM-조언자Advisor는 CM이 전체과정에 걸쳐 컨설팅하며 공사에는 개입하지 않는다.
◦ CM-대리인Agent은 CM이 전체과정에서 발주자를 대신하여 업무를 추진한다.
◦ CM-시공자Constructor, CM at Risk: CM이 설계단계에서는 기술과 비용을 자문하다가 시공단계에서는 시공자 역할을 한다.[6]

건설 프로젝트의 사업비 구성을 보면 건설비가 대부분을 차지하므로 CM회사의 의사결정권 역시 시공부문에서 갖지만 회사의 업태는 건설업이 아니라 용역업으로 분류되어 있다.[7]

■ 민자유치P.F., Project Financing
자체발주와 대립되는 개념으로 PF가 있다. PF에는 공공사업에서 민간으로부터 자금을 조달하여 건설하는 방식(민자유치, 민간투자사업) 뿐 아니라 민간 내에서도 개발업자가 사업을 담보로 금융기관으로부터 자금을 융자받아 진행하는 방식(부동산기획대출)도 있다.

◦ 수익형 민자사업B.T.O., Build-Transfer-Operate
BTO는 도로, 철도, 항만 등 사용료 수입으로 투자비 회수가 가능한 시설에 적용되는데, 이용자의 사용료에 의존하므로 高수익이 가능하나 高리스크를 감수해야 한다. 사례로 용인경량전철건설 민간투자시설사업[8]을 들 수 있다.

◦ 임대형 민자사업B.T.L., Build-Transfer-Lease
BTL은 문예회관 등 사용료 수입으로는 투자비 회수가 어려운 경우에 적용되는데 발주자의 시설 임대료에 의하므로 低리스크 低수입의 특성을 지닌다. 사례로 명지대 인문캠퍼스의 생활관(연면적 3,600평, 860명 수용, 사업비 133억원, 캠퍼스DNI社)을 들 수 있다.

◦ B.O.T., Build-Operate-Transfer
같은 기숙사의 경우라도 BOT로 개발되기도 한다. 사례로 경희대 수원캠퍼스 주상복합형 기숙사를 들 수 있는데 당시 LG건설이 건설하고 20년간 운영하여 투자비를 회수한 후에 학교 측으로 인도하는 방식으로 계약되었다.

---

6) 이 경우 자문을 담당하던 회사가 시공까지 겸하게 되므로, 클라이언트에 대한 보호 장치로서 최대공사비(Guaranteed Maximum Price)을 설정한다. 대표적인 사례로 LCD 공장 건설을 십수년 간 발주해 온 LG LCD와 자문 및 시공을 겸하는 GS건설과의 관계를 들 수 있다.
7) 대표적인 CM회사로는 한미파슨스를 들 수 있으며, 그 외에도 대부분의 대형 설계사무소에도 과거의 감리본부가 개편된 CM사업본부가 설치 돼있다. 최초의 CM 발주사례는 다수의 2002 월드컵경기장이 있다.
8) 용인경전철사업은 봄바르디어(경전철), 대림산업(건설), 교보생명(자본) 등이 용인경전철(주)라는 특수목적회사S.P.C.를 설립하여 진행한다.

◦ B.O.O., Build-Own-Operate는 사회기반시설의 준공과 동시에 사업시행자에게 소유권이 인정되는 방식이다.

■ 설계와 시공이 결합된 턴키방식보다도 더 복합화된 개념으로 컨소시움과 특수목적회사를 들 수 있다.

◦ 컨소시움Consortium
컨소시움이란 정부나 공공기관이 추진하는 대규모사업에 설계, 시공, 운영, 금융 등의 여러 업체가 공동으로 참여하는 경우를 말하는데, 단독으로 진행했을 때의 위험을 분산하고 다른 분야의 회사들과 합력하여 시너지 효과를 높이기 위한 것이다.

◦ 특수목적회사S.P.C., Special Purpose Company
특수목적회사란 위의 회사들이 합사하여 별도의 사업체을 구성하는 경우를 말하는데, 목적이 달성될 때 까지만 한시적으로 운영한 후 해산하는 임시 회사이다. 법률적으로는 '파산위험 분리 등을 위해 해당 자산을 양도받아 일정 업무를 수행하고 목적이 달성된 이후에는 해산하는 명목상의 회사'를 뜻한다.

용인경량전철건설 민간투자시설사업이 그 사례인데 다음과 같이 구성돼있다.

구분	부문	구성	비고
용인경전철(주)	경전철	봄바르디어	총 6,970억원(부가세제외)의 사업으로서, BTO방식으로 추진하여 용인경전철에서 건설하고 용인시가 소유하며 용인경전철이 30년간의 운영권을 위임받음
	건설	대림산업, 한일건설, 고려개발	
	자본	교보생명보험, 대한생명보험, 한국교직원공제회, 삼성생명보험, 대한지방행정공제회	

◦ 발주자의 기술대행O.T.R., Owners' Technical Representative
SPC 중 발주자가 포함되는 경우를 발주자의 기술대행이라고 한다.

연세대학교가 인천 송도에 건설 중인 송도국제캠퍼스 및 복합개발이 그 사례인데 다음과 같이 구성돼있으며, 조직도는 아래와 같다.

<table>
<tr><th>구분</th><th>부문</th><th>구성</th><th>비고</th></tr>
<tr><td rowspan="2">송도국제화복합단지개발(주)</td><td>공공
부문
(51%)</td><td>인천도시개발공사
인천지하철공사 인천교통공사</td><td rowspan="2">23만평의 부지에 대학 캠퍼스와 주상복합, 아파트, 상업시설 등을 개발</td></tr>
<tr><td>민간
부문
(49%)</td><td>농협 KB부동산신탁
NH투자증권
동양종합금융증권</td></tr>
</table>

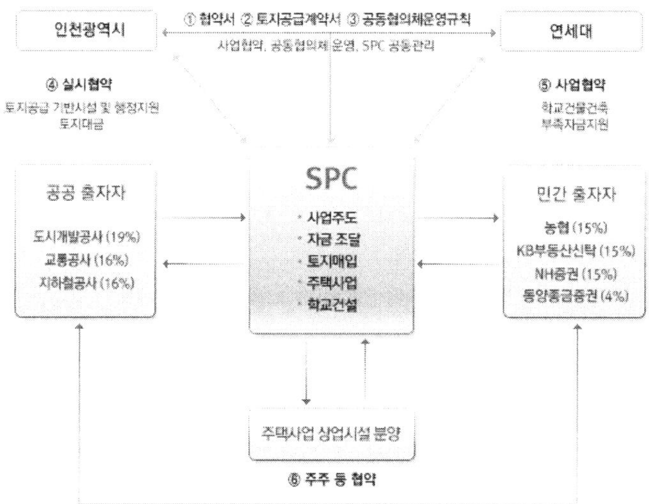

또 다른 사례로는 역시 인천에 계획 중인 피에라 인천이라는 국제 규모의 전시복합시설인데 다음과 같이 구성되어있다.

<table>
<tr><th>구분</th><th>부문</th><th>구성</th><th>비고</th></tr>
<tr><td rowspan="3">피에라 인천</td><td>인천시
(60%)</td><td>인천도시개발공사, 인천관광청,
인천교통공사</td><td rowspan="3">유수한 국제규모의 무역전시장인 이탈리아의 피에라 밀라노Fiera Milano와 제휴하여 인천시 중구 운서동(영종도 인천공항 인근)의 3.7Km^2(110만평) 부지에 건설하는 전시복합시설로서 초기자본금은 400만 USD(당시 약40억원)이다.</td></tr>
<tr><td>금융
기관
(20%)</td><td>신한은행, 굿모닝신한증권</td></tr>
<tr><td>개발
업자
(20%)</td><td>I-city Urban Development</td></tr>
</table>

§ 상계1동 문화정보도서관 신축공사 설계경기 공고

나라장터(국가종합전자조달)

[공고일반]

공고종류	실공고	게시일시	2009/02/26 14:52
입찰공고번호	20090243316-00	참조번호	서울특별시노원구공고제2009-125호
공고명	상계1동 문화정보도서관 신축공사 설계경기 공고		
발주(공고)기관	서울특별시 노원구	실수요기관	서울특별시 노원구
입찰방식	직찰	낙찰방법	공고서참조
계약방법	제한경쟁	국제입찰구분	국내
용역구분	기술용역		
입찰자격	공고서참조		

[입찰집행 및 진행정보]

집행관	이종숙	입회관(담당자)	이종숙
PQ심사신청서		PQ심사신청서 신청기한	
TP심사신청서		TP심사신청서 신청기한	
과업설명장소		과업설명일시	
공동수급협정서접수여부	방식: 수기 분담이행 방식만 허용	공동수급협정서마감일시	마감: 공고서참조
입찰서게시일시		입찰서마감일시	공고서참조
개찰(입찰)일시	2009/03/13 18:00 (공고서 참조)	개찰장소	노원구청 건축과
공고서	2009/02/20090243316-00_공고문.hwp	과업지시서(규격서)	2009/02/20090243316-00_과업내용서.hwp 2009/02/20090243316-00_지침서.hwp
관련공고			
재입찰	재입찰 없음		

[입찰참가수수료 및 입찰보증금 납부 정보]

입찰참가수수료 납부	방식: 공고서참조	입찰참가수수료금액	
입찰보증금납부	방식: 불허	채권자명	노원구청

[투찰제한]

참가가능지역	
업종제한	[건축사업무신고(1005)]업종을 등록한 업체 ※[]안의 사항이 두가지일 경우 동시에 등록한 업체를 의미합니다. ※업종명을 클릭시 관련 근거법령을 조회하실수 있습니다. ※아래는 제한된 업종에 대해 투찰가능한 허용업종 상황을 보여줍니다. 확인하시기 바랍니다. 제한업종 / 허용업종
과업설명 제한여부	공고서에 의함
공동수급체 구성원 지역제한여부	공고서에 의함

[예정가격 결정 및 입찰금액 정보]

예가방법	비예가	추첨번호공개여부	
배정예산	245,800,000 원	추정가격	223,454,545 원

■ 서울특별시노원구공고 제2009 - 125 호

설계경기공모공고(안) <요약본>

우리 구에서 추진하고 있는 상계1동 문화정보도서관 신축공사와 관련하여 설계경기를 아래와 같이 공고하오니 많은 응모바랍니다.

2009년 02월 26일 노 원 구 청 장 .

용 역 명	상계1동 문화정보도서관 신축공사 설계용역
위 치	노원구 상계1동 1118-66호 외 1(1118-67)
용역개요	대지면적 : 1,012㎡ 층 수 : 지하1층 지상4층 연 면 적 : 2,310㎡ 내외(허용범위 ± 5% 미만) 용 도 : 교육연구시설(도서관)
예정공사비	4,1억99,910천원(예정) (VAT포함) *부가세제외시 3,818,100천원X1.1VAT; 평당545만원*
설계용역비	2억45,800천원(예정) (기계,토목,조경,전기,통신,소방,설계비 포함. VAT포함) *공사비의 5.85%; 부가세제외시 223,454천원, 평당 32만원*
설계경기 목 적	상계1동 문화정보도서관을 신축함에 있어 창의성 있는 참신한 아이디어를 공모코자 설계경기방식을 통하여 작품을 평가, 우수한 설계안을 선정코자 함
방 식	일반공개경기
응모자격	「건축사법」에 따른 건축사 면허를 소지하고 같은 법에 따라 건축사사무소를 개설·등록한 업체로서 관계법령에 결격사유가 없는 자(건축사 또는 건축사 사무소간 공동응모 가능) ※당선자는 계약시 전기·소방분야의 자격이 없는 경우 전기분야는 「전력기술관리법」에 따른 전문설계업 1종이상 등록자, 소방분야는 「소방시설공사업법」에 의한 전문소방시설설계업 또는 일반소방시설설계업(기계 및 전기분야) 등록자와 공동도급(분담이행방식 *VS 공동이행방식*)하여야 함.
등록	○일시 : 2008.03.12. ~ 03.13. (2일간, 09:00 ~ 18:00까지) ○장소 : 노원구청 3층 건축과
설명	○일시 : 2008.03.12. 10:30 ○장소 : 현장(개별도착) ※ 용역설명 참석은 의무사항이 아님
등록서류	1. 설계경기 응모신청서 1부 2. 위임장, 재직증명서 각 1부(대리인이 접수 등록할 경우에 한함) 3. 대표자선임계*(공동응모의 경우)* 4. 건축사 사무소등록증건축사업무신고필증 사본 1부 5. 건축사 면허증(자격증) 사본 1부
심사방법 및 구성	설계경기심사위원회를 구성하여 심사하며, 당선작 발표시 노원구청홈페이지 (www.nowon.kr)에 위원명단 공개
공모안접수	2008.05.29(09:00 ~ 18:00까지) (노원구청 3층 건축과)
입상작품 및 보 상	○당 선 작 : 1점(상장 및 설계용역권 부여) ※ 설계용역 계약전 발주처의 사정변경 등 불가피한 사유로 사업계획이 변경 또는 취소될 경우 설계용역권 대신에 설계용역비 10% 범위내의 보상금(2,000만원) 지급 ○우 수 작 : 1점(상장 및 상금 1,200만원) ○가 작 : 1점(상장 및 상금 800만원)
응모작의 전시 및 반환방법	○전시방법 : 필요시 당선작 등 입상작품 전시(3점 3일간) ○반환방법 : 응모업체 개별반환
기 타	저작권에 관한 사항은 「저작권법」에 따르며, 기타 세부내용은 노원구청홈페이지/부서별 홈페이지(화면하단)/건축과/부서자료실(www.nowon.kr)의 설계경기지침서를 참조하시기 바랍니다.
문 의 처	○주소 : 서울특별시 노원구 노해길 183(상계6.7동 701-1 노원구청 3층 건축과) ○ ☎ : 950-3910, FAX : 950-3739

■ 과업내용서<기술> 중 주요 내용

◦ 본 과업의 시행기간은 계약일로부터 총 180일간(공휴일 포함)으로 하며 ...
☞ 일반적인 설계경기의 기간에 유의
◦ 공사진행 중 발주처의 설계변경으로 인한 각 실 배치 등이 변경되어 도면수정이 필요할 시는 이에 응하여야 하며, 또한 건축물 관리대장 등재를 위한 제반절차를 수행하며 비용부담은 시공자로 하여금 협의하여 정산한다.
☞ 갑의 설계변경 요청에 을은 무조건 응해야 한다, 관리대장에 필요한 절차를 수행하고 비용은 시공자로부터 받아라
◦ 지질조사는 "갑"의 용역감독의 지시를 받아 전문용역기관으로 하여금 실시토록 하여야 하고 추후 실사용금액으로 정산 처리한다.
☞ 지질조사기관의 지정은 갑이 하겠다

■ 설계경기지침서<행정> 중 주요 내용

◦ 설계경기의 방법 - 일반공개경기
◦ 당선자는 심사위원회의 지적사항과 발주부서의 요구사항을 종합하여 설계변경 및 보완이 필요한 경우 기본 및 실시설계시 수정.보완하여 이를 설계에 반영하여야 한다.
☞ 설계경기는 계획설계 단계이고, 당선 이후는 기본설계-실시설계 단계임.

§ 설계경기 공고

교통안전공단 발주 '통합전산센터 및 상암검사소 신축공사 설계용역'

1. 용역개요
   가. 사 업 명: 통합전산센터 및 상암검사소 신축공사 설계용역
   나. 대지 위치: 서울특별시 마포구 상암동 상암2지구 택지개발사업지구 내
   다. 대지 면적: 6,620㎡
   라. 건물 규모: 연면적 7,206㎡ (지하2층/지상2층)
   ※ 층수와 연면적(±5%범위)은 설계자의 계획에 의하여 합리적으로 조정 가능
   마. 주요 시설: 자동차검사소, 전산센터 등
   바. 공사비 예산: 12,100백만원(부가세 포함)
   사. 용역 범위: 건축공사(기타 부대공사 포함)에 대한 기본계획
   아. 설계용역비: 501.6백만원(부가세 포함)
   ※ 건축, 토목, 기계, 조경, 전기, 소방, 통신 등 제반분야 설계용역 수행(지질조사, 측량비 포함) 등의 비용을 말한다(단, 설계공모 상금은 별도).
   자. 설계 기간: 착수일로부터 120일(공휴일 포함)
   차. 작품제출일: 2010.08.04(수) 13:00 ~ 16:00(시간 엄수)

2. 계약방법
   가. 설계공모심사결과 최우수작으로 선정된 자와 수의계약(설계용역)
   나. 예정가격은 반영예산에 "조달청 기술용역 적격심사기준"에 의한 용역규모별 낙찰하한율을 적용한 금액으로 결정되며, 당선자는 동 예정가격 범위 내에서 계약체결을 하여야 한다.

3. 설계공모 방법 : 본 설계공모는 일반공개모집방식으로 시행한다.

4. 공모참가 자격
   가. 응모자격
      1) 공고일 현재, 「건축사법」 제7조의 규정에 의한 건축사 면허를 소지하고 같은 법 제22조에 의거 건축사사무소를 개설하여 건축사 업무 신고를 필한 자
      2) 본 설계공모 참가등록자는 1개의 작품만을 제출할 수 있으며, 중복 응모한 사실이 발견된 자는 참가자격을 박탈한다.
      3) 응모등록을 하지 않은자, 응모등록 후 사업설명회(현장설명회)에 참가하지 않은 자는 응모작을 제출할 수 없다.
      4) 공동대표자를 가진 설계사무소는 [서식 2] 대표자 선임계를 응모등록시 제출하여야 한다.

나. 응모제한

1) 응모신청일 기준으로 등록취소, 휴.폐업, 자격정지나 기타 이에 준하는 행정관청의 행정처분을 받고 그 기간 주에 있는 자는 본 설계공모에 참가할 수 없다.

※ 응모신청서 등록 시에 건축사협회 등 공인기관에서 발급한 증빙서류를 첨부할 것

5. 참가등록 및 등록증 교부

가. 기 간 : 2010.06.10(목) 09:00 ~ 06.14(월) 15:00 (시간엄수)

나. 신 청 서 : "나라장터(http://www.g2b.go.kr) 입찰공고(용역)"에서 다운로드

다. 등록장소 : 경기도 안산시 단원구 화랑로 117번지 교통안전공단 4층 재무처

라. 구비서류

1) 건축설계공모 참가등록 신청서(공단 소정양식) 1부

2) 위임장 및 재직증명서 각 1부(대리인이 등록할 경우에 한함)

3) 국내 건축사면허증 사본 1부

4) 건축사사무소 신고필증 사본 1부

5) 대표자선임계 1부(공동대표일 경우)

6) 청렴서약서 1부(공단 소정양식)

7) 사업자등록증 사본 1부

8) 법인등기부 등본 1부(법인 사업자에 한함)

9) 인감증명서 1부

10) 사용인감계 1부(사용인감을 사용하는 경우에 한함, 공단 소정양식)

11) 행정처분 여부 사실 증명서 1부(건축사 협회등 공인기관에서 발급한 것이어야 함)

※ 지참물 : 사용인감

※ 사본에는 사실과 상위없음을 명기하고 사용인감 날인

※ 직접 방문하여 제출하여야 함

6. 사업설명회(현장설명회) 일정

가. 일 시 : 2010. 06. 15(화) 13:00

나. 장 소 : 교통안전공단 1층 강의실

다. 참가자격 : 소정 기간 내 참가등록을 필한 업체의 대표자 또는 위임받은 자(건축사)

※ 참석자는 반드시 건축사이어야 함

※ 대표자는 신분증, 건축사면허증 또는 건축사자격증면허 사본을 지참해야 하며, 위임받은 자는 신분증, 건축사면허증 또는 건축사자격증면허 사본 및 위임장, 재직증명서를 지참해야 함

7. 설계공모안 작성 및 제출

가. 공모 기간 : 참가등록 마감일로부터 작품제출 마감일시까지

나. 제출 기간 : 2010.08.04(수) 13:00 ~ 16:00 까지

다. 제출 장소 : 경기도 안산시 단원구 화랑로 117번지 교통안전공단 4층 재무처

라. 제출 도서

1) 건축설계공모 응모작품 제출서 1부(공단 소정 양식)
2) 심사용 설계도판 4매 (A1 : 841㎜×594㎜)
3) 심사용 설계도면 15부 - A3용지 (297mm×420mm) 좌철
4) 설계설명서 15부(A4용지-210mm×297mm, 25페이지 이내)
   - 심사용 계획원도(판넬)축소본(A3규격) 4매 포함
5) 설계도서CD(①~③항 모두) 2부

☞ 제출도서 작성과 제출에 관련된 세부사항에 별첨 지침서내의 "V.도서 작성.제출 지침"에 별도로 기술하였으므로 응모자는 반드시 지침서에서 제시한 내용대로 제출도서를 작성.제출해야함.

※ 직접 방문하여 제출하여야 함

§ 달려도 멈춰도 한 해 수백억 적자 ... 용인경전철 '용인의 재앙'

1조1000억짜리 애물단지 전락
하루 14만 명 탄다더니 3만도 안 돼
뻥튀기 예측에 8개월째 개통 못 해
결국 시민들 세금으로 메울 판

민간투자비 1조1000억원이 들어간 용인시 경전철이 고철덩어리로 전락할 위기에 놓였다. <관계기사 4면>

운행하자니 엄청난 세금 낭비가 뻔하다. 그렇다고 완공한 철로와 역사를 부술 수도 없다. 무리한 사업 추진으로 생긴 피해는 고스란히 시민들에게 돌아가게 됐다.

15일 오후 경기도 용인시 처인구 삼가동 용인 경전철 차량기지. 'YongIn EverLine'이라고 쓰인 객차 30대가 선로에 덩그러니 서 있다. 8개월째다.

이 경전철은 지난해 7월 개통할 예정이었다. 민간 컨소시엄인 용인경전철㈜이 4년간 공사를 해 완공했다. 그러나 시운전만 몇 차례 한 게 전부다. 15개 역이 들어선 18.1㎞ 구간의 철로는 녹만 슬고 있다. 시민들 상대의 시승식도 지난해 9월 중단됐다.

경전철이 멈춘 건 시민의 세금이 걸려 있어서다. 용인시는 2004년 7월 사업계획을 확정했다. 하루 평균 승객을 14만 명으로 잡고, 민간 사업자에 보장하는 최소운영수입보장(MRG·적자운영비 보조금) 비율을 90%로 정했다. 실제 운임수입이 예상치의 90% 미만이면 그 차액을 시가 메워준다는 내용이다. 하지만 지난해 경기개발연구원의 분석 결과 경전철 이용 승객은 하루 3만 명도 안 될 것으로 나타났다. 2004년의 승객 수요 예측치가 부풀려졌다는 분석이다.

지난해 7월 취임과 동시에 개통 승인을 거부한 김학규 현 시장은 "경전철을 지금 개통하면 1년에 550억원씩 **30년 동안(운영계약기간) 총 1조6500억원**으로 예상되는 경전철회사의 적자를 세금으로 메워줘야 한다"고 말했다. 올해 용인시 예산 1조3268억원보다 많은 돈이다.

시의회와 시민들은 이런 세금 낭비 사업의 감시에 무관심했다. 박순옥 용인시의회 전 의원은 "그동안 경전철 사업의 문제점을 여러 차례 지적했지만 아무도 귀담아듣지 않았다"고 말했다.

그렇다고 시가 무작정 버티기도 힘들다. 사업자가 경전철 사업을 포기하면 관련 시설을 용인시가 인수하고 대신 투자비 전액*(玉註 1조1000억원+알파)*을 물어줘야 한다. 용인경전철㈜ 최승혁 부장은 "개통이 안 돼 하루 이자만 1억2000만원씩 무는 등 경영이 어려워 지난달 시에 협약 해지를 통보했다"고 말했다.

숫자로 본 용인경전철
4년 공사기간(2005년 12월~2009년 12월)
1조1000억 투자금액(원)
18.1㎞ 총 길이(15개 역)
30년 민간업체가 운영
550억 한 해 적자 보전 예상액(원)

[중앙일보] 2011.02.18 정영진·최모란 기자/ 정영진 기자 [chung@joongang.co.kr]

기술제안입찰[1)]

단순한 설계-입찰-시공방식에서 진일보한 방식,
시공자의 설계도서 검토(V.E. 및 L.C.C. 분석)에 의한 대안 제출
공사비 절감과 기술 경쟁의 확대가 주 목표

최민수, 한국건설산업연구원 정책연구실장

현행 공공공사의 입찰제도는 대부분 가격 위주의 평가 방식을 채택하고 있는데, 정부에서는 이에 의한 단점을 보완하기 위해 2007년 9월 국가계약법 시행령을 개정하여 기술제안입찰제도를 도입한 바 있다.

개정안을 살펴보면 행복도시, 혁신도시 공사 가운데 상징성, 기념성, 예술성 등 창의성이나 고난도 기술이 필요한 시설물에 대해서는 현행 입찰방식 외에 기술제안입찰 또는 설계공모+기술제안입찰을 적용할 수 있다. 이들 새로운 입찰제도는 2008년 하반기부터는 모든 공공공사 발주에 확대 시행된다.

기술제안입찰이란 시공자가 단순히 시공만 담당하는 기존 방식과는 달리, 발주기관이 교부한 입찰안내서에 따라 기 납품된 실시설계도서를 시공자가 검토한 후 시공계획, 공사비 절감방안, 공기 단축방안 등을 제안하면 발주기관은 이를 심사하여 낙찰자를 결정하는 방식이다. 이 때 시공자는 여러 가지 가치공학Value Engineering을 적용하여 시설물의 총 생애주기비용Life Cycle Cost를 줄이는데 역점을 두게 된다.

이 제도는 2008년 행정도시 정부청사 1단계 1구역 건립공사에서 처음으로 시범적용 된 바 있는데, 정부에서는 국가경쟁력강화위원회가 마련한 건설산업 선진화 방안을 토대로 건설업체간 기술경쟁을 강화하기 위하여 이 제도를 확대 적용하는 방안을 검토하고 있다.

특징

- 입찰방식과 절차가 설계-시공방식(턴키)과 유사하기 때문에 대형 업체에게 유리할 것으로 인식하는 경향이 많다.
- 기술제안서 작성비에 대한 보상이 이루어지지 않기 때문에 입찰자의 비용 부담이 증가한다.
- 공기단축이 중요한 관점 중의 하나이므로 무리한 공기단축계획의 우려가 있다.

1) http://blog.naver.com/msochoi?Redirect=Log&logNo=40109529567

§ 전국 건축물 통계자료 요약

국토해양부, 2010년 말 현재 전국 건축물 통계자료

■ 전체 건축물 수

◦ 건축물의 수는 667만여 동이고, 면적은 32억6천3백만㎡.(서울시 면적의 5배)

◦ 건축물 한 동당 평균 488㎡에 해당

■ 용도별 구분

◦ 주거용 67.2%, 상업용 16.9%, 공업용 3.8, 문교.사회용 2.6%, 기타 9.5%

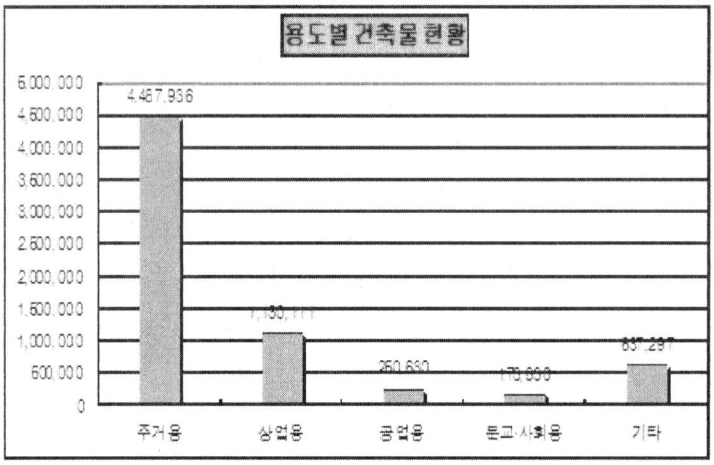

6. 건 축 물 현 황

Status of Buildings

6-1 용도별 By Use　　　　단위 : 동

구 분	계 Total	주 거 용 Dwellings	상 업 용 Commercial	공 업 용 Factory	문교·사회용 Educational Social	기 타 Others
합 계 Total	6,676,518 100.0%	4,485,849 67.2%	1,129,302 16.9%	250,416 3.8%	173,917 2.6%	637,034 9.5%

■ 층별 구분

◦ 단층 63.9%, 2~4층 31.7%(누계 95.6%), 50층 이상 52동

6-2 층 수 별 By Floor

단위 : 동

구 분 Division	계 Total	1 층	2~4층	5 층	6~10층	11~20층	21~30층	31층이상	기 타
합 계 Total	6,676,518 100.0%	4,265,431 63.9%	2,113,762 31.7%	125,642 1.9%	58,471 0.9%	70,049 1.0%	12,285 0.2%	753 0.0%	30,125 0.5%

■ 면적별 구분

◦ 100㎡미만 48.4%, 100~200㎡미만 23.2%, 200~300㎡미만 7.4%, 300~500㎡미만 9.2%, 500㎡이상 11.8%

6-3 면 적 별 By Dimension

구 분	계	1백㎡미만	1백㎡~ 2백㎡미만	2백㎡~ 3백㎡미만	3백㎡~ 5백㎡미만	5백㎡~ 1천㎡미만	1천㎡~ 3천㎡미만	3천㎡~ 1만㎡미만	1만㎡이상
합 계 Total	6,676,518 100.0%	3,232,586 48.4%	1,547,111 23.2%	495,640 7.4%	611,430 9.2%	407,811 6.1%	218,836 3.3%	120,011 1.8%	43,093 0.6%

■ 소유주체별 구분

◦ 개인 78.7%, 법인 4.7%, 국.공유 2.2%, 기타(외국인, 종중, 종교단체 등) 14.4%

6-4 소유구분별 By Owner

단위 : 동

구 분 Division	계 Total	국공유 National & Public	개인 Private	법인 Corporation	기타 Others
합 계 Total	6,676,518 3,263,084,489 100% 100%	147,696 166,239,903 2% 5%	5,258,826 985,948,283 79% 30%	315,552 502,729,472 5% 15%	954,444 1,608,166,831 14% 49%

■ 수명별 구분

◦ 20년 이 58%, 10년~20년 24%, 10년 미만 18%

◦ 리모델링 가능한 15년 이상 된 건축(아파트) 69.7%

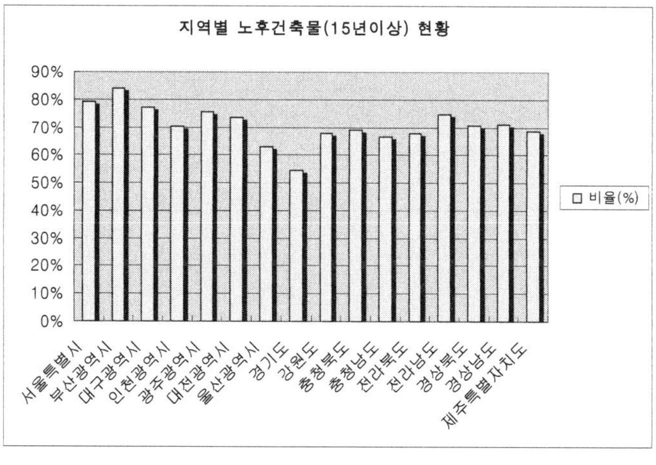

■ 멸실사유별 구분

◦ 노후 건축물(20년 이상) 65.7%, 경제적 요인으로 인한 멸실(10년 미만 건축물) 11.9%

■ 지역별 구분

◦ 동수 기준: 경기도 101만여 동, 경북 74만여 동, 서울 66만여 동

◦ 연면적 기준: 경기도 7.3억㎡, 서울 5.5억㎡, 경남 2.4억㎡, 부산 2.1억㎡, 경북 2.0억㎡

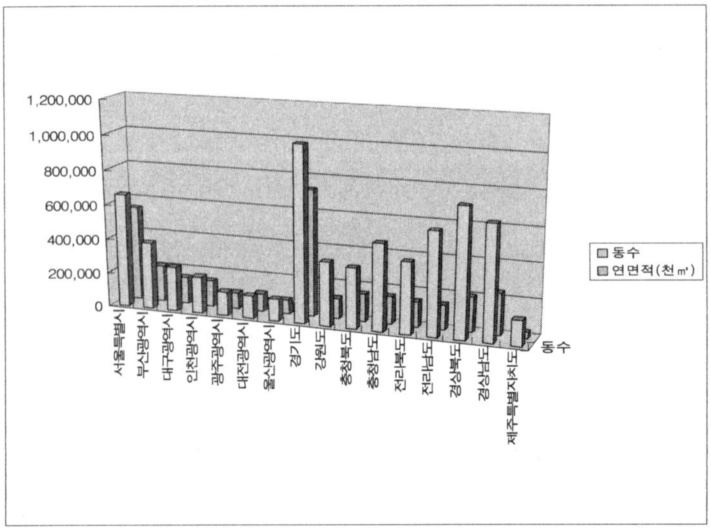

■ 가장 높은 건축물

◦ 전국: 하이페리온(69층, 주상복합, 서울 양천구 목동) 및 타워펠리스(69층, 주상복합, 서울 강남구 도곡동)

◦ 지역별: 더샵센텀스타(60층, 부산 해운대), 더샵퍼스트월드(64층, 인천 송도), 메타폴리스 A동(66층, 경기도 화성)

■ 주거용 건물 중 아파트 비율

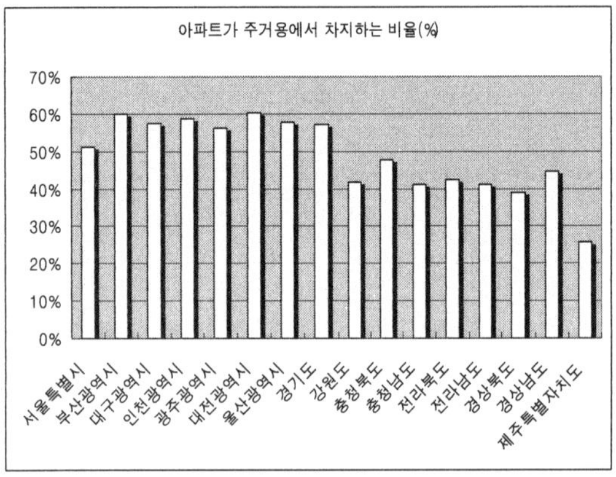

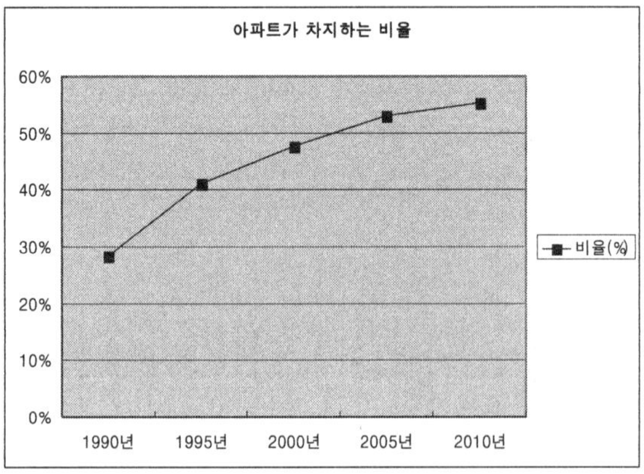

제4장 업무 보수
Compensation

§ 업무 보수

■ 건축가가 용역에 대해 비용을 산출하는 절차는 다음과 같다.

1) 클라이언트의 요구와 핵심가치요소를 파악한다.
새로운 비즈니스 관계를 맺을 때 가장 중요한 것은 클라이언트를 정확하게 파악하는 깃이다. 첫 관계설정이 지속적으로 영향을 미친다.

2) 업무범위를 파악하고 용역전략을 수립한다.
당해 프로젝트 및 전후 배경을 검토하여 및 후속 프로젝트 여부 등을 파악하여 적합한 용역범위를 설정하고 여기에 적합한 담당자와 협력업체 등을 선정한다.

3) 용역비를 산출한다.
클라이언트와 프로젝트의 성격 및 관계에 적합한 방식을 선택한다.

4) 위험요소를 평가하고 적절한 대응방안을 마련한다.
예상되는 위험요소에 따른 추가 보수를 단가인상이나 일정금액 추가 등의 방법으로 용역비에 반영시키도록 하거나, 계약서에 명시하여 추후 클라이언트와의 협의 근거를 확보한다

5) 해당 프로젝트가 갖는 가치를 고려하여 최종금액을 결정한다.
◦ 적정 수준의 이익: 일반적인 경우에는 회사의 재정적 건전성을 유지하는 수준으로 제안한다.
◦ 최고 수준의 이익: 독특한 클라이언트와 상대하거나 자사의 전문성이 독보적인 경우에는 최고수준으로 제안한다.
◦ 계약 자체가 목표: 신규 시장 진출, 전략적으로 중요한 클라이언트, 불황기의 운영경비 확보 등의 경우에 전략적으로 이익수준을 낮추어 제안한다.

6) 과거의 경험과 비교한다.
유사한 실적의 자료를 활용하면 정확한 비용을 추정할 수 있다.

건축가는 클라이언트에게 제공하는 용역의 수준과 보수를 구상한 후 클라이언트와 협상을 통해 결정하고 그 결과를 계약서에 기록하게 된다.
용역비 산출에는 여러 가지 방식이 있는데, 용역비는 항상 클라이언트에게 가장 중요한 것 중의 하나라는 것을 명심하고 해당 프로젝트에 적절한 방식을 적용하도록 한다.

■ 보수를 결정하기 위한 용역비 산출방식은 다음과 같다.

1) 고정비용 방식Fixed Fees
용역범위가 명확히 규정된 용역에 대해 정액의 보수금액을 적용하는 방식이다. 사회적인 관행이 성립되어있거나 양자 간에 수차례의 실적이 있는 경우에 적용하는 간편한 방식이지만 변동요소에 대한 대응은 불확실하다는 단점도 있다.

2) 시간당 단가요율 방식Hourly Billing Rates and Fee Multipliers
직접인건비에 제반 간접비가 추가된 시간당 고정단가로 계산하는 방식이다. 용역범위가 명확하게 규정되지 않은 초기단계 내지 단기 프로젝트에 적용할 수 있다.

3) 면적단가 방식Unit Cost Methods
소위 평당 단가를 적용하는 방식으로 국내에서 관습적으로 오랜 기간 동안 사용된 방식이다. 건물의 용도에 따라 난이도에 차이가 나므로 용도별로 단가의 차이가 있다. 클라이언트에게는 간편한 방식이지만 통상적으로 발생되는 작업시간의 연장이라는 위험요소에는 속수무책이므로 시간에 따라 품을 들이는 건축가의 용역업Service에는 적합하지 않은 방식이다.

4) 공사비비율 방식Percentage of Construction Cost
공사비가 높은 건물이 설계 난이도도 높으므로 높은 단가를 제공한다는 전제하에 건설비용에 보수를 연동시키는 방식이다. 개략적인 수준을 파악할 수는 있으나 유사한 실적에 근거한 경우가 아니면 클라이언트나 건축가 중 한쪽에 불리하게 작용될 수 있다. 본 교재에서는 건축사의업무범위와 대가기준에 따른다.

5) 실비정액 보수가산 방식Cost Plus Fixed Fee
실제투입비용(직접비)에 일정부분의 간접비를 가산하는 방식으로 투입비용만 정확하다면 비교적 합리적인 결과를 산출할 수 있기 때문에 대부분의 경우에 적용되는 방식이다.
회사마다 간접비 산출방식이나 간접비 비율에 차이가 날 수 있다.
본 교재에서는 엔지니어링사업대가의 기준에 따른다.

6) 직접비 실비정산 및 비정산 방식Reimbursable and Nonreimbursable Direct Costs

■ 건축가가 비용을 산출하여 결정한 후에는 견적서를 제출하게 된다. 견적서는 용역금액 뿐 아니라 다음과 같은 내용[1)]을 포함하도록 한다.
◦ 용역에 대한 설명
◦ 용역 일정
◦ 담당 프로젝트 매니저
◦ 보수 조건(금액 및 근거, 가정)
◦ 계약서 초안

---

1) 견적서의 제반 조건과 그 외 용역비의 청구 및 지불 등의 주요 내용은 추후 계약서에서 상세하게 규정된다.

국내에서 주로 통용되는 업무보수 산정방식은 면적단가 방식, 공사비비율 방식, 실비정액 보수가산 방식이다. 각 사무소의 업무보수 산정은 '견적→ 계약→ 실행 예산 및 결산→ 자료화'로 이어지는 일련의 과정이 반복되면서 그 정확도를 높이게 된다.

■ 업무보수 산정의 구체적인 기준에는 지식경제부 소관의 엔지니어링산업진흥법에 의해 정해지는 "엔지니어링사업대가의 기준"과 국토해양부 소관의 건축사법에 의한 "공공발주사업에 대한 건축사의업무범위와 대가기준"이 있다. 후자가 전자에 근거하여 작성되었기 때문에 용어에서 약간의 차이가 있을 뿐 대동소이하다.

1) 엔지니어링사업대가의 기준[2]

엔지니어링사업대가의 기준에 의하여 엔지니어링활동주체가 사업을 수탁할 경우에는 이 기준에 따라 대가를 산출하며, 대가의 산출은 실비정액가산방식 적용을 원칙으로 한다.

■ 공사비요율 방식

☞ '공사비비율 방식Percentage of Construction Cost'으로 통일

◦ 공사비요율에 의한 방식이란 공사비에 일정 요율을 곱하여 산출한 금액에 추가업무비용과 부가가치세를 합산하여 대가를 산출하는 방식을 말한다

◦ 건설부문의 요율은 별표 1과 같다.

공사비가 요율표의 각 단위 중간에 있을 때의 요율은 직선보간법에 따라 다음과 같이 산정한다.

$$y = y_1 - \frac{(x \quad x_2)\ (y_1 \quad y_2)}{x_1 - x_2}$$

※ x : 당해금액, x1 : 큰금액, x2 : 작은금액　　y : 당해공사비요율, y1 : 작은금액요율 y2 : 큰금액요율

---

2) 엔지니어링사업대가의 기준은 엔지니어링기술진흥법에 의하여 정해지는데, 엄밀하게 말하자면 엔지니어링산업에 건축구조는 포함되나 건축설계는 포함되지 않는다. 그러나 그 사유가 '부적합'보다는 '누락'이라 판단하여 건축설계도 엔지니어링산업에 준하여 적용하였다. (엔지니어링사업대가의 기준은 2008.6.3.부로 과학기술부Ministry of Science and Technology에서 지식경제부Ministry of Knowledge Economy로 이관되었으며, 엔지니어링기술진흥법의 명칭도 2010.4.12부로 엔지니어링산업진흥법으로 개정되었다.)

【 별표 1 】건설부문의 요율

공사비 \ 요율	업무별 요율(%)			
	기본설계	실시설계	공사감리	계
5천만원 이하	3.24	6.49	3.02	12.75
1억원 이하	3.04	6.07	2.85	11.96
2억원 이하	2.42	4.85	2.26	9.53
3억원 이하	2.22	4.43	2.06	8.71
5억원 이하	2.01	4.03	1.89	7.93
10억원 이하	1.77	3.55	1.66	6.98
20억원 이하	1.63	3.27	1.53	6.43
30억원 이하	1.57	3.15	1.48	6.20
50억원 이하	1.54	3.09	1.45	6.08
100억원 이하	1.51	3.01	1.41	5.93
200억원 이하	1.46	2.91	1.37	5.74
300억원 이하	1.45	2.90	1.35	5.70
500억원 이하	1.41	2.84	1.33	5.58
1,000억원 이하	1.40	2.79	1.30	5.49
2,000억원 이하	1.38	2.76	1.28	5.42
3,000억원 이하	1.37	2.72	1.25	5.34
5,000억원 이하	1.34	2.70	1.23	5.27
5,000억원 초과	기본설계요율 = 2.75 × $(공사비)^{-0.0265}$ - 0.006822 실시설계요율 = 5.0 × $(공사비)^{-0.0229}$ 공사감리요율 = 3.4816 × $(공사비)^{-0.0386}$ - 0.00084			

공사비란 발주자의 공사비 총예정금액(자재대 포함)중 용지비, 보상비, 법률수속비 및 부가가치세를 제외한 일체의 금액을 말한다.

아래는 공사비비율 방식과 실비정액 보수가산 방식에 의한 견적서 사례이다.

■ 실비정액가산방식

☞ '실비정액 보수가산 방식Cost Plus Fixed Fee'으로 통일

◦ 실비정액가산방식이란 직접인건비, 직접경비, 제경비, 기술료와 부가가치세를 합산하여 대가를 산출하는 방식을 말한다.

◦ 직접인건비란 당해 업무에 직접 종사하는 엔지니어링기술자의 인건비로서 투입된 인원수에 엔지니어링기술자의 등급별 노임단가[3]를 곱하여 계산한다.

◦ 직접경비란 여비, 특수자료비 인쇄 및 청사진비, 측량비, 토질 및 재료 등의 시험비 또는 조사비, 모형제작비, 타 전문기술자에 대한 자문비 또는 위탁비와 현장운영경비 등을 말한다.

◦ 제경비란 직접비에 포함되지 아니하고 기획, 경영, 총무 분야 등에서 발생하는 간접

3) 엔지니어링기술자의 노임단가는 한국엔지니어링진흥협회가 매년 연말에 공표하여 다음해 1월1일부터 적용한다. 조사목적은 기술자의 노임단가로 적용하기 위한 것이며 통계법에 근거하여 실지급 임금을 기준으로 조사한다. 2010년도 엔지니어링업체 임금실태조사 결과는 아래와 같다.
(건설 및 기타 부문 기준) 기술사 325,979원, 특급기술자 258,726원, 고급기술자 203,802원, 중급기술자 174,250원, 초급기술자 131,853원; 평균근무일수는 22.5일. 따라서 기술사의 경우 325,979원 X 22.5일 = 월급여 7,334,578원에 해당한다. 건축사도 여기에 준하여 계산할 수 있다.

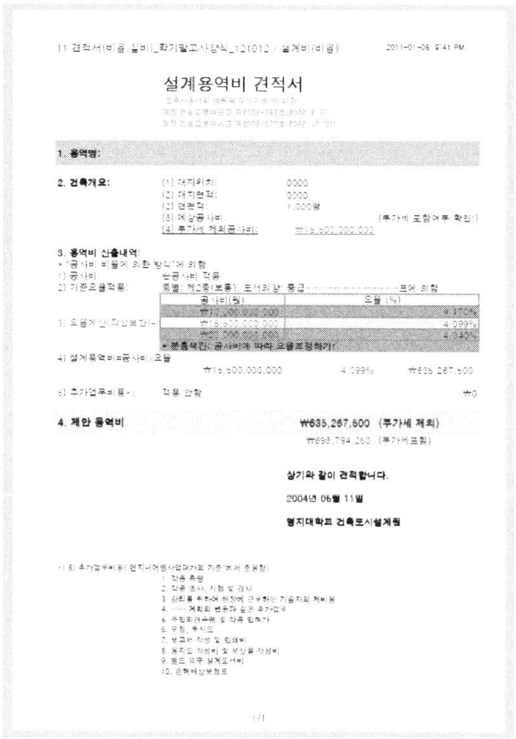

설계용역비 견적서

1. 용역명:

2. 건축개요: (1) 대지위치: 0000
(2) 대지면적: 0000
(2) 연면적: 1,000평
(3) 예상공사비: (부가세 포함여부 확인!)

3. 용역비 산출내역:

4) 설계용역비=공사비×요율 ₩16,500,000,000 4.099% ₩635,267,600

5) 추가업무비용: 적용 안함 ₩0

4. 제안 용역비 ₩635,267,600 (부가세 제외)
₩698,794,260 (부가세포함)

상기와 같이 견적합니다.

2004년 06월 11일

명지대학교 건축도시설계원

견적서(공사비비율 방식)

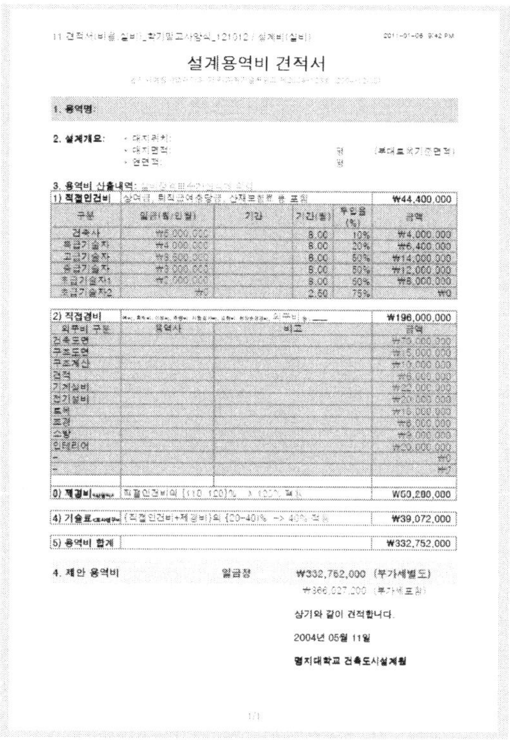

설계용역비 견적서

1. 용역명:

2. 설계개요: · 대지위치:
· 대지면적:
· 연면적:

3. 용역비 산출내역:

1) 직접인건비					₩44,400,000
구분	임금(월/인월)	기간	기간(월)	투입율(%)	금액
건축사	₩5,000,000		8.00	10%	₩4,000,000
특급기술자	₩4,000,000		8.00	20%	₩6,400,000
고급기술자	₩3,500,000		8.00	50%	₩14,000,000
중급기술자	₩3,000,000		8.00	50%	₩12,000,000
초급기술자1	₩2,000,000		8.00	50%	₩8,000,000
초급기술자2	₩0		2.50	75%	₩0

2) 직접경비			₩196,000,000
외주비 구분	용역사	비고	금액
건축도면			₩70,000,000
구조도면			₩15,000,000
구조계산			₩10,000,000
적산			₩6,000,000
기계설비			₩22,000,000
전기설비			₩20,000,000
토목			₩15,000,000
조경			₩8,000,000
소방			₩9,000,000
인테리어			₩20,000,000
-			₩0
-			₩?

3) 제경비	직접인건비의 (110~120)%	₩50,280,000
4) 기술료	(직접인건비+제경비)의 (20~40)% -> 40% 적용	₩39,072,000
5) 용역비 합계		₩332,752,000

4. 제안 용역비 일금정 ₩332,752,000 (부가세별도)
₩366,027,200 (부가세포함)

상기와 같이 견적합니다.

2004년 05월 11일

명지대학교 건축도시설계원

견적서(실비정액보수가산방식)

경비로서 임원.서무.경리직원 등의 급여, 사무실비, 사무용 소모품비, 비품비, 기계기구의 수선 및 상각비, 통신운반비, 회의비, 공과금, 운영활동비용 등을 포함하며 직접인건비의 110 ~ 120%로 계산한다.

◦ 기술료란 엔지니어링활동주체가 개발.보유한 기술의 사용 및 기술축적을 위한 대가로서 조사연구비, 기술개발비, 기술훈련비 및 이윤 등을 포함하며 직접인건비에 제경비를 합한 금액의 20~40%로 계산한다.

◦ 위의 기준에 따라 용역비 중 직접비(인건비, 외주비)와 간접비의 비율을 계산해 보면 아래와 같다.

용역비= 인건비+ 외주비+ 간접비

인건비 a

외주비 b

간접비 c= (1.1~1.2)a

이윤 (a+c)*(0.2~0.4)= 1.5a(최소)~2.3a(기준)~3.1a(최대)

용역비= 1a+ 1b+ 2.3a= 3.3a+ 1b. 외주비도 인건비와 같다고 가정하면

용역비= 4.3a

즉, 용역비는 대략 인건비의 4배 전후로 추정할 수 있다.(소형사는 간접비가 적다고 추정되므로 3a, 대형사는 반대로 5a까지 적용될 수 있을 것이다.)

2) 대한건축사협회에서 정한 업무대가기준[4)]

건축사업무 및 대가기준은 건축사법에 "건축사업무 및 보수기준"이 마련되어 운영되었으나, 1999년 독점금지법에 위반된다 하여 삭제되었다가 2001년에 다시 "용역의 범위와 그 대가에 관한 기준"으로 재탄생되었다. 2008년에 "공공발주사업에 대한 건축사의 업무범위 및 대가기준"으로 변경되어 공식적으로는 공공부문을 대상으로 하고 있지만 실제로는 민간에게도 적용되는 파급효과가 있다.

■ 공사비요율식

☞ '공사비비율 방식Percentage of Construction Cost'으로 통일

◦ 건축설계 및 건축공사감리 대가요율을 산정하는데 필요한 건축물의 종별은 별표 3 과 같이 건축물의 난이도에 따라 구분한다.

◦ 건축설계 대가요율 별표 4 를 적용함에 있어 필요한 도서작성 구분은 인.허가와 관련된 최소한의 설계도서만을 요구하는 경우에는 기본으로 하며, 공종별 공사비 산정을 위한 설계도서를 작성하는 경우에는 중급으로 하며, 세부적인 공사비 산정을 위한 구체적인 설계도서 작성을 요구하는 경우에는 상급으로 분류한다.

◦ 공사비가 중간부분에 있는 경우의 요율은 직선보간법에 따라서 다음과 같이 산정한다.

$$Y = y1 - \frac{(X - x2)\ (y1 - y2)}{x1 - x2}$$

X : 당해 금액 x1 : 큰 금액 x2 : 작은 금액 Y : 당해 공사비요율 y1 : 작은 금액 요율 y2 : 큰 금액 요율

(별표는 다음 페이지 참조하라.)

■ 실비정액가산방식

☞ '실비정액 보수가산 방식Cost Plus Fixed Fee'으로 통일

전 항 엔지니어링사업대가의 기준의 실비정액가산방식을 참조하라.

4) 건축사업무 및 그에 따른 대가기준은 1963년에 제정된 건축사법 제26조에 의거 "건축사업무 및 보수기준"이 마련되어 운영되었으나, 공정거래위원회 1999년 2월 5일 법률 제5815호에 의거 "독점규제 및 공정거래에 관한 법률의 적용이 제외되는 부당한 공동행위 등의 정비에 관한 법률"에 의해 해당 조항이 '사업자단체에 의한 일종의 가격협정'에 해당되어 독점금지법에 위반되는 행위에 해당된다 하여 삭제됨으로서 기준이 폐지되었다가 우여곡절 끝에 2001년 8월 14일 건축사법을 개정하여 "용역의 범위와 그 대가에 관한 기준"(건설교통부장관이 공고)으로 재탄생되었다. 이 조항은 2008년 12월 26일에 다시 "공공발주사업에 대한 건축사의 업무범위 및 대가기준"으로 변경되어 공식적으로는 공공부문을 대상으로 하고있지만 실제로는 민간에게도 파급효과가 있다.

§ 엔지니어링사업대가의 기준

(일부 별표 생략)

지식경제부공고 제 2008 - 109호

엔지니어링기술진흥법 주무부처의 변경에 따라 동법 시행령 제14조의 규정에 따른 「엔지니어링사업대가의 기준」을 다음과 같이 다시 공고합니다.

2008. 6. 3.

엔지니어링사업대가의 기준

제 1 장 총칙

제1조(목적) 이 기준은 엔지니어링기술진흥법(이하 "법"이라 한다) 제10조제2항에 따른 엔지니어링사업의 대가(이하 "대가"라 한다)의 기준을 정함을 목적으로 한다.

제2조(적용) ①엔지니어링기술진흥법 제2조제2호에 따른 엔지니어링활동주체(이하 "엔지니어링활동주체"라 한다)가 같은 법 제5조제1항의 각 호의 자로부터 엔지니어링사업을 수탁할 경우에는 이 기준에 따라 대가를 산출한다.

②제1항에 불구하고 엔지니어링활동주체가 건설업자 또는 주택건설등록업자로부터 위탁받아 작성하는 시공상세도의 경우에는 제21조 이하의 규정에 따라 대가를 산출한다.

제3조(정의) 이 기준에서 사용하는 용어의 뜻은 다음과 같다.

1. "실비정액가산방식"이란 직접인건비, 직접경비, 제경비, 기술료와 부가가치세를 합산하여 대가를 산출하는 방식을 말한다.
2. "공사비요율에 의한 방식"이란 공사비에 일정 요율을 곱하여 산출한 금액에 제17조에 따른 추가업무비용과 부가가치세를 합산하여 대가를 산출하는 방식을 말한다.
3. "공사비"란 발주자의 공사비 총예정금액(자재대 포함)중 용지비, 보상비, 법률수속비 및 부가가치세를 제외한 일체의 금액을 말한다.
4. "시공상세도작성비"란 관련법령에 따라 당해 목적물의 시공을 위하여 도면, 시방서 및 작업계획 등에 따른 시공상세도를 작성하는데 소요되는 비용을 말한다.

제4조(대가산출의 기본원칙) ①대가의 산출은 실비정액가산방식을 적용함을 원칙으로 한다. 다만, 발주자가 사업특성을 고려하여 실비정액가산방식을 적용함이 적절하지 아니하다고 판단하는 경우 공사비요율에 의한 방식을 적용할 수 있다.

②실비정액가산방식 또는 공사비요율에 의한 방식으로 대가산출이 불가능한 구매, 조달, 노-하우의 전수 등의 엔지니어링사업에 대한 대가는 계약당사자가 합의하여 정한다.

③부가가치세는 부가가치세법에서 정하는 바에 따라 계상한다.

제5조(대가의 조정) 다음 각 호의 어느 하나에 해당하는 경우에는 대가를 조정한다.

1. 계약을 체결한 날부터 90일 이상 경과하고 물가의 변동으로 입찰일을 기준으로 한 당초의 대가에 비하여 100분의3 이상이 증감되었다고 인정될 경우. 다만 천재.지변 또는 원자재 가격급등으로 당해 기간 내에 계약금액을 조정하지 아니하고는 계약이행

이 곤란할 시 계약을 체결한 날 또는 직전 조정기준일로부터 90일 이내에도 계약금액을 조정할 수 있다.

2. 발주자의 요구에 의한 업무변경이 있는 경우
3. 계약당사자간에 합의하여 특히 정한 경우

제6조(대가의 준용) 전력시설물의 설계 및 감리, 농어촌정비사업의 측량.설계 및 공사감리의 위탁, 소프트웨어개발용역, 측량용역 등 다른 법령에서 그 대가기준(원가계산기준)을 규정하고 있는 경우에는 그 법령이 정하는 기준에 따른다.

제 2 장 실비정액가산방식

제7조(직접인건비) 직접인건비란 당해 업무에 직접 종사하는 엔지니어링기술자의 인건비로서 투입된 인원수에 엔지니어링기술자의 등급별 노임단가를 곱하여 계산한다. 이 경우 노임단가는 기본급.각종수당.상여금.퇴직급여충당금.회사가 부담하는 산업재해보상보험료, 국민연금, 건강보험료, 고용보험료, 퇴직연금급여 등을 포함하며 한국엔지니어링진흥협회가 통계법에 따라 조사.공표한 임금실태조사보고서에 따른다. 다만, 건설상주감리의 경우에는 계약당사자가 협의하여 한국건설감리협회가 통계법에 따라 조사.공표한 가격을 적용할 수 있다.

제8조(직접경비) 직접경비란 당해 업무 수행과 관련이 있는 경비로서 여비(발주자 관계자 여비는 제외함), 특수자료비(특허, 노하우 등의 사용료), 제출도서의 인쇄 및 청사진비, 측량비, 토질 및 재료 등의 시험비 또는 조사비, 모형제작비, 타 전문기술자에 대한 자문비 또는 위탁비와 현장운영경비(직접인건비에 포함되지 아니한 보조원의 급여와 현장사무실의 운영비를 말한다) 등을 포함하며, 그 실제 소요비용을 말한다. 단, 공사감리 및 현장에 상주해야 하는 용역의 경우 주재비는 상주 직접인건비의 30%로 하고 국내출장여비는 비상주 직접인건비의 10%로 한다.

제9조(제경비) ①제경비란 직접비(직접인건비와 직접경비)에 포함되지 아니하고 엔지니어링활동주체의 행정운영을 위한 기획, 경영, 총무 분야 등에서 발생하는 간접 경비로서 임원. 서무.경리직원 등의 급여, 사무실비, 사무용 소모품비, 비품비, 기계기구의 수선 및 상각비, 통신운반비, 회의비, 공과금, 운영활동비용 등을 포함하며 직접인건비의 110 ~ 120%로 계산한다. 단 관련법령에 따라 계약상대자의 과실로 인하여 발생한 손해에 대한 손해배상보험료 또는 손해배상공제료는 별도로 계산한다.

②제1항의 경비 가운데 당해 엔지니어링사업의 수행을 위하여 직접적인 필요에 따라 발생한 비목에 관하여는 직접경비로 계산한다.

제10조(기술료) 기술료란 엔지니어링활동주체가 개발.보유한 기술의 사용 및 기술축적을 위한 대가로서 조사연구비, 기술개발비, 기술훈련비 및 이윤 등을 포함하며 직접인건비에 제경비(단 제9조제1항 단서에 따른 손해배상보험료 또는 손해배상공제료는 제외함)를 합한 금액의 20~40%로 계산한다.

제11조(엔지니어링기술자의 등급 및 자격기준) 엔지니어링기술자의 등급 및 자격기준은 별표 4와 같다.

제12조(엔지니어링기술자 노임단가의 적용기준) ①엔지니어링기술자 노임단가의 적용기준은 1일 8시간으로 하며, 1개월의 일수는 근로기준법 및 통계법에 따라 한국엔지니어링진흥

협회가 조사.공표하는 임금실태조사보고서에 따른다. 다만, 토요휴무제를 시행하는 경우와 1일 8시간을 초과하는 경우에는 근로기준법을 적용한다.

②출장일수는 근무일수에 가산하며, 이 경우 수탁자의 사업소를 출발한 날로부터 귀사한 날까지를 계산한다.

③엔지니어링사업 수행기간 중 민방위기본법 또는 향토예비군설치법에 따른 훈련기간과 국가기술자격법 등에 따른 교육기간은 당해 엔지니어링사업을 수행한 일수에 산입한다.

제 3 장 공사비요율에 의한 방식

제13조(요율) 공사비요율에 의한 방식을 적용할 경우 건설부문의 요율은 별표 1과 같고, 통신부문의 요율은 별표 2와 같으며, 산업플랜트부문의 요율은 별표 3과 같고, 기본설계.실시설계.공사감리 업무단위별로 구분하여 적용한다. 다만, 업무단계별로 구분하여 발주하지 않는 기본설계와 실시설계 요율은 다음 각 호에 따른다.

1. 기본설계와 실시설계를 동시에 발주하는 경우에는 해당 실시설계 요율의 1.4배를 적용한다.
2. 타당성조사와 기본설계를 동시에 발주하는 경우에는 해당 기본설계 요율의 1.3배를 적용한다.
3. 기본설계를 시행하지 않은 실시설계는 해당 실시설계 요율의 1.3배를 적용한다.
4. 타당성조사를 시행하지 않은 기본설계는 해당 기본설계 요율의 1.2배를 적용한다.

제14조(업무범위) 공사비요율에 의한 방식을 적용하는 기본설계.실시설계 및 공사감리의 업무범위는 다음 각 호와 같다.

1. 기본설계
   가. 설계 개요 및 법령 등 각종 기준 검토
   나. 예비타당성조사, 타당성조사 및 기본계획 결과의 검토
   다. 설계요강의 결정 및 설계지침의 작성
   라. 기본적인 구조물 형식의 비교.검토
   마. 구조물 형식별 적용 공법의 비교.검토
   바. 기술적 대안 비교.검토
   사. 대안별 시설물의 규모, 경제성 및 현장적용타당성 검토
   아. 시설물의 기능별 배치 검토
   자. 개략공사비 및 공기 산정
   차. 주요 자재.장비 사용성 검토
   카. 설계도서 및 개략 공사시방서 작성
   타. 설계설명서 및 계산서 작성
2. 실시설계
   가. 설계 개요 및 법령 등 각종 기준 검토
   나. 기본설계 결과의 검토
   다. 설계요강의 결정 및 설계지침의 작성
   라. 구조물 형식 결정 및 설계
   마. 구조물별 적용 공법 결정 및 설계

바. 시설물의 기능별 배치 결정
사. 공사비 및 공사기간 산정
아. 기본공정표 및 상세공정표의 작성
자. 시방서, 물량내역서, 단가규정 및 구조 및 수리계산서 작성
3. 공사감리
가. 시공계획 및 공정표 검토
나. 시공자가 작성한 시공도 검토
다. 시공자가 제시하는 시험성과표 검토
라. 공정 및 기성고 사정
마. 준공도 검토

제15조(요율의 조정) 요율은 다음 각 호의 사항을 참고하여 10%의 범위 안에서 증액 또는 감액할 수 있으나, 발주자는 사업대가의 삭감으로 인하여 부실한 설계 및 감리 등이 발생하지 않도록 적정한 대가를 지급하기 위하여 노력하여야 한다.

1. 기획 및 설계의 난이도
2. 비교설계의 유무
3. 도면 기타 자료 작성의 복잡성
4. 제출 자료의 수량 등

제16조(대가조정의 제한) 발주자는 엔지니어링활동주체가 엔지니어링사업을 수행함에 있어 새로운 기술개발 또는 도입된 기술의 소화개량으로 공사비를 절감한 경우에는 이로 인한 대가는 감액조정 할 수 없다.

제17조(추가업무비용) ①제14조의 업무범위에 포함되지 아니하고 다음 각 호의 어느 하나에 해당하는 것으로서 제2항에 따른 추가업무는 별도로 그 대가를 지급하여야 한다.

1. 발주자의 요구에 의한 추가업무
2. 엔지니어링활동주체의 책임에 귀속되지 아니하는 사유로 인한 추가업무
3. 그 밖에 발주자의 승인을 얻어 수행한 추가업무

②제1항에 따른 추가업무의 종류는 다음 각 호와 같다.

1. 각종 측량
2. 각종 조사, 시험 및 검사
3. 공사감리를 위하여 현장에 근무하는 기술자의 제비용
4. 주민의견 수렴 및 각종 인.허가에 필요한 서류작성
5. 입목축적조사서 등 각종 조사서 작성
6. 사전재해영향검토, 자연경관영향검토, 생태환경조사 등 사전환경성 검토
7. 문화재 지표조사
8. 전파환경분석 및 보고서 작성
9. 운영계획 등 각종 계획서 작성
10. 통신장비의 운용 및 인터페이스 등 통신소프트웨어 분석
11. 수리모형실험 및 수치모델실험
12. 모형제작, 투시도 또는 조감도 작성
13. 보고서 작성, 복사비 및 인쇄비
14. 용지도 작성비 및 보상물 작성비(용지비 및 보상물 감정업무 제외)
15. 항공사진 촬영(원격조정무인헬기 포함)

16. 특수자료비(특허, 노하우 등의 사용료)
17. 홍보영상 제작
18. 관련법령에 따라 계약상대자의 과실로 인하여 발생한 손해에 대한 손해배상보험료 또는 손해배상공제료

③제2항제2호부터 제11호까지의 비용은 실비정액가산방식에 따라 산출된 비용을 지급하며, 제12호부터 제18호까지의 비용은 실제 소요된 비용만을 지급한다.

제18조(요율적용의 특례) 여러 부문의 기술이 복합된 엔지니어링사업은 실비정액가산방식에 따라 산출한다.

제19조(공사비가 중간에 있을 때의 요율) 공사비가 요율표의 각 단위 중간에 있을 때의 요율은 직선보간법에 따라 다음과 같이 산정한다.

$$y = y1 - \frac{(x - x2)(y1 - y2)}{x1 - x2}$$

※ x : 당해금액, x1 : 큰금액, x2 : 작은금액
y : 당해공사비요율, y1 : 작은금액요율 y2 : 큰금액요율

제20조(공사비가 5,000억원 초과 시 적용요율) 공사비가 5,000억원을 초과할 경우의 적용요율은 별표 1, 별표 2, 별표 3과 같다.

제 4 장 시공상세도작성비

제21조(요율) 시공상세도작성비는 별표 5의 요율을 적용하여 산출한다.

제22조(업무범위) 시공상세도는 공사시방서에서 건설공사의 진행단계별로 작성하도록 명시된 시공상세도면의 작성 목록에 따라 작성한다.

제23조(예정수량 산출) 시공상세도면의 작성 예정수량은 별표 5의 요율에 따라 구한 시공상세도작성비를 별표 6에 따라 산출한 시공상세도 1장당 단가로 나누어 구한다.

제24조(사후정산) 시공상세도면의 수량은 현장여건에 따라 확정되므로 사전에 작성될 도면의 예정수량을 정하고, 현장시공시 시공상세도면의 작성 목록에 따라 작성한 후 당초 예정수량보다 실제 작성된 수량에 증감이 있는 경우 발주자의 승인을 받은 수량에 따라 사후에 정산하여야 한다.

제25조(시공상세도면의 난이도) 시공상세도면의 작성에 요구되는 난이도는 별표 7에 따라 구분한다.

부 칙

①(시행일) 이 기준은 공고한 날부터 시행한다.
②(경과규정) 공고 이전에 계약을 체결한 사업에 대하여는 종전기준을 적용한다.

【별표 1】건설부문의 요율

요율 / 공사비	업 무 별 요 율(%)			
	기본설계	실시설계	공사감리	계
5천만원 이하	3.24	6.49	3.02	12.75
1억원 이하	3.04	6.07	2.85	11.96
2억원 이하	2.42	4.85	2.26	9.53
3억원 이하	2.22	4.43	2.06	8.71
5억원 이하	2.01	4.03	1.89	7.93
10억원 이하	1.77	3.55	1.66	6.98
20억원 이하	1.63	3.27	1.53	6.43
30억원 이하	1.57	3.15	1.48	6.20
50억원 이하	1.54	3.09	1.45	6.08
100억원 이하	1.51	3.01	1.41	5.93
200억원 이하	1.46	2.91	1.37	5.74
300억원 이하	1.45	2.90	1.35	5.70
500억원 이하	1.41	2.84	1.33	5.58
1,000억원 이하	1.40	2.79	1.30	5.49
2,000억원 이하	1.38	2.76	1.28	5.42
3,000억원 이하	1.37	2.72	1.25	5.34
5,000억원 이하	1.34	2.70	1.23	5.27
5,000억원 초과	기본설계요율 = $2.75 \times (\text{공사비})^{-0.0265} - 0.006822$ 실시설계요율 = $5.0 \times (\text{공사비})^{-0.0229}$ 공사감리요율 = $3.4816 \times (\text{공사비})^{-0.0386} - 0.00084$			

비고 1. "건설부문"이란 엔지니어링기술진흥법시행령 별표1 기술부문 및 전문분야 구분표의 건설부문(농어업토목분야를 제외한다)과 산업관리부문 중 소방설비분야를 말한다.
2. "공사감리"란 비상주 감리를 말한다.
3. 5,000억원 초과의 경우 공식에 의해 산출된 요율은 소수점 셋째자리에서 반올림한다.
4. 기본설계, 실시설계 및 공사감리의 업무범위는 제14조와 같다.

【별표 2】 생략

【별표 3】 생략

【별표 4】엔지니어링기술자의 등급 및 자격기준

기준 / 구분	기술자격 및 경험기준	학력 및 경험기준
기 술 사	. 기술사(, 건축사 포함[1])	-
특급기술자	. 기사자격을 가진 자로서 10년 이상 해당기술분야의 업무를 수행한 자 . 산업기사자격을 가진 자로서 13년 이상 해당기술분야의 업무를 수행한 자	. 박사학위를 가진 자로서 3년 이상 해당기술분야의 업무를 수행한 자 . 석사학위를 가진 자로서 9년 이상 해당기술분야의 업무를 수행한 자, . 학사학위를 가진 자로서 12년 이상 해당기술분야의 업무를 수행한 자 . 전문대학을 졸업한 자로서 15년 이상 해당기술분야의 업무를 수행한 자
고급기술자	. 기사자격을 가진 자로서 7년 이상 해당기술분야의 업무를 수행한 자 . 산업기사자격을 가진 자로서 10년 이상 해당기술분야의 업무를 수행한 자	. 박사학위를 가진 자 . 석사학위를 가진 자로서 6년 이상 해당기술분야의 업무를 수행한 자, . 학사학위를 가진 자로서 9년 이상 해당기술분야의 업무를 수행한 자 . 전문대학을 졸업한 자로서 12년 이상 해당기술분야의 업무를 수행한 자 . 고등학교를 졸업한 자로서 15년 이상 해당기술분야의 업무를 수행한 자
중급기술자	. 기사자격을 가진 자로서 4년 이상 해당기술분야의 업무를 수행한 자 . 산업기사자격을 가진 자로서 7년 이상 해당기술분야의 업무를 수행한 자	. 석사학위를 가진 자로서 3년 이상 해당기술분야의 업무를 수행한 자, . 학사학위를 가진 자로서 6년 이상 해당기술분야의 업무를 수행한 자 . 전문대학을 졸업한 자로서 9년 이상 해당기술분야의 업무를 수행한 자 . 고등학교를 졸업한 자로서 12년 이상 해당기술분야의 업무를 수행힌 자
초급기술자	. 기사자격을 가진 자 . 산업기사자격을 가진 자	. 석사학위를 가진 자 . 학사학위를 가진 자 . 전문대학을 졸업한 자 . 고등학교를 졸업한 자로서 3년 이상 해당기술분야의 업무를 수행한 자

1) 엔지니어링사업대가의 기준은 엔지니어링기술진흥법에 의하여 정해지는데, 엄밀하게 말하자면 엔지니어링산업에 건축구조는 포함되나 건축설계는 포함되지 않는다. 그러나 그 사유가 '부적합'보다는 '누락'이라 판단하여 건축사를 기술사와 동일하게 적용하였다.

구분 \ 기준	기술자격 및 경험기준	학력 및 경험기준
고급기능사	. 기능장의 자격을 가진 자 . 산업기사자격을 가진 자로서 4년 이상 해당기능분야의 업무를 수행한 자 . 기능사자격을 가진 자로서 7년 이상 해당기능분야의 업무를 수행한 자 . 기능사보자격을 가진 자로서 10년 이상 해당기능분야의 업무를 수행한 자	. 기능대학 또는 전문대학을 졸업한 자로서 4년 이상 해당기능분야의 업무를 수행한 자 . 고등학교를 졸업한 자로서 7년 이상 해당기능분야의 업무를 수행한 자 . 직업훈련기관의 교육을 이수한 자로서 7년 이상 해당기능분야의 업무를 수행한 자 . 기능실기시험을 합격한 자로서 10년 이상 해당기능분야의 업무를 수행한 자
중급기능사	. 산업기사자격을 가진 자 . 기능사자격을 가진 자로서 3년 이상 해당기능분야의 업무를 수행한 자 . 기능사보자격을 가진 자로서 5년 이상 해당기능분야의 업무를 수행한 자	. 기능대학 또는 전문대학을 졸업한 자 . 고등학교를 졸업한 자로서 3년 이상 해당기능분야의 업무를 수행한 자 . 직업훈련기관의 교육을 이수한 자로서 5년 이상 해당기능분야의 업무를 수행한 자 . 기능실기시험을 합격한 자로서 5년 이상 해당기능분야의 업무를 수행한 자 . 기타 10년 이상 해당기능분야의 업무를 수행한 자
초급기능사	. 기능사자격을 가진 자 . 기능사보자격을 가진 자	. 고등학교를 졸업한 자 . 직업훈련기관의 교육을 이수한 자 . 기능실기시험을 합격한 자 . 기타 5년 이상 해당기능분야의 업무를 수행한 자

비고 1. 기술자란 엔지니어링기술진흥법 제2조제1호 및 같은 법 시행령 제2조에서 규정한 엔지니어링활동을 직접 수행하는 자로서, 제경비에 포함되어 있는 임원, 서무, 경리직원 등을 제외한 자를 말한다.

2. 한국과학기술원 기술용역기술사과정 이수자는 중급기술자로 한다.

3. 교육인적자원부장관이 동등한 학력이 있다고 인정하는 자는 학력경험의 기준에 따른다.

4. 해당기술(기능)분야의 업무를 수행한 자라 함은 엔지니어링기술진흥법 시행령 별표1의 기술부문 및 전문분야 구분표에 따른 해당 관련분야에 종사하여 실무경험이 있는 자를 말한다.

【별표 5】시공상세도작성비의 요율

공사비 \ 요율	시설물 난이도별 요율(%)		
	단순	보통	복잡
1억원 이하	1.31	1.46	1.61
2억원 이하	1.15	1.28	1.41
3억원 이하	1.06	1.18	1.30
5억원 이하	0.96	1.07	1.18
10억원 이하	0.85	0.94	1.03
20억원 이하	0.74	0.82	0.90
30억원 이하	0.68	0.76	0.84
50억원 이하	0.62	0.69	0.76
100억원 이하	0.54	0.60	0.66
200억원 이하	0.48	0.53	0.58
300억원 이하	0.44	0.49	0.54
500억원 이하	0.40	0.44	0.48
1,000억원 이하	0.35	0.39	0.43
2,000억원 이하	0.31	0.34	0.37
3,000억원 이하	0.28	0.31	0.34
5,000억원 이하	0.25	0.28	0.31
5,000억원 초과	단순공종요율 = 45.5535 × $(공사비)^{-0.1924}$ 보통공종요율 = 50.6135 × $(공사비)^{-0.1924}$ 복잡공종요율 = 55.6734 × $(공사비)^{-0.1924}$		

비고. 5,000억원 초과의 경우 공식에 의해 산출된 요율은 소수점 셋째자리에서 반올림한다.

【별표 6】시공상세도 1장당 단가 산출근거

작성 난이도	1장당 단가 산출근거
단 순	{(0.24 × 초급기술자 노임단가) + (0.49 × 중급기능사 노임단가)}
보 통	{(0.34 × 중급기술자 노임단가) + (0.70 × 중급기능사 노임단가)}
복 잡	{(0.20 × 고급기술자 노임단가) + (0.44 × 중급기술자 노임단가) + (0.91 × 중급기능사 노임단가)}

【별표 7】 생략

§ 공공발주사업에 대한 건축사의 업무범위 및 대가기준

(일부 하략)

국토해양부 국토정책국 건축기획과	
연 락 처	02) 2110 - 6209

국토해양부 고시 제 2009 - 129호

건축사법 제19조의3 규정에 따른 공공발주사업에 대한 건축사의 업무범위와 대가기준을 다음과 같이 제정하여 고시합니다.

2009년 3월 27일

국토해양부장관

공공발주사업에 대한 건축사의 업무범위와 대가기준

제1장 총 칙

제1조(목적) 이 기준은 건축사법(이하 "법"이라 한다) 제19조의3 규정에 따라 건축사의 건전한 육성과 건축설계 및 공사감리의 품질을 보장하기 위한 건축사의 업무범위와 대가기준을 정함을 목적으로 한다.

제2조(적용범위) 이 기준은 법 제19조의3 제1항 각 호의 자(이하 "발주자"라 한다)가 제5조에 따른 건축사의 업무를 발주하는 경우에 적용한다.

제3조(자료의 요청) 건축사는 발주자로부터 위탁받은 업무를 수행함에 있어서 필요시 다음 각 호의 자료를 발주자에게 요청할 수 있다.

1. 대지 및 건축물의 소유권, 소유권 이외의 권리에 관한 자료, 건축대지증명 또는 환지증명, 대지측량도와 지질 또는 지내력 검사서
2. 대지에 관한 급배수, 전기, 가스 등 시설의 현황을 표시하는 자료
3. 기타 업무수행에 필요한 자료

제4조(저작권) 건축사가 작성한 설계도서의 저작권은 저작권법이 정하는 바에 따른다.

제2장 건축사의 업무범위

제5조(업무의 범위) 제1조에 따른 건축사의 업무범위는 다음 각 호와 같다.

1. 설계업무
   가. 기획업무
   나. 건축설계업무
      1) 계획설계
      2) 중간설계
      3) 실시설계
   다. 사후설계관리업무
   라. 발주자의 요청이 있을 경우 다음의 각 업무
      1) 리모델링 설계업무
      2) 인테리어 설계업무
      3) 음향, 차음.빙음, 방진설계업무
      4) 3D 모델링업무
      5) 모형제작업무
      6) VE(Value Engineering)설계에 따른 업무
      7) Fast track 설계방식 업무
      8) 흙막이 상세도 작성업무(굴토깊이 10m이상)
2. 공사감리업무
   가. 건축법 시행령 제19조제5항의 규정에 따라서 수시 또는 필요한 때 공사현장에서 수행하는 감리업무
   나. 건축법 시행령 제19조제5항 각 호의 규정에 따라서 건축사보로 하여금 공사기간동안 공사현장에서 수행하는 감리업무
   다. 다중이용건축물, 아파트 및 기타 건축물로서 건축주의 요청으로 수행하는 책임감리업무
   라. 건축주의 요청이 있을 경우 다음의 각 업무
      1) 건축물의 사후관리 매뉴얼 작성 업무
      2) 건축물의 시후평기 업무
      3) 건설기술관리법 제2조제6호의 규정에 따른 설계감리 업무
3. 건설산업기본법 제26조에서 정하는 건축분야와 관련된 건설사업관리(CM)업무
4. 지구단위계획, 주택재건축 또는 도시환경정비사업을 위한 계획, 공원계획 등의 업무중 건축물과 건축물.도로.녹지 등 주변환경과의 관계를 입체적으로 계획을 하고 건축물과 주변시설들의 용도.규모.형태.색채 등의 설계기준을 작성하는 업무
5. 제1호 내지 제4호의 규정에 따른 업무외에 발주자로부터 요청을 받아 수행하는 다음 각 목의 업무
   가. 건축물의 조사 또는 감정에 관한 업무
   나. 건축물의 현장 조사 및 검사 등에 관한 업무
   다. 건축공사 준공도서를 작성하는 업무
   라. 종합계획도(Master Plan) 작성업무
   마. 건축공사 사업타당성 분석업무
   바. 건축물의 수명비용 분석 업무(Life Cycle Cost Analysis)
   사. 건축물의 분양관련 지원업무
   아. 기타 건축사가 참여하는 업무

제6조(설계업무) ① 건축사는 건축법, 설계도서의 작성기준 등 관계법령에서 정하는 바에 따라 설계업무를 수행하여야 한다.
② 제5조제1호의 "기획업무"란 건축물의 규모검토, 현장조사, 설계지침 등 건축설계 발주에 필요하여 발주자가 사전에 요구하는 설계업무로서 그 내용은 별표 1 과 같다.

③ 제5조제1호 나목의 설계업무는 다음과 같다.

1. "건축설계"는 다음과 같이 계획설계.중간설계 및 실시설계의 단계로 구분하며, 각 단계별 설계도서의 작성 내용은 별표 2 에 따른다.

가. "계획설계"라 함은 건축사가 제3조의 규정에 따라서 발주자로부터 제공된 자료와 제2항의 기획업무 내용을 참작하여 건축물의 규모, 예산, 기능, 질, 미관적 측면에서 설계목표를 정하고 가능한 해법을 제시하는 단계로서, 디자인 개념의 설정 및 연관분야(구조, 기계, 전기, 토목, 조경 등을 말한다. 이하 같다)의 기본시스템이 검토된 계획안을 발주자에게 제안하여 승인을 받는 단계를 말한다.

나. "중간설계(건축법 제11조제3항에 따른 기본설계도서를 포함한다. 이하 같다)"라 함은 계획설계 내용을 구체화하여 발전된 안을 정하고, 실시설계 단계에서의 변경 가능성을 최소화하기 위해 다각적인 검토가 이루어지는 단계로서, 연관분야의 시스템 확정에 따른 각종 자재, 장비의 규모, 용량이 구체화된 설계도서를 작성하여 발주자로부터 승인을 받는 단계를 말한다.

다. "실시설계"라 함은 중간설계를 바탕으로 하여 입찰, 계약 및 공사에 필요한 설계도서를 작성하는 단계로서, 공사의 범위, 양, 질, 치수, 위치, 재질, 질감, 색상 등을 결정하여 설계도서를 작성하며, 시공 중 조정에 대해서는 사후설계관리업무 단계에서 수행방법 등을 명시한다.

④ 제5조제1호 다목의 "사후설계관리업무"란 제3항제1호에 따른 건축설계가 완료된 후 공사시공 과정에서 건축사의 설계의도가 충분히 반영되도록 설계도서의 해석, 자문, 현장여건 변화 및 업체선정에 따른 자재와 장비의 치수.위치.재질.질감.색상 등의 선정 및 변경에 대한 검토.보완 등을 위하여 수행하는 설계업무를 말하며, 건축법 제72조제8항 및 동 법 시행령 제108조제3항에 따른 설계자의 업무를 포함한다.

⑤ 건축사가 발주자로부터 제5조제1호 나목의 건축설계업무를 일괄하여 위탁을 받거나 분리하여 위탁을 받은 경우의 각 단계별 업무비율은 건축설계의 특성을 고려하여 다음 각 호와 같이 구분한다.

1. 건축법 제11조에 따른 건축허가 또는 동법 제14조에 따른 건축신고만으로 건축이 가능한 건축물의 각 단계별 업무비율

구 분	업무비율(%)	
	일괄수행시	발주자의 요구에 따른 분리수행시
계획설계	20	25
중간설계	30	35
실시설계	50	50
계	100	110

2. 타법령에 따른 별도의 사업시행인가 등을 필요로 하는 관광숙박시설, 병원 건축물, 재개발.재건축사업 등의 각 단계별 업무비율

구 분	일괄수행시 업무비율(%)	발주자의 요구에 따른 분리수행시 업무비율(%)
계획설계	25	30
중간설계	30	35
실시설계	45	45
계	100	110

제7조(공사감리업무) ① 건축사는 제5조제2호에서 정하는 공사감리업무를 수행함에 있어 공사감리완료보고서를 작성하여 발주자에게 제출하고 사용승인신청서에 서명 날인함으로서 건축공사감리를 완료한다.

② 제5조제2호 나목에 따른 건축공사감리업무는 건축법 시행령 제19조제5항에 따른 건축분야의 건축사보 1인을 전체공사기간동안, 토목.전기 또는 기계분야의 건축사보 1인 이상이 각 분야별 해당 공사기간동안 각각 공사현장에서 수행하는 감리업무를 말한다.

제3장 건축사업무 대가의 산정

제8조(대가산출의 원칙) ① 대가는 다음 각 호에 따라서 산출하는 것을 원칙으로 한다.

1. 대가의 산출은 발주자가 사업의 특성 및 업무범위를 고려하여 공사비요율 또는 실비정액가산식을 적용하도록 한다.
2. 공사비요율을 적용할 경우 추가업무비용은 별도의 실비로 계상하도록 한다.
3. 부가가치세는 부가가치세법에서 정하는 바에 따라 계상한다.

② 발주자는 예술성과 상징성이 강한 건축물의 경우 그 업무의 특성상 제1항을 적용하기 어렵다고 판단하는 때에는 상호 협의에 따라서 별도의 대가를 추가로 정할 수 있다.

제9조(대가의 조정) ① 다음 각 호의 어느 하나에 해당되는 경우에는 대가를 조정할 수 있다.

1. 국가를 당사자로하는 계약에 관한법률 제19조의 규정에 따라 물가의 변동, 설계변경 기타 계약내용의 변경으로 인하여 계약금액을 조정할 필요가 있는 경우
2. 계약에 따라서 특별히 정한 경우

<공사비요율식(공사비비율방식)>

제10조(종별 구분과 도서작성 구분) ① 건축설계 및 건축공사감리 대가요율을 산정하는데 필요한 건축물의 종별은 별표 3 과 같이 건축물의 난이도에 따라 구분한다.

② 건축설계 대가요율 별표 4 를 적용함에 있어 필요한 도서작성 구분은 소규모 건축물 등과 같이 인.허가와 관련된 최소한의 설계도서만을 요구하는 경우에는 기본으로 하며, 공종별 공사비 산정을 위한 설계도서를 작성하는 경우에는 중급으로 하며, 중급에 비하여 세부적인 공사비 산정을 위한 구체적인 설계도서 작성을 요구하는 경우에는 상급으로 분류하고 도서작성구분에 따른 세부적인 설계도서의 내용은 별표 2 와 같다.

제11조(설계업무 대가의 산정) ① 제5조제1호 가목의 규정에 따른 기획업무의 대가는 별표 1 의 기획업무내용에 따라 제2항에 따라서 산출된 설계대가의 3% 이상 8% 이하의 범위내에서 별도로 산정한다.

② 제5조제1호 나목의 규정에 따른 건축설계업무의 대가는 별표 4 를 적용하여 산정한다. 다만, 다음 각 호에 해당하는 경우에는 각 호의 규정에 따라서 산정한다.

1. 하나의 대지(건축법 제2조제1항 제1호의 규정에 따른 대지를 말한다. 이하 같다)안에 각기 규모 및 구조가 다른 2동 이상의 건축물을 신축하는 경우의 설계업무대가는 각 동마다 제2항 본문의 규정에 따라서 산출한 대가를 합산한 것으로 한다.
2. 하나의 대지 안에 동일한 설계에 따라서 2동 이상의 건축물을 신축하는 설계업무의 대가는 다음 식에 따라서 산정한다.

   대 가 = A (1 + 1/2 + 1/3 .....+ 1/n)

   A : 1동의 건축설계 대가

   n : 동일한 설계에 따른 동수
3. 1동의 건축물에 2이상의 용도가 혼용되어 별표 3 에서 정한 건축물의 종별이 2이상인 경우에는 각 종별에 해당하는 면적 중 가장 넓은 바닥면적을 가진 건축물의 종별을 적용하며, 각 종별에 해당하는 바닥면적이 동일한 경우에는 그 중 높은 건축물의 종별을 적용한다.
4. 전통양식설계업무는 제2항 본문의 규정에 따라서 산출된 대가의 1.5배를 적용하여 산정하되 별표 3 에 따른 건축물의 종별구분은 제3종 중급을 적용한다.

③ 제5조제1호 다목의 규정에 따른 사후설계관리업무의 대가는 제18조의 규정에 따른 실비정액가산식에 따라서 산정한다.

④ 제5조제1호 라목의 규정에 따른 설계업무대가의 산정은 다음 각 호와 같다.

1. 제5조제1호 라목 1) 및 2)의 설계업무의 대가는 제2항에 따라서 산정된 대가의

1.5배를 적용한다.

2. 제5조제1호 라목 3) 내지 8)의 설계업무의 대가는 제18조의 규정에 따른 실비정액가산식에 따라서 산정한다.

⑤ 건축허가를 득한 건축물의 설계를 변경(면적, 구조, 용도, 면적, 설비, 내.외장재등을 변경하는 것을 말한다)하는 경우의 대가는 제18조의 규정에 따른 실비정액가산방식에 따라서 산정한다.

제12조(건축설계업무 대가의 지불방법) 발주자는 건축사에게 제6조제5항에 따른 건축설계의 단계별 업무비율에 해당하는 대가를 구분하여 지급한다.

제13조(건축설계업무대가의 증액) 건축설계업무대가와 관련하여 다음 각 호의 어느 하나에 해당하는 경우에는 제11조의 규정에 따라서 산정된 대가에 건축설계업무의 특성을 고려하여 금액을 증액할 수 있다.

1. 발주자가 건축사에게 건축설계를 위탁하되 구조, 토목, 기계, 전기, 조경 등을 분리수행 하도록 위탁하고 건축사에게 건축설계업무와 관련하여 전체를 종합 조정하게 하는 경우에는 분리수행 하도록 위탁한 설계대가의 20%를 증액한다.
2. 건축설계도서의 작성에 있어 외국어를 사용하거나 병용하는 경우에는 업무 범위에 따라 발주자와 협의하여 정하는 금액을 증액한다.
3. 외국에서 건축하는 건축설계업무의 경우에는 각 국가의 현지여건에 따라 발주자와 협의하여 정하는 금액을 증액한다.

제14조(공사감리업무의 대가산정) ① 제5조제2호 가목의 규정에 따른 건축공사감리업무 대가는 별표 5 를 적용하여 산정한다.

② 제5조제2호 나목 및 라목의 공사감리업무의 대가는 제18조의 규정에 따른 실비정액가산식에 따라서 산정한다.

제15조(건설사업관리업무 등의 대가산정) 제5조제3호 부터 제5호까지의 규정에 따른 건설사업관리업무 등의 대가는 제18조의 규정에 따른 실비정액가산식에 따라서 산정한다.

제16조(공사비 중간에 있을 때의 요율) 별표 4 및 별표 5 의 기준에 따라서 대가를 산정함에 있어 공사비가 중간부분에 있는 경우의 요율은 직선보간법에 따라서 다음과 같이 산정한다.

$$Y = y1 - \frac{(X - x2)\ (y1 - y2)}{x1 - x2}$$

X : 당해 금액	x1 : 큰 금액	x2 : 작은 금액
Y : 당해 공사비요율	y1 : 작은 금액 요율	y2 : 큰 금액 요율

제17조(공사비 5,000억원 이상의 요율) 공사비 5,000억원 이상의 요율은 다음의 공식에 따라서 산출한다.

$$요\ 율 = \frac{평균급여액 \times 소요인원(1 + 제비율)}{공사비}$$

.평균급여액 : 설계.감리업무 등에 참여하는 건축사, 건축사보, 보조원, 사무원 등의 평균 급여액

.제 비 율 : 제18조에서 정하는 제경비와 창작 및 기술료를 합산한 비율

<실비정액가산식(실비정액보수가산방식)>

제18조(실비정액가산식에 따른 대가산정) 실비정액가산식에 따른 대가는 다음 산정방법에

따라서 산출한다.

대 가 = 직접비(직접인건비 + 직접경비) + 제경비 + 창작 및 기술료

1. 직접비(직접인건비 + 직접경비)
   가. "직접인건비"라 함은 당해업무에 직접 종사하는 건축사등의 인건비로서 투입된 인원수에 노임단가를 곱하여 계산한다. 이 경우 등급별 노임단가에는 기본급, 제수당, 상여금, 퇴직급여충당금, 회사가 부담하는 산업재해보상보험료 등을 포함하며, 노임단가는 엔지니어링기술진흥법 제12조의 규정에 따라서 설립한 한국엔지니어링진흥협회가 통계법에 따라서 조사.공표한 가격으로 하되, 건축사 및 건축사보의 노임단가는 기술사 및 기술자의 노임단가에 준한다.
   나. "직접경비"라 함은 당해업무 수행에 필요한 여비(건축주의 여비는 제외함), 특수자료비(특허, 노하우 등의 사용료), 제출도서의 인쇄 및 청사진비, 관계 전문기술자에 대한 자문비 또는 위탁비와 현장 운영경비(직접인건비에 포함되지 아니한 보조요원의 급여와 현장사무실의 운영비를 말한다)등으로서 그 실제 소요비용을 말한다.
2. "제경비"라 함은 직접비에 포함되지 아니하는 비용으로서 간접비를 말하며, 임원, 서무, 경리직원 등의 급여, 사무실비, 사무용 소모품비, 비품비, 기계기구의 수선 및 상각비, 통신운반비, 회의비, 공과금, 운영활동비용 등을 포함한 것으로써 직접인건비의 110%부터 120%까지로 계산한다.
3. "창작 및 기술료"라 함은 건축물과 공간환경의 질적 향상을 위한 종합기획 및 창작, 건축사가 개발.보유한 기술의 사용 및 기술축적을 위한 대가로서 조사연구비, 기술개발비, 기술훈련비 및 이윤 등을 포함한 것으로써, 직접인건비에 제경비를 합한 금액의 20%부터 40%까지로 한다.

부 칙

제1조 (시행일) 이 기준은 2009년 3월 27일부터 시행한다.
제2조 (다른 기준의 폐지) 건축사 용역의 범위와 대가기준(건설교통부 공고 제2002-270호, 2002.10.15)은 이를 폐지한다.

[별표 1] 기획업무

업무의 내용			대가의 구분		
			Ⅰ	Ⅱ	Ⅲ
규모검토서 (공간계획)	법규검토	대지 및 건축물의 규모, 용도 등을 개략적으로 검토하기 위한 법규검토	○	○	○
	개략배치도	건축물의 개략배치	○	○	○
	대지종횡단면도	대지의 경사 및 건축물과 관계표시	○	○	○
	개략 평면도	1층 및 기준층 평면도	○	○	○
		각층 평면도		○	○
	개략 단면도	층수 층고표시의 개략 단면	○	○	○
현장조사	대지 및 주변현황 확인	대지상태, 주변건축물	○	○	○
	대지 및 주변현황 분석	교통, 수목, 시각분석, 기후분석		○	○
	사용자 조사	면담, 행태조사, 회의		○	○
	기존 시설물 분석	설계도서, 설비용량		○	○
설계지침서		용역대상 및 범위, 계약조건		○	○
		설계목표, 제한, 성능, 요구, 개념		○	○
		공간프로그램, 운영프로그램			○
		공사관련 예산서 작성			○
프로젝트공정표		심의.허가 등 설계공정 및 기타 공정			○
기존유사건물조사비교		규모, 층수, 용도비교			○
		마감재, 시설비교			○
		공사비 비교			○

※대가의 구분 : Ⅰ - 3%, Ⅱ - 5%, Ⅲ - 8%

[별표 2] 건축설계에서의 도서작성

① 계획설계의 도서내용

종 류		내 용	도서작성의 구분		
			기본	중급	상급
건축	공사비 개산서	재료.장비선정에 따른 개략 공사비			○
	법규검토	제반법규검토, 인허가절차 파악	○	○	○
		설계구상안	○	○	○
	건축계획서	설계개요	○	○	○
		배치계획		○	○
		평면계획		○	○
		입면계획		○	○
		단면계획		○	○
		외장재료 비교 분석			○
	모형	Sketch 또는 Study Model		○	○
	건축 도면	배치도	○	○	○
		대지 종.횡단면도	○	○	○
		각층 평면도	○	○	○
		입면도(2면 이상)	○	○	○
		단면도(종.횡단면도)	○	○	○
	심의 도서	심의대상인 경우			○
구조	구조계획서	구조계획개요		○	○
		기본 구조적용 시스템 및 대안, 경제적 타당성 검토			○
	심의 도서	구조심의 대상인 경우			○
기계	기계설비 계획서	건축주 요구사항의 수용여부와 설계방침의 확정		○	○
		기계설비 계획개요		○	○
		각종 개통도 및 zoning 계획			○
		적용 시스템 비교 검토			○
		개략 공사비 추정			○
	심의 도서	심의 대상인 경우			○
전기	전기설비 계획서	해당 법규 검토		○	○
		설계방향 설정, 전기설비계획개요		○	○
		추정 부하 산정			○
		개략 예산 검토			○
	심의 도서	심의 대상인 경우			○
토목	토목계획서	개략 흙막이 계획서			○
		흙막이 계획도			○
		우.오수처리계획서와 상수계획서			○
		예상공사비 계산서			○
조경	조경계획서	녹지 및 공개공지 계획도			○
		식재 계획도		○	○
		시설물 계획 및 포장계획도			○
	심의 도서	심의 대상인 경우		○	○
방재	심의 도서	법규체크리스트 및 소방개략계획서			○

② 중간설계의 도서내용
가. 건 축

종 류		내 용	도서작성의 구분		
			기본	중급	상급
일반사항	개략 시방서	공사용 시방서(초안)			○
	공사비 개산서	기본설계 적용기준에 따라 개략공사비를 산정, 작성			○
	건축 계획서	공사개요(위치, 대지면적등)	○	○	○
		건축물규모(건축면적,연면적,높이,층수등)	○	○	○
		건축물 용도별 면적, 주차장규모	○	○	○
		배치계획			○
		주차 및 동선계획			○
		평·입·단면 계획			○
	법규 검토서	관련사항에 따른 법규검토	○	○	○
도면	도면 목록표	공종 구분해서 분류 작성		○	○
	안내도	방위, 도로, 대지주변 지물의 정보 수록		○	○
	구적도	대지면적에 대한 기술		○	○
	실내재료마감표	바닥, 벽, 천정 등 실내마감		○	○
	배치도	축척 및 방위, 건축선, 대지경계선 및 대지가 정하는 도로의 위치와 폭, 건축선 및 대지경계선으로부터 건축물까지의 거리, 신청건물과 기존건물과의 관계, 대지의 고저차, 부대시설물과의 관계	○	○	○
	주차 계획도	법정 주차대수와 주차 확보대수의 대비표, 주차배치도 및 차량 동선도 차량진출입 관련위치 및 구조	○	○	○
		옥외 및 지하 주차장 도면	○	○	○
	각층 및 지붕 평면도	기둥·벽·창문 등의 위치 및 복도, 계단, 승강기 위치	○	○	○
		방화 구획 및 방화벽의 위치	○	○	○
	입면도(2면 이상)	주요내외벽, 중심선 또는 마감선 칫수, 외부마감재료	○	○	○
	단면도(종.횡단면도)	건축물 최고높이, 각층의 높이, 반자높이	○	○	○
		천정내 배관 공간, 계단등의 관계를 표현	○	○	○
	투시도	투시도 또는 조감도		○	○

종 류			내 용	도서작성의 구분		
				기본	중급	상급
상세도	수직동선상세도	코아 상세도	코아 내의 각종 설비관련 시설물의 위치			○
		계단평면 . 단면 상세도			○	○
		주차경사로 평 . 단면상세도				○
		주차리프트 평.단면상세도				○
	부분상세도	지상층 외벽 평 . 입 . 단면도			○	○
		지하층 부분 단면 상세도			○	○
	천정도	천정 평면도				○
	창호도	창호 평면도				○
		창호 잡철물	각 창호에 적용되는 철물			○
기타	정화조	정화조 평면 . 단면도		○	○	○
		용량 계산서		○	○	○
	특수분야 계획검토	차음 . 방음, 방진				○
		무대 . 조명				○
		전시 . 미술장식품				○
		분수				○
		주방				○
		음향				○

나. 구 조

종 류		내 용	도서작성의 구분		
			기본	중급	상급
일반사항	개략 시방서	구조 일반 시방 및 특기시방서(초안) 작성			○
	구조 계산서			○	○
	설계 설명서			○	○
도면	기초 일람표		○	○	○
	구조 평면도	기초에서 옥탑까지 작성	○	○	○
	가구도	골조의 단면상태를 표현하는 도면으로 골조의 상호 연관관계를 표현			○
	앵커배치도 및 BASE PLATE 설치도				○
	기둥 일람표		○	○	○
	보 일람표		○	○	○
	슬래브 일람표		○	○	○
	옹벽 일람표			○	○
	계단배근 일람표			○	○
	잡배근 일람표				○
	주심도			○	○

다. 기 계

종 류		내 용	도서작성의 구분		
			기본	중급	상급
일반사항	개략 시방서	기계일반시방 및 특기시방서(초안) 작성			○
	개략 공사비 계산서	각 공종별 단위면적당 공사비개념으로 개략 산정			○
	설계 설명서	계획설계시의 내용을 발전 확정		○	○
	개략부하 계산서	설계기준에 따라 단위면적당 부하를 기준			○
	각종 장비 선정서	부하 분석에 따른 적정 장비 선정			○
	에너지 심의서류	에너지 절약계획서 및 기타 서류			○
	소방시설 계획서	건물종별, 규모별, 층별 소방시설 계획에 관한 종합적 서류	○	○	○
도면	도면 목록표			○	○
	소방 설비도	해당 소방관련 설비	○	○	○
	장비 일람표	규격, 수량을 상세히 기록			○
	장비 배치도	기계실, 공조실등의 장비배치방안 계획		○	○
	계통도	공조배관설비 계통도		○	○
		DUCT설비 계통도		○	○
		위생설비 계통도		○	○
		소화 설비 계통도	○	○	○
	기준층 및 주요층 기구 평면도	공조배관설비 평면도			○
		DUCT설비 평면도			○
		위생,설비 평면도			○
		소화 설비 평면도	○	○	○
	저수조 및 고가수조	저수조 및 고가수조의 설치기준을 표시		○	○
	설비용 핏트 평면 상세도	설비용 핏트 상세 및 배치계획도면			○
	도시가스 인입 확인	도시가스 인입지역에 한해서 조사, 확인	○	○	○
	기구 상세도	기구의 선정		○	○

라. 전 기

종 류		내 용	도서작성의 구분		
			기본	중급	상급
일반 사항	개략 시방서	전기 일반 시방 및 특기시방서(초안) 작성			○
	공사비 계산서	공종별 단위 면적당 개략 공사비			○
	설계 설명서	계획설계시의 내용을 발전 확장		○	○
	각종 부하계산서	용도별 조도, 부하계산서 작성			○
	소방시설 계획표	각종 설치시설에 대한 계획표	○	○	○
도면	도면 목록표			○	○
	배치도	옥외조명 설비 평면도			○
	계통도	전력 계통도		○	○
		조명 계통도			○
		통신 계통도			○
		소방 계통도	○	○	○
	평면도	조명 평면도			○
		소방 평면도	○	○	○
	상세도	조명기구의 선정		○	○

마. 토 목

종 류		내 용	도서작성의 구분		
			기본	중급	상급
일반사항	개략 시방서	토목 일반시방 및 특기시방서(초안) 작성			○
	개략 공사비 계산서	기본설계 도서에 따라 개략공사비 산정			○
	설계 설명서			○	○
도면	도면 목록표			○	○
	각종 평면도	주요시설물 계획		○	○
	대지 종.횡 단면도		○	○	○
	토공사 계획도				○
	포장계획 평.단면도			○	○
	보도블럭 평면도				○
	담장 계획도				○
	우.오수배수처리 평.종단면도			○	○
	상하수 계통도	우.오수배수처리 구조물 위치 및 상세도 공공하수도와의 연결방법, 상수도 인입계획, 정화조의 위치	○	○	○

바. 조경공사

종 류		내 용	도서작성의 구분		
			기본	중급	상급
일반 사항	개략 시방서	일반 시방 및 특기시방서(초안) 작성			○
	개략 공사비 계산서	기본설계 도서에 따라 개략공사비 산정			○
	설계 설명서			○	○
도면	도면 목록표			○	○
	조경 배치도	법정 면적과 계획면적의 대비, 조경계획 및 식재 상세도	○	○	○
	식재 평면도			○	○
	단면도			○	○

③ 실시설계의 도서내용

가. 건 축

<table>
<tr><th colspan="3" rowspan="2">종 류</th><th rowspan="2">축 적</th><th colspan="3">도서작성의 구분</th></tr>
<tr><th>기본</th><th>중급</th><th>상급</th></tr>
<tr><td rowspan="5">일반 사항</td><td colspan="2">공사 시방서</td><td></td><td>○</td><td>○</td><td>○</td></tr>
<tr><td colspan="2">설개 개요</td><td></td><td>○</td><td>○</td><td>○</td></tr>
<tr><td colspan="2">각 공종별 공사비 내역서</td><td></td><td></td><td>○</td><td>○</td></tr>
<tr><td colspan="2">각종 계산서</td><td></td><td>○</td><td>○</td><td>○</td></tr>
<tr><td colspan="2">심의에서 각종 인허가 관련자료</td><td></td><td>○</td><td>○</td><td>○</td></tr>
<tr><td rowspan="13">일반 도면</td><td colspan="2">표지</td><td></td><td>○</td><td>○</td><td>○</td></tr>
<tr><td colspan="2">도면 목록표</td><td></td><td>○</td><td>○</td><td>○</td></tr>
<tr><td colspan="2">안내도</td><td></td><td>○</td><td>○</td><td>○</td></tr>
<tr><td colspan="2">구적도</td><td></td><td>○</td><td>○</td><td>○</td></tr>
<tr><td colspan="2">지적도</td><td></td><td>○</td><td>○</td><td>○</td></tr>
<tr><td colspan="2">면적 산출표</td><td></td><td>○</td><td>○</td><td>○</td></tr>
<tr><td colspan="2">대지 종.횡단면도</td><td></td><td>○</td><td>○</td><td>○</td></tr>
<tr><td colspan="2">배치도</td><td>1/100이상</td><td>○</td><td>○</td><td>○</td></tr>
<tr><td colspan="2">주차 계획도</td><td>1/100이상</td><td></td><td>○</td><td>○</td></tr>
<tr><td colspan="2">평면도</td><td>1/100이상</td><td>○</td><td>○</td><td>○</td></tr>
<tr><td colspan="2">입면도(2면 이상)</td><td>1/100이상</td><td>○</td><td>○</td><td>○</td></tr>
<tr><td colspan="2">단면도(종.횡단면도 등)</td><td>1/100이상</td><td>○</td><td>○</td><td>○</td></tr>
<tr><td colspan="2">실내벽 및 반자의 마감도</td><td>1/100이상</td><td>○</td><td>○</td><td>○</td></tr>
<tr><td rowspan="5">상세 도면</td><td rowspan="5">수직 동선
관련
상세도</td><td>코아 평면상세도</td><td>1/5 ~ 1/50</td><td></td><td>○</td><td>○</td></tr>
<tr><td>계단 평.단면상세도</td><td>1/5 ~ 1/50</td><td>○</td><td>○</td><td>○</td></tr>
<tr><td>승강기.샤프트 평.단면상세도</td><td>1/5 ~ 1/50</td><td></td><td>○</td><td>○</td></tr>
<tr><td>주차 경사로 평.단면상세도</td><td>1/5 ~ 1/50</td><td></td><td>○</td><td>○</td></tr>
<tr><td>주차 리프트 평.단면상세도</td><td>1/5 ~ 1/50</td><td></td><td>○</td><td>○</td></tr>
</table>

종 류			축 적	도서작성의 구분		
				기본	중급	상급
상세 도면	부분 상세도	주요부분 상세도	1/5 ~ 1/50	○	○	○
		주출입구부분 평,입,단면상세도	1/5 ~ 1/50			○
		부출입구부분 평,입,단면상세도	1/5 ~ 1/50			○
		샷다 상세도	1/5 ~ 1/50			○
		핏트 상세도	1/5 ~ 1/50			○
		발코니 상세도	1/5 ~ 1/50		○	○
		출입구 상세도	1/5 ~ 1/50		○	○
		지상층 외벽 입면.단면 상세도	1/5 ~ 1/100		○	○
		지하층 단면 상세도	1/5 ~ 1/100			○
		주요부분 내벽 상세도	1/5 ~ 1/100			○
	창호도	창호 일람표	1/5 ~ 1/50		○	○
		창호 평면도	1/5 ~ 1/50		○	○
		창호 상세도	1/5 ~ 1/50			○
		창호 입면도	1/5 ~ 1/50			○
		창호 잡철물 목록	1/5 ~ 1/50			○
	천정도	각층 천정 평면도	1/5 ~ 1/50			○
		천정 상세도	1/5 ~ 1/50			○
		부분 상세도	1/5 ~ 1/50			○
		천장 관련 설치 상세도	1/5 ~ 1/50			○
	내부 상세도	로비바닥 패턴도	1/5 ~ 1/50			○
		로비 전개도	1/5 ~ 1/50			○
		주요실 전개도	1/5 ~ 1/50			○
		승강기 HALL 전개 상세도	1/5 ~ 1/50			○
		화장실 전개 상세도	1/5 ~ 1/50			○
		칸막이 전개도 및 상세도	1/5 ~ 1/100			○
	실내부위	실내미감 상세도	1/5 ~ 1/50			○
	부품도	각 부품도	1/2 ~ 1/50			○
기타	정화조	건축용 평.단면도	1/5 ~ 1/100		○	○
		각종 설비도				○
		계산서				○
	특수분야 도면	소음.방진, 무대.조명, 주방, 음향, 전시, 미술장식품 등		별도대가업무		

나. 구 조

<table>
<tr><th colspan="3" rowspan="2">종 류</th><th rowspan="2">축 적</th><th colspan="3">도서작성의 구분</th></tr>
<tr><th>기본</th><th>중급</th><th>상급</th></tr>
<tr><td rowspan="3">일반 사항</td><td colspan="2">구조계산서 (법령에 의거 작성을 요하는 건축물)</td><td></td><td>○</td><td>○</td><td>○</td></tr>
<tr><td colspan="2">시방서</td><td></td><td>○</td><td>○</td><td>○</td></tr>
<tr><td colspan="2">설계 설명서</td><td></td><td></td><td>○</td><td>○</td></tr>
<tr><td rowspan="12">도면</td><td colspan="2">도면 목록표</td><td></td><td>○</td><td>○</td><td>○</td></tr>
<tr><td colspan="2">구조 평면도</td><td>1/30 ~ 1/200</td><td>○</td><td>○</td><td>○</td></tr>
<tr><td colspan="2">구조 단면도</td><td>1/30 ~ 1/200</td><td>○</td><td>○</td><td>○</td></tr>
<tr><td colspan="2">기초일람표</td><td>1/30 ~ 1/100</td><td>○</td><td>○</td><td>○</td></tr>
<tr><td colspan="2">앵커배치도 및 BASE PLATE 설치도</td><td>1/30 ~ 1/100</td><td></td><td>○</td><td>○</td></tr>
<tr><td colspan="2">기둥 일람표</td><td>1/30 ~ 1/100</td><td>○</td><td>○</td><td>○</td></tr>
<tr><td colspan="2">보 일람표</td><td>1/30 ~ 1/100</td><td>○</td><td>○</td><td>○</td></tr>
<tr><td colspan="2">슬래브 일람표</td><td>1/30 ~ 1/100</td><td>○</td><td>○</td><td>○</td></tr>
<tr><td colspan="2">옹벽 일람표</td><td>1/30 ~ 1/100</td><td>○</td><td>○</td><td>○</td></tr>
<tr><td colspan="2">계단배근 일람표</td><td>1/30 ~ 1/100</td><td>○</td><td>○</td><td>○</td></tr>
<tr><td colspan="2">잡배근 일람표</td><td>1/30 ~ 1/100</td><td>○</td><td>○</td><td>○</td></tr>
<tr><td colspan="2">주심도</td><td>1/30 ~ 1/200</td><td>○</td><td>○</td><td>○</td></tr>
<tr><td rowspan="16">상세 도</td><td rowspan="3">계단 및 코아 상세도</td><td>계단 상세도</td><td>1/30 ~ 1/50</td><td>○</td><td>○</td><td>○</td></tr>
<tr><td>경사로 상세도</td><td>1/30 ~ 1/50</td><td>○</td><td>○</td><td>○</td></tr>
<tr><td>코아 상세도</td><td>1/30 ~ 1/50</td><td>○</td><td>○</td><td>○</td></tr>
<tr><td rowspan="6">접합 상세도</td><td>기둥접합 상세도</td><td>1/5 ~ 1/50</td><td>○</td><td>○</td><td>○</td></tr>
<tr><td>보접합 상세도</td><td>1/5 ~ 1/50</td><td>○</td><td>○</td><td>○</td></tr>
<tr><td>BRACE접합 상세도</td><td>1/5 ~ 1/50</td><td>○</td><td>○</td><td>○</td></tr>
<tr><td>DECK PLATE 설치도</td><td>1/5 ~ 1/50</td><td>○</td><td>○</td><td>○</td></tr>
<tr><td>STUD BOLT 설치도</td><td>1/5 ~ 1/50</td><td>○</td><td>○</td><td>○</td></tr>
<tr><td>ANCHOR BOLT 상세도</td><td>1/5 ~ 1/50</td><td>○</td><td>○</td><td>○</td></tr>
<tr><td colspan="2">잡 상세도</td><td>1/5 ~ 1/50</td><td></td><td></td><td>○</td></tr>
<tr><td colspan="2">가구도</td><td>1/5 ~ 1/50</td><td></td><td></td><td>○</td></tr>
<tr><td colspan="2">각부구조 상세도</td><td>1/5 ~ 1/50</td><td></td><td></td><td>○</td></tr>
<tr><td rowspan="4">기타 상세도</td><td>보 OPENING 위치도</td><td>1/5 ~ 1/50</td><td></td><td></td><td>○</td></tr>
<tr><td>캐노피</td><td>1/5 ~ 1/50</td><td></td><td></td><td>○</td></tr>
<tr><td>파라펫</td><td>1/5 ~ 1/50</td><td></td><td></td><td>○</td></tr>
<tr><td>TRUSS</td><td>1/5 ~ 1/50</td><td></td><td></td><td>○</td></tr>
</table>

다. 기 계

종 류		내 용	축 적	도서작성의 구분		
				기본	중급	상급
일반사항	시방서	당해 공사에 요구되는 일반 및 특기사항을 상세히 기술		○	○	○
	공사비 내역서	시방 및 도면에 따라 세부공사비를 산정하여 작성			○	○
	부하 계산서	설계기준에 따라 세부 부하 계산		○	○	○
	설계 설명서	설계과정에서 확정된 내용 정리			○	○
도면	도면 목록표	도면목차, 번호등을 알아보기 쉽도록 표기		○	○	○
	장비 일람표	주요장비의 사항을 알아보기쉽도록 표기			○	○
	옥외배관 평면도	옥외에서의 급배수, 도시가스, 유틸리등의 인입, 인출과 관경 및 위치등을 표시	1/100이상	○	○	○
	각 설비 계통도	각 설비별 계통 표시		○	○	○
	각 설비 평면도	공조, 환기, 위생, 소화설비등에 대한 내용등을 표시	1/100이상	○	○	○
	기계실 및 공조실 확대평면도	각 설비별 기계실 배관에 대한 확대평면도	1/5 ~ 1/50			○
	화장실확대평면 상세도	화장실 배관등에 대한 확대평면	1/5 ~ 1/50			○
	저수조, 고가수조 배치 및 상세도	설치기준을 표시, 평.단면도	1/5 ~ 1/50			○
	설비용핏트 상세도	설치 및 유지보수등을 위한 적절한 공간 검토 확인	1/5 ~ 1/50			○
	연도 상세도	보일러 및 발전기등의 연도상세	1/5 ~ 1/50			○
	각종 장비 상세도		1/5 ~ 1/50			○
	자동제어도면 (별도)	구성도				○
		장비,밸브,관제점,패널 일람표				○
		계통도 및 평면도				○

라. 전 기

종 류		내 용	축 적	도서작성의 구분		
				기본	중급	상급
일반 사항	시방서	당해 공사에 요구되는 일반 및 특기사항을 상세히 기술		○	○	○
	공사비 내역서	물량산출 및 내역서			○	○
	각종 부하 계산서	변압기용량, 부하, 조도, 발전기 용량		○	○	○
	설계 설명서				○	○
	도면 목록표	도면 목차, 번호등을 알아보기 쉽도록 표기		○	○	○
	장비 일람표	주요장비의 사양을 표기			○	○
도면	도면 목록표	도면목차, 번호 등을 알아보기 쉽도록 표기		○	○	○
	인입 배치도	전력 배치도	1/100이상	○	○	○
		통신 배치도	1/100이상	○	○	○
		소방 배치도	1/100이상	○	○	○
	계통도	전력간선 계통도			○	○
		통신 계통도				○
		소방계통도			○	○
	평면도	전기실 장비설치 평면도	1/100이상		○	○
		기계실 장비설치 평면도	1/100이상		○	○
		전력 설비 평면도	1/100이상	○	○	○
		조명 설비 평면도	1/100이상		○	○
		통신 설비 평면도	1/100이상	○	○	○
		방범 설비 평면도	1/100이상		○	○
		소방 설비 평면도	1/100이상	○	○	○
		방송 설비 평면도	1/100이상		○	○
	상세도	조명기구 상세도	1/5이상			○
		설비용 핏트 상세도	1/5이상			○
		피뢰침 상세도	1/5이상			○
		접지 설비 상세도	1/5이상			○
		TV안테나 설치 상세도	1/5이상			○

마. 토 목

<table>
<tr><th colspan="2" rowspan="2">종 류</th><th rowspan="2">내 용</th><th rowspan="2">축 적</th><th colspan="3">도서작성의 구분</th></tr>
<tr><th>기본</th><th>중급</th><th>상급</th></tr>
<tr><td rowspan="3">일반 사항</td><td>공사 시방서</td><td>당해 공사에 요구되는 일반 및 특기사항을 상세히 기술</td><td></td><td>○</td><td>○</td><td>○</td></tr>
<tr><td>공사비 내역서</td><td>시방 및 도면에 따라 세부 공사비를 산정하여 작성</td><td></td><td></td><td>○</td><td>○</td></tr>
<tr><td>설계 설명서</td><td></td><td></td><td></td><td></td><td>○</td></tr>
<tr><td rowspan="14">도면</td><td>주요 평면도</td><td></td><td>필요축척</td><td>○</td><td>○</td><td>○</td></tr>
<tr><td>대지종.횡 단면도</td><td></td><td>필요축척</td><td>○</td><td>○</td><td>○</td></tr>
<tr><td>토공사 평.단면도</td><td></td><td>1/5~1/100</td><td></td><td>○</td><td>○</td></tr>
<tr><td>흙막이 상세도</td><td>굴토깊이 10M 미만</td><td>1/5~1/50</td><td>○</td><td>○</td><td>○</td></tr>
<tr><td>포장 상세도</td><td></td><td>1/5~1/50</td><td></td><td></td><td>○</td></tr>
<tr><td>보도블럭 및 측구 상세도</td><td></td><td>1/5~1/100</td><td></td><td></td><td>○</td></tr>
<tr><td>옹벽 평.단면 전개도</td><td></td><td>1/5~1/100</td><td>○</td><td>○</td><td>○</td></tr>
<tr><td>옹벽 상세도</td><td></td><td>1/5~1/100</td><td>○</td><td>○</td><td>○</td></tr>
<tr><td>담장 입.단면도</td><td></td><td>1/5~1/100</td><td></td><td></td><td>○</td></tr>
<tr><td>담장 상세도</td><td></td><td>1/5~1/100</td><td></td><td></td><td>○</td></tr>
<tr><td>방음벽 상세도</td><td></td><td>1/5~1/100</td><td></td><td></td><td>○</td></tr>
<tr><td>지하매설 구조물 현황</td><td></td><td></td><td>○</td><td>○</td><td>○</td></tr>
<tr><td>우.오수 배수 상세도</td><td>우.오수배수 처리 노선 상세도(평면도, 종.횡단면도) 및 구조물 상세도</td><td>1/5~1/100</td><td></td><td></td><td>○</td></tr>
</table>

바. 조 경

<table>
<tr><th colspan="2" rowspan="2">종 류</th><th rowspan="2">내 용</th><th rowspan="2">축 적</th><th colspan="3">도서작성의 구분</th></tr>
<tr><th>기본</th><th>중급</th><th>상급</th></tr>
<tr><td rowspan="3">일반 사항</td><td>공사 시방서</td><td>당해 공사에 요구되는 일반 및 특기사항을 상세히 기술</td><td></td><td>○</td><td>○</td><td>○</td></tr>
<tr><td>공사비 내역서</td><td>물량산출 및 내역서</td><td></td><td></td><td>○</td><td>○</td></tr>
<tr><td>설계 설명서</td><td></td><td></td><td></td><td>○</td><td>○</td></tr>
<tr><td rowspan="12">도면</td><td>도면 목록표</td><td>도면 목차, 번호등을 알아보기 쉽도록 표기</td><td></td><td>○</td><td>○</td><td>○</td></tr>
<tr><td>배치도</td><td>공사계획 및 시설물배치도</td><td>1/100이상</td><td>○</td><td>○</td><td>○</td></tr>
<tr><td rowspan="3">평면도</td><td>배식 평면도 및 수량 집계</td><td>1/100이상</td><td></td><td>○</td><td>○</td></tr>
<tr><td>포장계획 평면도</td><td>1/100이상</td><td></td><td>○</td><td>○</td></tr>
<tr><td>시설물 평면도</td><td>1/100이상</td><td></td><td>○</td><td>○</td></tr>
<tr><td>입면도</td><td>식재 입면도 및 플랜터 전개도</td><td>1/100이상</td><td></td><td>○</td><td>○</td></tr>
<tr><td rowspan="6">상세도</td><td>포장 평.입.단면 상세도</td><td>1/10이상</td><td></td><td></td><td>○</td></tr>
<tr><td>지주목 상세도</td><td>1/10이상</td><td></td><td></td><td>○</td></tr>
<tr><td>식재 및 수목보호용 덮개상세도</td><td>1/10이상</td><td></td><td></td><td>○</td></tr>
<tr><td>조명등 상세도</td><td>1/10이상</td><td></td><td></td><td>○</td></tr>
<tr><td>플랜터 상세도</td><td>1/10이상</td><td></td><td></td><td>○</td></tr>
<tr><td>시설물 상세도</td><td>1/10이상</td><td></td><td></td><td>○</td></tr>
</table>

[별표 3] **건축물의 종별 구분**

종 별	건축물의 종류
1 종 (단순)	. 가설건축물 . 창고시설(하역장) . 자동차관련시설(정비공장, 운전학원.정비학원 제외) . 동물 및 식물관련시설(가축용 창고, 관리사, 가축시장, 버섯재배사) . 기타 제1종 용도와 유사한 것 ※ 제1종 시설로서 공기조화 설비 등 특수설비를 요하는 시설은 제2종을 적용
2 종 (보통)	. 공작물(굴뚝.옹벽.고가수조 등) . 단독주택 . 공동주택 . 제1종 근린생활시설 . 제2종 근린생활시설 . 판매시설 . 장례식장 . 교육연구시설(도서관 제외) . 노유자시설 . 수련시설 . 업무시설 . 숙박시설(관광숙박시설 제외) . 위락시설 . 공장 . 창고시설(냉장.냉동창고 포함) . 위험물저장 및 처리시설 . 자동차 관련시설(정비공장, 운전학원,정비학원) . 동물 및 식물관련시설 . 분뇨 및 쓰레기처리시설 . 교정 및 군사시설 . 묘지관련시설(화장장 제외) . 관광휴게시설(관망탑 제외) . 기타 제2종 용도와 유사한 것 ※ 제2종 시설로서 특수구조 또는 공기조화 설비 등 특수설비를 요하는 시설은 제3종을 적용
3 종 (복잡)	. 문화 및 집회시설 . 운수시설(철도시설, 공항시설, 항만시설, 종합여객 시설 등) . 의료시설 . 교육연구시설 중 도서관 . 운동시설 . 숙박시설 중 관광숙박시설 . 발전시설(발전소, 집단에너지 공급시설 포함) . 방송통신시설(방송.통신시설, 촬영시설) . 묘지관련시설 중 화장장 . 관광휴게시설 중 관망탑 . 기타 제3종 용도와 유사한 것

[별표 4] **건축설계 대가요율**
(단위 : %)

공사비 \ 종별 / 도서의양	제 3 종(복잡)			제 2 종(보통)			제 1 종(단순)		
	상급	중급	기본	상급	중급	기본	상급	중급	기본
5000만원	11.83	9.86	7.88	10.75	8.96	7.17	9.68	8.06	6.45
1억원	11.11	9.26	7.41	10.10	8.42	6.74	9.09	7.58	6.06
2억원	8.87	7.39	5.91	8.06	6.72	5.38	7.26	6.05	4.84
3억원	8.09	6.74	5.39	7.36	6.13	4.90	6.62	5.52	4.41
5억원	7.58	6.31	5.05	6.89	5.74	4.59	6.20	5.17	4.13
10억원	6.48	5.40	4.32	5.89	4.91	3.93	5.30	4.42	3.54
20억원	5.97	4.97	3.98	5.42	4.52	3.62	4.88	4.07	3.25
30억원	5.76	4.80	3.84	5.23	4.36	3.49	4.71	3.92	3.14
50억원	5.65	4.71	3.77	5.14	4.28	3.42	4.62	3.85	3.08
100억원	5.50	4.59	3.67	5.00	4.17	3.34	4.50	3.75	3.00
200억원	5.33	4.44	3.56	4.85	4.04	3.23	4.36	3.64	2.91
300억원	5.29	4.41	3.53	4.81	4.01	3.21	4.33	3.61	2.89
500억원	5.19	4.32	3.46	4.72	3.93	3.14	4.24	3.54	2.83
1000억원	5.10	4.25	3.40	4.63	3.86	3.09	4.17	3.47	2.78
2000억원	5.03	4.19	3.35	4.57	3.81	3.05	4.11	3.43	2.74
3000억원	4.95	4.13	3.30	4.50	3.75	3.00	4.05	3.38	2.70
5000억원	4.88	4.07	3.26	4.44	3.70	2.96	4.00	3.33	2.66

주) "공사비"라 함은 건축주의 공사비 총예정금액(자재대 포함)중 용지비, 보상비, 법률수속비 및 부가가치세를 제외한 일체의 금액을 말한다.

[별표 5] **건축공사감리 대가요율**
(단위 : %)

공 사 비	제 3 종(복잡)	제 2 종(보통)	제 1 종(단순)
5천만원	2.46	2.24	2.02
1억원	2.32	2.11	1.90
2억원	1.85	1.68	1.51
3억원	1.70	1.54	1.39
5억원	1.57	1.43	1.29
10억원	1.35	1.23	1.11
20억원	1.24	1.13	1.02
30억원	1.20	1.09	0.98
50억원	1.18	1.07	0.96
100억원	1.14	1.04	0.94
200억원	1.11	1.01	0.91
300억원	1.10	1.00	0.90
500억원	1.08	0.98	0.88
1000억원	1.07	0.97	0.87
2000억원	1.05	0.95	0.86
3000억원	1.03	0.94	0.85
5000억원	1.02	0.93	0.84

주) "공사비"라 함은 건축주의 공사비 총예정금액(자재대 포함)중 용지비, 보상비, 법률수속비 및 부가가치세를 제외한 일체의 금액을 말한다.

제5장 계약서
Contracts and Agreements

계약에는 그 법적인 강도에 따라 3가지로 나눌 수 있는데, 가장 강한 단계가 계약이고 그 다음 단계가 합의이며 가장 약하고 느슨한 단계가 양해각서이다. 각각의 특성은 다음과 같다.

◦ 계약契約, Contract
계약이란 2인 이상의 당사자 사이에 어떤 의무를 부담할 것을 약정하는 의사의 합치로서, 일방이 합의내용을 위반하였을 경우 타방이 그에 대한 이행의 강제나 손해배상의 청구 등 일정한 법적 구제수단을 행사할 수 있는 합의를 뜻한다.

◦ 합의合意, Agreement
합의란 일반적으로 법적 관계가 성립되지 않거나 법적 구속력이 없는 상태로서의 의사의 합치合致, Consensus 내지 수락受諾, Assent를 뜻한다.

◦ 양해각서諒解覺書, M.O.U., Memorandum of Understanding
양해각서란 주로 정식계약을 체결하기에 앞서 쌍방의 의견을 미리 조율하고 확인하는 상징적 절차로서의 의사교환 상태이다. 원래는 국가 대 국가 간의 절차였으나 현대에 이르러서는 일반 기업 간에도 다양하게 이루어진다. 법적 구속력은 없고, 기업을 공시할 때도 자발적 의무 공시사항은 아니지만, 위반했을 경우 도덕적 책임은 부담한다.

건축가가 관계하는 계약에는 3가지가 있는데, 클라이언트와의 계약이 가장 중요한 첫째 계약이고 두 번째가 협력업체와의 계약이며 나머지가 클라이언트를 통해 간접적으로 관여하는 공사계약이다.

§ 클라이언트와의 계약

▪ 설계계약 절차
발주로부터 시작해서 계약에 이르는 일련의 과정을 살펴보면 다음과 같다.

◦ 갑[1]의 발주

발주의 여러 방식에 대해서는 9장을 참조하도록 하라.
여기서는 공공 프로젝트의 설계경기에 대한 조달청 공지를 사례로 든다.

[공고일반]

공고종류	실공고	게시일시	2009/02/26 14:52
입찰공고번호	20090243916-00	참조번호	서울특별시노원구공고제2009-125호
공고명	상계1동 문화정보도서관 신축공사 설계경기 공고		
발주(공고)기관	서울특별시 노원구	실수요기관	서울특별시 노원구
입찰방식	직찰	낙찰방법	공고서참조
계약방법	제한경쟁	국제입찰구분	국내
용역구분	기술용역		
입찰자격	공고서참조		

◦ 외주비 파악

을은 갑의 요청에 대응하여 용역비를 검토한다. 용역비는 클라이언트와 프로젝트의 특성을 고려하여 정밀하게 산출해야 하며, 직접비 중 상당부분을 차지하는 외주(구조계산, 기계설비, 전기설비 등)에 대한 비용을 정확히 파악하기 위해 병으로부터 견적서를 받는다. 후술하는 '협력업체와의 계약' 내용을 참고하라.

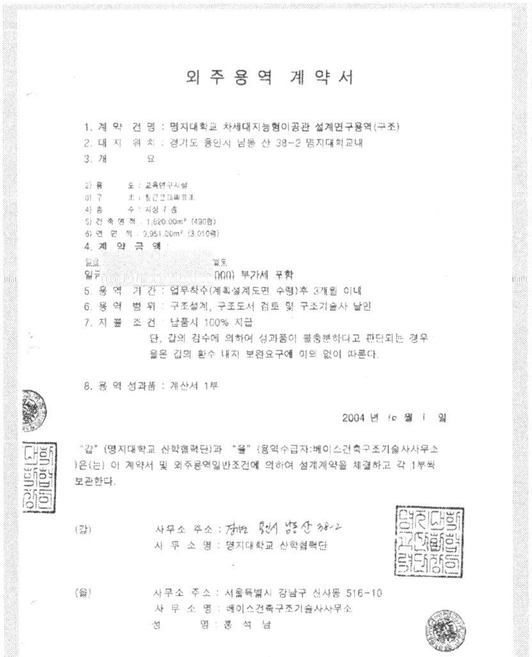

외 주 용 역 계 약 서

1. 계 약 건 명 : 명지대학교 차세대지능형이공관 설계연구용역(구조)
2. 대 지 위 치 : 경기도 용인시 남동 산 38-2 명지대학교내
3. 개 요

4) 층 수 : 지상 7 층
5) 건 축 면 적 : 1,620.00m² (490평)
6) 연 면 적 : 9,951.00m² (3,010평)

4. 계 약 금 액

일금 ... 000) 부가세 포함

5. 용 역 기 간 : 업무착수(계획설계도면 수령)후 3개월 이내
6. 용 역 범 위 : 구조설계, 구조도서 검토 및 구조기술사 날인
7. 지 불 조 건 : 납품시 100% 지급
단, 갑의 검수에 의하여 성과품이 불충분하다고 판단되는 경우 을은 갑의 환수 내지 보완요구에 이의 없이 따른다.

8. 용 역 성과품 : 계산서 1부

2004 년 10 월 1 일

"갑" (명지대학교 산학협력단)과 "을" (용역수급자:베이스건축구조기술사사무소)은(는) 이 계약서 및 외주용역일반조건에 의하여 설계계약을 체결하고 각 1부씩 보관한다.

(갑) 사무소 주소 : 경기도 용인시 남동 산 38-2
사 무 소 명 : 명지대학교 산학협력단

(을) 사무소 주소 : 서울특별시 강남구 신사동 516-10
사 무 소 명 : 베이스건축구조기술사사무소
성 명 : 홍 석 남

- 1 -

외주 견적서_구조

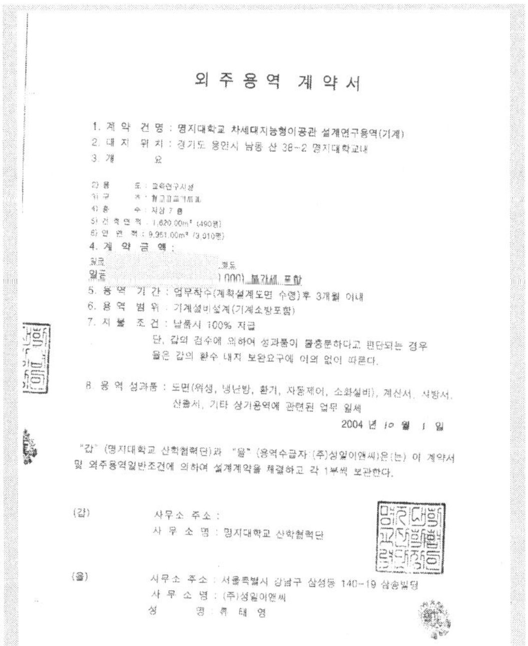

외 주 용 역 계 약 서

1. 계 약 건 명 : 명지대학교 차세대지능형이공관 설계연구용역(기계)
2. 대 지 위 치 : 경기도 용인시 남동 산 38-2 명지대학교내
3. 개 요

4) 층 수 : 지상 7 층
5) 건 축 면 적 : 1,620.00m² (490평)
6) 연 면 적 : 9,951.00m² (3,010평)

4. 계 약 금 액 :

일금 ... 000) 부가세 포함

5. 용 역 기 간 : 업무착수(계획설계도면 수령)후 3개월 이내
6. 용 역 범 위 : 기계설비설계(기계소방포함)
7. 지 불 조 건 : 납품시 100% 지급
단, 갑의 검수에 의하여 성과품이 불충분하다고 판단되는 경우 을은 갑의 환수 내지 보완요구에 이의 없이 따른다.

8. 용 역 성과품 : 도면(위생, 냉난방, 환기, 자동제어, 소화설비), 계산서, 시방서, 산출서, 기타 상기용역에 관련된 업무 일체

2004 년 10 월 1 일

"갑" (명지대학교 산학협력단)과 "을" (용역수급자:(주)성일이앤씨)은(는) 이 계약서 및 외주용역일반조건에 의하여 설계계약을 체결하고 각 1부씩 보관한다.

(갑) 사무소 주소 :
사 무 소 명 : 명지대학교 산학협력단

(을) 사무소 주소 : 서울특별시 강남구 삼성동 140-19 삼송빌딩
사 무 소 명 : (주)성일이앤씨
성 명 : 류 태 영

- 1 -

외주 견적서_기계설비

1) 두 개 이상의 사물이나 사람이 있을 때 그중 첫째를 이르는 말로 용역계약에 있어서 용역을 발주하고 그 대금(용역비)를 지불하는 자, 곧 클라이언트를 뜻한다. 이에 대응하여 설계자는 을(乙)이 되며, 설계자의 협력업체는 병(丙)으로 불리기도 한다.

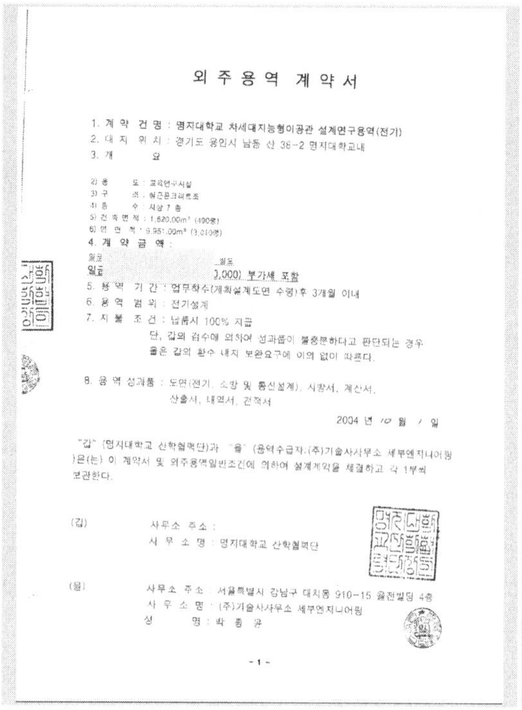

외주용역 계약서

1. 계 약 건 명 : 명지대학교 차세대지능형이공관 설계연구용역(전기)
2. 대 지 위 치 : 경기도 용인시 남동 산 38-2 명지대학교내
3. 개 요

2) 용 도 : 교육연구시설
3) 구 조 : 철근콘크리트조
4) 층 수 : 지상 7 층
5) 건 축 면 적 : 1,620.00m² (490평)
6) 연 면 적 : 9,951.00m² (3,010평)

4. 계 약 금 액 :
일금 [illegible] 원정
일금 [illegible] 0,000) 부가세 포함
5. 용 역 기 간 : 업무착수(계획설계도면 수령)후 3개월 이내
6. 용 역 범 위 : 전기설계
7. 지 불 조 건 : 납품시 100% 지급
단, 갑의 검수에 의하여 성과품이 불충분하다고 판단되는 경우 을은 갑의 환수 내지 보완요구에 이의 없이 따른다.

8. 용 역 성과품 : 도면(전기, 소방 및 통신설계), 시방서, 계산서, 산출서, 내역서, 견적서

2004 년 10 월 1 일

"갑" (명지대학교 산학협력단)과 "을" (용역수급자:(주)기술사사무소 세부엔지니어링)은(는) 이 계약서 및 외주용역일반조건에 의하여 설계계약을 체결하고 각 1부씩 보관한다.

(갑) 사무소 주소 :
사 무 소 명 : 명지대학교 산학협력단

(을) 사무소 주소 : 서울특별시 강남구 대치동 910-15 율전빌딩 4층
사 무 소 명 : (주)기술사사무소 세부엔지니어링
성 명 : 박 종 윤

- 1 -

외주 견적서_전기설비

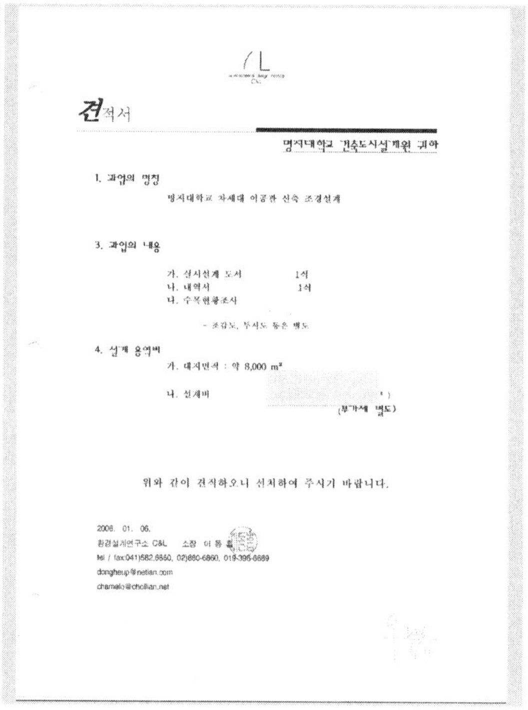

견적서

명지대학교 건축도시설계원 귀하

1. 과업의 명칭
명지대학교 차세대 이공관 신축 조경설계

3. 과업의 내용
가. 실시설계 도서 1식
나. 내역서 1식
다. 수목현황조사
- 조감도, 투시도 등은 별도

4. 설계 용역비
가. 대지면적 : 약 8,000 m²
나. 설계비 [illegible])
(부가세 별도)

위와 같이 견적하오니 선처하여 주시기 바랍니다.

2006. 01. 06.
환경설계연구소 C&L 소장 이 동 흡
tel / fax:041)582.6860, 02)880-6860, 019-396-6689
dongheup@netian.com
chamelo@chollian.net

외주 견적서_조경

◦ 을의 견적서 제출

정확한 용역비가 산출되면 갑에게 견적서를 제출해야 한다. 견적서가 클라이어트에게 제출된 이후에는 금액을 변동하기가-특히 증액시키기가- 어려우므로 여러 가지 방식과 여러 가지 경우를 대입하여 금액을 산출하여 비교한 후 신중하게 선택해야 한다.

아래의 세 가지 견적서는 각각 다른 특성을 보이고 있는데 그 차이를 살펴보면,

. 좌측 견적서는 일식 금액으로서 단순히 용역비 총액을 보여주고 있다.

. 가운데 견적서는 공사비비율방식으로서 공사비에 의한 비율을 용역비의 근거로 보이고 있다.

. 우측 견적서는 실비정액 보수가산 방식으로서 인건비와 외주비와 간접비 비율에 의해 정확한 근거를 보여주고 있다. 여기에서 정확한 결과를 얻기 위해서는 외주의 범위와 필요한 직급별 인력 그리고 기간 등을 정확하게 파악해서 입력해야 하는데, 이는 충분한 경험이나 축적된 자료가 필요한 작업이다.

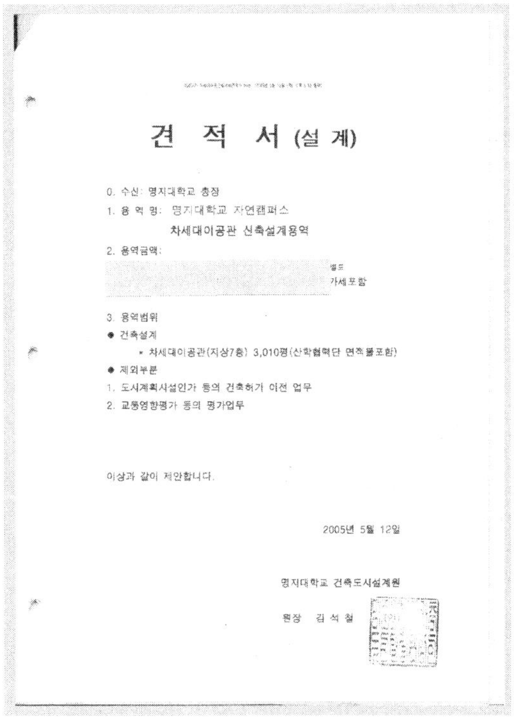

견 적 서 (설 계)

0. 수신: 명지대학교 총장
1. 용 역 명: 명지대학교 자연캠퍼스
   차세대이공관 신축설계용역
2. 용역금액:
   별도
   가세포함
3. 용역범위
● 건축설계
  * 차세대이공관(지상7층) 3,010평(산학협력단 면적불포함)
● 제외부분
1. 도시계획시설인가 등의 건축허가 이전 업무
2. 교통영향평가 등의 평가업무

이상과 같이 제안합니다.

2005년 5월 12일

명지대학교 건축도시설계원

원장 김 석 철

견적서(일식금액)

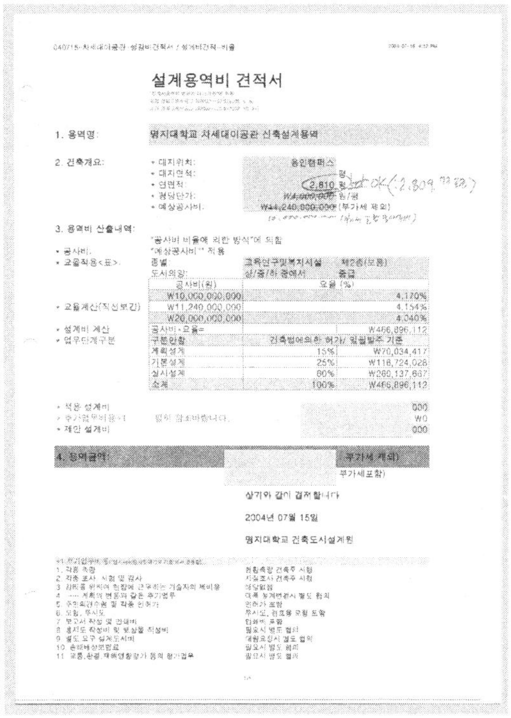

040715-차세대이공관-설계비견적서 / 설계비견적-비율　2004-07-16 4:12 PM

설계용역비 견적서

1. 용역명: 명지대학교 차세대이공관 신축설계용역
2. 건축개요:
   * 대지위치: 용인캠퍼스
   * 대지면적: 평
   * 연면적: 2,810 평
   * 평당단가: ₩4,000,000 원/평
   * 예상공사비: ₩11,240,000,000 (부가세 제외)
3. 용역비 산출내역: "공사비 비율에 의한 방식"에 의함
   * 공사비: "예상공사비" 적용
   * 요율적용<표>: 종별: 교육연구및복지시설 제2종(보통) / 도시의장: 상/중/하 중에서 중급

	공사비(원)	요율 (%)	
	₩10,000,000,000		4.170%
* 요율계산(직선보간)	₩11,240,000,000		4.154%
	₩20,000,000,000		4.040%
* 설계비 계산	공사비×요율=		₩466,896,112
* 업무단계구분	구분안함	건축법에의한 허가/ 일괄발주 기준	
	계획설계	15%	₩70,034,417
	기본설계	25%	₩116,724,028
	실시설계	60%	₩280,137,667
	소계	100%	₩466,896,112

* 적용 설계비　000
* 추가업무비용　W0
* 제안 설계비　000

4. 용역금액: (부가세 제외) / 부가세포함)

상기와 같이 견적합니다

2004년 07월 15일

명지대학교 건축도시설계원

견적서(공사비비율 방식)

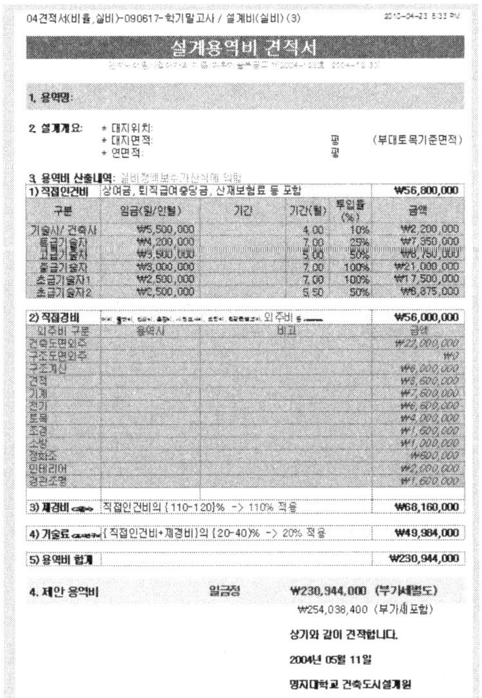

04견적서(비율,실비)-090617-학기말고사 / 설계비(실비) (3)　2010-04-23 5:33 PM

설계용역비 견적서

1. 용역명:

2. 설계개요:
   + 대지위치:
   + 대지면적: 평 (부대토목기준면적)
   + 연면적: 평

3. 용역비 산출내역:

1) 직접인건비	상여금, 퇴직급여충당금, 산재보험료 등 포함				₩56,800,000
구분	임금(원/인월)	기간	기간(월)	투입률 (%)	금액
기술사/ 건축사	₩5,500,000		4.00	10%	₩2,200,000
특급기술자	₩4,200,000		7.00	25%	₩7,350,000
고급기술자	₩3,500,000		5.00	50%	₩8,750,000
중급기술자	₩3,000,000		7.00	100%	₩21,000,000
초급기술자1	₩2,500,000		7.00	100%	₩17,500,000
초급기술자2	₩2,500,000		5.50	50%	₩6,875,000

2) 직접경비	외주비 등		₩56,000,000
외주비 구분	용역사	비고	금액
건축도면외주			₩22,000,000
구조도면외주			₩0
구조계산			₩6,000,000
견적			₩8,600,000
기계			₩7,600,000
전기			₩6,600,000
토목			₩4,000,000
조경			₩1,600,000
소방			₩1,000,000
정화조			₩600,000
인테리어			₩2,000,000
경관조명			₩1,600,000

3) 제경비	직접인건비의 {110-120}% -> 110% 적용	₩68,160,000
4) 기술료	{직접인건비+제경비}의 {20-40}% -> 20% 적용	₩49,984,000
5) 용역비 합계		₩230,944,000

4. 제안 용역비　일금정　₩230,944,000 (부가세별도)
₩254,038,400 (부가세포함)

상기와 같이 견적합니다.

2004년 05월 11일

명지대학교 건축도시설계원

견적서(실비정액 보수가산 방식)

견적서 금액에 대해 클라이언트가 동의하면 갑과 을, 양 측이 모여 제반 조건을 협의한 후 계약단계에 이르게 된다. 계약 이후에는 해당 프로젝트에 대한 담당자-프로젝트 매니저-가 정해지고 그 담당자는 실행예산[2]을 편성하게 된다. 이에 대해서는 프로젝트 관리에서

다루기로 한다.

■ 계약서 작성의 우선권-이익 혹은 손해

건축사사무소에서는 설계 및 감리 계약서를 작성하기에 앞서 '이 계약서가 누구의 이익을 위해 체결되는 지'를 먼저 파악해야 한다. 그러면 계약서에서 강조되어야 할 내용이 무엇인지 분명히 이해할 수 있을 것이다.

계약서는 프로젝트를 발주하는 갑이 작성하는 것이 원칙이다. 발주하는 자가 당해 프로젝트에 관해 먼저 관여했을 뿐 아니라 더 많은 권리를 가졌기 때문이다. 계약서는 갑과 을 등 당사자 모두에게 공평하게 작성되어야하지만 계약서를 작성하는 자에게 더 많은 우선권이 있기 마련이다. 관에서 발주하는 설계공고문을 살펴보면 갑의 우선권을 확인할 수 있다. 건축가에게 계약서작성 기회가 주어진다면 수락하는 것이 당연하다. 건축사협회의 표준계약서[3]를 사용하면 사회적 합의하에 건축가에게 불리하지 않도록 문구가 기술되어 있음을 알 수 있다.

■ 설계계약서의 주요 내용

계약서는 용역비를 지급하는 갑에게 우선권이 있지만 필요성은 용역비를 지급받아야 하는 을에게 더 많이 있다. 계약서의 목적은 지불되는 금액의 원인과 결과를 명확하게 표시되는 데 있다고 할 수 있다.

◦ 설계개요

개요는 당해 프로젝트의 정체성을 알려줄 정도로 위치와 규모와 용도 등을 표기하면 충분하다.

◦ 계약금액

계약서에서 가장 중요한 핵심내용이다. 부가가치세의 포함 여부에 유의한다. 통상 민간기업에서는 부가세를 별도 금액을 기준으로 하지만, 관공서나 학교 등에서는 부가세 포함금액을 기준으로 하기 때문에 이에 대해 명확하게 규정짓지 않으면 10% 만큼의 감소가 발생한다.

◦ 날짜

계약일

◦ 갑과 을 날인

통상 법인인감 내지 사용인감이 사용된다.

◦ 계약기간

시작과 끝 혹은 시작과 전체기간으로 표시한다. 지체보상 등의 기준이 된다.

◦ 계약의 범위

업무 범위 등에 대해 구체적으로 명확히 기록하는 것이 좋다. 최근의 계약서에는 '건축설계업무의 범위 및 품질기준표'에 의해 구체적으로 구분하도록 되어 있다.

◦ 대가의 산출 및 지불방법

대가의 산출은 공사비비율 방식 혹은 실비정액 보수가산 방식 등 그 내역을 표시하며,

---

2) 실행예산實行豫算, Executive Budget이란 예산 규모가 확정된 후 그 범위내에서 실행에 적합하도록 정밀하게 편성하는 예산을 뜻한다.

3) 정식 명칭은 "건축물의설계표준계약서"이며, 부록에서 확인할 수 있다.

지불방법은 몇 차례에 걸쳐 몇%씩 지급할 것인지를 표시한다.
◦ 대가의 조정
기간이 장기화(1년 초과)되거나 면적이 증가(5%)되는 경우에 조정할 수 있다.
◦ 자료의 제공 및 성실의무
기본적으로 건축가의 업무는 대상 부지가 건축하기 위한 제반 준비가 완료된 상태에서 시작하는 것이 좋다. 따라서 측량, 지질조사, 하부시설 파악, 증축 시 기존건물의 도면과 구조계산서 등은 원칙적으로 클라이언트가 해결해야 할 부분이지만 클라이언트의 전문성의 부족이나 강권에 의해 건축가가 수용하는 경우가 많다.
◦ 설계도서의 작성 및 제출
용도에 따라 도면과 서류와 씨디의 매수를 명기하는 것이 필요하다.
◦ 이행지체
이행지체금의 요율은 0.25%/일이다. 연면적 1만m^2인 건물의 설계용역비가 3억원일 경우 납품이 한 달(30일) 지연되었을 때의 이행지체금은 무려 2,2500,000원(용역비의 7.5% 수준)이다.

아래는 계약서 사례이다.

설계계약서
차세대지능형이공관 신축설계

2005년 5월 12일

갑: 명지대학교

을: (주)명지건축도시설계원건축사사무소

계약서(표지)

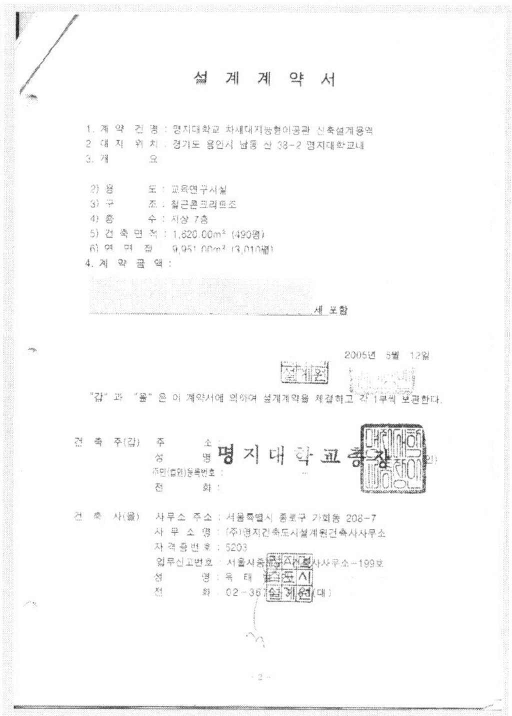

설 계 계 약 서

1. 계 약 건 명 : 명지대학교 차세대지능형이공관 신축설계용역
2. 대 지 위 치 : 경기도 용인시 남동 산 38-2 명지대학교내
3. 개 요

2) 용 도 : 교육연구시설
3) 구 조 : 철근콘크리트조
4) 층 수 : 지상 7층
5) 건 축 면 적 : 1,620.00m^2 (490평)
6) 연 면 적 : 9,951.00m^2 (3,010평)
4. 계 약 금 액 :

세 포함

2005년 5월 12일

"갑" 과 "을" 은 이 계약서에 의하여 설계계약을 체결하고 각 1부씩 보관한다.

건 축 주(갑) 주 소 :
성 명 명지대학교총장 (인)
주민(법인)등록번호 :
전 화 :

건 축 사(을) 사무소 주소 : 서울특별시 종로구 가회동 208-7
사 무 소 명 : (주)명지건축도시설계원건축사사무소
자격증번호 : 5203
업무신고번호 : 서울사종 건축사사무소-199호
성 명 : 육 태
전 화 : 02-367 (대)

- 2 -

계약서(1쪽, 금액과 설계개요가 포함된다.)

§ 협력업체와의 계약

건축사사무소의 협력업체에는 구조, 기계설비, 전기설비, 소방설비, 견적, 조경 사무소 등이 있다. 협력업체와의 계약에서는 용역을 발주하는 건축사사무소가 갑이 되어 주체적으로 계약에 임하게 된다. 협력업체와의 계약에서도 가장 중요한 요소는 금액이라고 할 수 있다.

외주비를 결정하는 방법에는 면적단가를 적용하는 방법과 원청(클라이언트와의 계약)금액 대비 비율로 적용하는 방법이 있는데 통상 후자의 범위 내에서 전자를 적용하는 방식을 사용한다.

다음은 00건축사사무소의 과거 외주비 참고표 예시이다.
첫 번째 표는 원청 금액을 기준으로한 구성비 지표이고 두 번째 표는 평당단가 지표이다.

원청 대비 분야별 외주비 구성표

외주 구분	최대(%)	5천평 기준(%)	최소(%)
건축도면	18.0	12.0	6.0
구조도면	9.0	6.0	2.5
소 계	27.0	18.0	8.5
구조계산	5.0	4.0	3.0
기계설비	9.0	7.0	5.0
전기설비	8.0	6.0	4.0
소방설비	2.5	2.1	1.7
견 적	2.5	2.3	2.1
소 계	27.0	21.4	15.8
합 계	54.0	39.0	24.3

용도별 외주비 단가표(일부) 단위: 원/평

용 도	구 분		5백평 이하	1천평	5천평	3만평	5만평	10만평 이상
오피스 (원청기준 단가 80,000원/평)	건축도면		1식	11,000	9,000	7,000	5,000	4,000
	구조 도면	RC	1식	3,500	2,700	2,000	1,700	1,500
		SRC	1식	4.500	3,700	3,000	2,500	2,000
	구조계산		1식	2,700	3,000	2,500	2,200	2,000
	기계설비		1식	7,500	6,500	5,500	5,000	4,000
	전기설비		1식	6,500	5,500	4,500	4,000	3,000
	소방설비		1식	1,500	1,500	1,300	1,200	1,000
	견적		1식	1,500	1,500	1,400	1,300	1,200
	소 계							

§ 공사계약

건설공사계약의 당사자는 클라이언트와 시공자이다. 클라이언트는 통상 공사 계약 시에 건축가의 지원을 기대하므로, 건축가는 계약 당사자가 아님에도 불구하고 건설공사계약서의 작성 및 건설공사 관리에 중요한 역할을 담당하게 된다.

건축공사 표준계약서의 자세한 내용은 부록에서 확인할 수 있다.

§ 건축물의 설계 표준 계약서

(건축사협회 작성, 국토해양부장관 고시, 일부표 생략)

국토해양부고시 제2009-1092호

건축법 제15조제3항의 규정에 의거 건축물의 설계 표준계약서를 다음과 같이 개정.고시합니다.

2009년 11월23일

국토해양부장관

건축물의 설계 표준계약서

1.건축물 명칭 :

2.대 지 위 치 :

3.설 계 내 용 : □신축 □증축 □개축 □재축 □이전 □대수선 □용도변경 □기타
- 1) 대지면적 : ___________m^2
- 2) 용 도 : ______________________________
- 3) 구 조 : _____________________
- 4) 층 수 : 지하 ______ 층 지상 ______ 층
- 5) 건축면적 : ___________m^2
- 6) 연면적의 합계 : ___________m^2

4. 계 약 면 적 : _____________m^2

5. 계 약 금 액 : 일금 ______________ 원정(₩ ______________): 부가세 별도

200 년 월 일

"갑"과"을"은 상호 신의와 성실을 원칙으로 이 계약서에 의하여 설계계약을 체결하고 각1부씩 보관한다.

건축주 "갑"
상호/ 성명 : (서명 또는 인)
사업자등록번호/주민등록번호:

주소:

전화/ Fax:

설계자 "을"
상호/건축사: (서명 또는 인)
사업자등록번호:

주소:

전화/ Fax:

제1조(총　　칙) 이 계약은 「건축법」 제15조에 따라 건축주(이하 "갑"이라 한다)가 「건축사법」 제23조제1항에 따라 업무신고한 건축사(이하 "을"이라 한다)에게 위탁한 설계업무의 수행에 필요한 상호간의 권리와 의무 등을 정한다.

제2조(계약면적 및 기간)
① 계 약 면 적 ("을"이 총괄하여 작성한 전체 설계면적) : ㎡
② 대 가 기 간 : 년 월 일 ~ 년 월 일

제3조(계약의 범위 등)
① 계약의 범위 등은 [별표1]의 "건축설계업무의 범위 및 품질기준표"를 참고하여 결정한다.
② 공사완료도서 및 건축물관리대장 작성 등 설계업무를 위해 필요한 세부사항은 "갑"과 "을"이 협의하여 정한다.

제4조(대가의 산출 및 지불방법) ① 설계업무에 대한 대가의 산출기준 및 방법은 [별표2]를 참고하여 현장여건 및 설계조건에 따라 "갑"과 "을"이 협의하여 정한다.
② 설계업무의 대가는 일시불로 또는 분할하여 지불할 수 있다.
③ 대가를 분할하여 지불하는 경우에 그 지불시기 및 지불금액을 다음과 같이 정함을 원칙으로 하되, "갑"과 "을"이 협의하여 조정할 수 있다.

지불시기 및 기준비율	조정비율	지 불 금 액	비　　고
계 약 시(20%)	%	일금 원 (₩)	
계획설계도시 제출시(20%)	%	일금 원 (₩)	건축심의 해당시 심의도서 포함
중간설계도서 제출시(30%)	%	일금 원 (₩)	건축허가도서 포함
실시설계도서 제출시(30%)	%	일금 원 (₩)	
계(100%)	%	일금 원 (₩)	부가가치세 별도

제5조(대가의 조정) ① 설계업무의 수행기간이 1년을 초과하는 경우에 이 기간 중 한국엔지니어링진흥협회가 「통계법」에 따라 조사.공포한 "노임단가의 변경"이 있을 때에는 「국가를당사자로하는계약에관한법률시행규칙」 제74조에 따라 "갑"과 "을"이 협의하여 대가를 조정할 수 있다.
② "갑"의 사유로 계약면적이 5%이상 증감되는 경우와 재료 및 시공방법의 변경 등으로 대가업무의 범위가 10%이상 증가된 경우에는 "갑"은 "을"에게 해당금액을 정산한다.
③ "을"의 사유로 계약면적이 5%이상 증감되는 경우, "을"은 "갑"에게 해당금액을 정산한다.
④ 대가의 증감분에 대한 정산은 최종지불시 반영한다.

제6조(자료의 제공 및 성실의무) ① "갑"은 "을"이 설계업무를 수행하는데 필요한 다음 각 호의 자료를 요구할 때에는 지체 없이 제공하여야 하며 이때 "갑"은 제공해야할 자료의 수집을 "을"에게 위탁할 수 있다.

1. 건축물의 구체적 용도와 이에 관련된 요망 사항
2. 설계진행 및 건축허가에 필요한 제반서류(소유권 관계 등)
3. 토지이용에 관한 증빙서류(국토이용계획확인원, 지적도, 토지대장, 건축물 관리대장 등)
4. 대지측량도(현황 및 대지경계명시 측량도)
5. 지질조사서 및 지내력 검사서, 굴토설계도서, 그 밖에 토질구조 검토에 필요한 제반도서 등
6. 대지에 관한 급.배수, 전기, 가스등 시설의 현황을 표시하는 자료
7. 교통영향평가서, 환경영향평가서, 재해영향평가서, 지하철영향평가서 등 각종평가서 및 검토서
8. 농지 및 임야 등의 형질변경 등에 관한 제반서류
9. 지구단위계획 제반도서
10. 그 밖의 업무수행에 필요한 자료
    (예컨대 증축 내지 리모델링의 경우 기존건물의 도면, 구조계산서 등, 편집자주註)

② "갑"이 제1항의 자료수집을 "을"에게 위탁한 경우에는 "갑"은 이에 소요되는 비용을 지불한다.

③ "갑"은 본인이 의도하는 바를 "을"에게 요구할 수 있으며, "을"은 "갑"의 요구내용을 반영하여 맡은바 업무를 성실히 수행하고, 설계도서에 대하여 "갑"에게 설명하며 자문하여야 한다.

제7조(건축재료의 선정 및 검사 등) ① "을"은 설계도서에 설계의도 및 품질확보를 위하여 건축재료의 품명 및 규격 등을 표기할 수 있다. 이 경우 "을"은 "갑"과 협의하여야 한다.

② "을"은 설계도서에서 표기한 건축재료를 선정하기 위하여 자재검사 및 품질시험을 관계전문기관에 의뢰할 수 있다.

③ "을"은 제1항의 검사 및 시험의뢰에 앞서 "갑"과 협의하여야 하며, "갑"은 협의된 검사 및 시험에 소요되는 비용을 지불한다.

제8조(설계도서의 작성.제출) ① "을"이 설계도서를 작성함에 있어서는 「건축법」제23조제2항에 따라 국토해양부장관이 고시하는 설계도서 작성기준에 따른다.

② "을"은 완성된 설계도서(3부)를 "갑"에게 제출하여야 한다. 다만, "갑"이 결과물을 추가로 요청할 경우 "을"은 해당 비용을 "갑"에게 청구 할 수 있다.

③ 제2항에 의한 설계도서의 제출형식에 대해서는 "갑"과 "을"이 협의하여 정하도록 하며, 수록내용을 임의로 수정할 수 없도록 작성한다.

④ "갑"은 "을"이 제출한 결과물을 검토하여 설계오류 등의 명확한 사유가 있는 경우에는 "을"에게 그 보완을 요구할 수 있다.

예시_편집자註)

종류		규격	부수
도면	원도	A1 트레이싱지	1
		A3 백도	1
	도면집	A1 평철(견적용 청사진)	3
		A2 반책(청사진)	3
		A4 반책(복사)	3
서류	시방서	A4	3
	계산서	A4	3
	내역서	A4	3
	공정표	A4	
	허가도서	A4	
	FILE	CD-ROM(도면 및 서류 일체)	1

제9조(관계기술협력업무의 종합조정) ① "갑"이 「건축법」 제67조에 따른 관계전문기술자와의 협력을 분리 수행하도록 하는 경우에 "을"은 그 협력 업무를 종합 조정한다.

② "갑"은 제1항에 따라 협력을 분리 수행하는 자로 하여금 "을"이 종합조정업무를 수행할 수 있도록 필요한 조치를 하여야 한다.

③ "갑"은 "을"의 종합조정업무에 소요되는 경비를 제4조의 지불시기에 따라 "을"에게 지불하여야 하며, 그 금액은 별도 발주한 용역대가 금액에 비례하여 "갑"과 "을"이 협의하여 정한다.

제10조(계약의 양도 및 변경 등) ① "갑"과 "을"은 상대방의 승낙없이는 이 계약상의 권리.의무를 제3자에게 양도, 대여, 담보제공 등 그 밖의 처분행위를 할 수 없다.

② "갑"의 계획변경, 관계법규의 개.폐, 천재지변등 불가항력적인 사유의 발생으로 설계업무를 수정하거나 계약기간을 연장할 상당한 이유가 있는 때에는 "갑"과 "을"은 서로 협의하여 계약의 내용을 변경할 수 있다.

③ 제2항에 따라 이미 진행한 설계업무를 수정하거나 재설계를 할 때에는 이에 소요되는 비용은 [별표1]을 참고하여 산정하여 추가로 지불한다.

제11조(이행지체) ① "을"은 설계업무를 약정기간 안에 완료할 수 없음이 명백한 경우에는 이 사실을 지체없이 "갑"에게 통지한다.

② "을"이 약정기간 안에 업무를 완료하지 못한 경우에는 지체일수 매1일에 대하여 대가의 2.5/1000(*=0.25%, 편집자註*)에 해당하는 지체상금을 "갑"에게 지불한다.

③ 천재지변 등 부득이한 사유 또는 "을"의 책임이 아닌 사유("갑"의 설계도서 검토, "갑"의 요구에 의한 설계도서 수정 등)로 인하여 이행이 지체된 경우에는 제2항의 규정에 따른 지체일수에서 제외한다.

④ "갑"은 "을"에게 지급하여야 할 대가에서 지체상금을 공제할 수 있다.

제12조(이행보증보험증서의 제출) ① "갑"과 "을"은 계약의 이행을 보증하기 위하여 계약체결시에 상대방에게 이행보증보험증서를 요구할 수 있다.

② 제1항의 규정에 의하여 이행보증보험증서를 제출받은 경우에는 이를 계약서에 첨부하여 보관한다.

제13조("갑"의 계약해제.해지) ① "갑"은 다음 각 호의 경우에 계약의 전부 또는 일부를 해제ㆍ해지할 수 있다.

1. "을"이 금융기관의 거래정지 처분, 어음 및 수표의 부도, 제3자에 따른 가압류ㆍ가처분ㆍ강제집행, 금치산ㆍ한정치산ㆍ파산선고 또는 회사정리의 신청 등으로 계약이행이 불가능한 경우
2. "을"이 상대방의 승낙없이 계약상의 권리 또는 의무를 양도한 경우
3. 사망, 실종, 질병, 기타 사유로 계약이행이 불가능한 경우

② 천재지변 등 부득이한 사유로 계약이행이 곤란하게 된 경우에는 상대방과 협의하여 계약을 해제ㆍ해지할 수 있다.

③ "을"은 제1항 각 호의 해제ㆍ해지 사유가 발생한 경우에는 "갑"에게 지체없이 통지한다.

④ "갑"은 제1항에 따라 계약을 해제ㆍ해지하고자 할 때에는 그 뜻을 미리 "을"에게 13일전까지 통지한다.

제14조("을"의 계약의 해제.해지) ① "을"은 다음 각 호의 경우에는 계약의 전부 또는 일부를 해제ㆍ해지할 수 있다.

1. "갑"이 "을"의 업무를 방해하거나 그 대가의 지불을 지연시켜 "을"의 업무가 중단되고 30일 이내에 이를 재개할 수 없다고 판단된 때
2. "갑"이 계약 당시 제시한 설계요구조건을 현저하게 변경하여 약정한 "을"의 업무수행이 객관적으로 불가능한 것이 명백할 때
3. "갑"이 상대방의 승낙없이 계약상의 권리 또는 의무를 양도한 경우
4. "갑"이 "을"의 업무수행상 필요한 자료를 제공하지 아니하여 "을"의 업무수행이 곤란하게 된 경우
5. 사망, 실종, 질병, 기타 사유로 계약이행이 불가능한 경우

② 천재지변 등 부득이한 사유로 계약이행이 곤란하게 된 경우에는 상대방과 협의하여 계약을 해제ㆍ해지할 수 있다.

③ "갑"은 제1항 각호의 해제ㆍ해지 사유가 발생한 경우에는 "을"에게 지체없이 통지한다.

④ "을"은 제1항에 따라 계약을 해제ㆍ해지하고자 할 때에는 그 뜻을 미리 "갑"에게 14일전까지 통지한다.

제15조(손해배상) "갑"과 "을"은 상대방이 제10조제2항에 따른 계약변경, 제13조 및 제14조에 따른 계약의 해제.해지 또는 계약 위반으로 인하여 손해를 발생시킨 경우에는 상대방에게 손해배상을 청구할 수 있다.

제16조("을"의 면책사유) "을"은 다음 각 호의 사항에 대하여는 책임을 지지 아니한다.

1. "갑"이 임의로 설계업무 대가의 지불을 지연시키거나 요구사항을 변경함으로써

설계업무가 지체되어 손해가 발생한 경우
2. 설계도서가 완료된 후 건축관계법령등이 개.폐되어 이미 작성된 설계도서 및 문서가 못쓰게 된 경우
3. 천재지변등 불가항력적인 사유로 인하여 업무를 계속적으로 진행할 수 없는 경우

第17조(설계업무 중단시의 대가지불) ① 제13조 및 제14조에 따라 설계업무의 전부 또는 일부가 중단된 경우에는 "갑"과 "을"은 이미 수행한 설계업무에 대하여 대가를 지불하여야 한다.
② "을"의 귀책사유로 인하여 설계업무의 전부 또는 일부가 중단된 경우에는 "갑"이 "을"에게 이미 지불한 대가에 대하여 이를 정산.환불한다.
③ 제1항 및 제2항에 따른 대가 지불 및 정산·환불은 제15조의 손해배상과는 별도로 적용한다.

第18조(저작권 보호) 이 계약과 관련한 설계도서의 저작권은 "을"에게 귀속되며, "갑"은 "을"의 서면동의 없이 이의 일부 또는 전체를 다른 곳에 사용하거나 양도할 수 없다.

第19조(비밀보장) "갑"과 "을"은 업무수행중 알게 된 상대방의 비밀을 제3자에게 누설하여서는 아니 된다.

第20조(외주의 제한) "을"은「건축법」제67조제1항에 따른 관계전문기술자의 협력을 받아야 하는 경우를 제외하고는 "갑"의 승낙없이 제3자에게 외주를 주어서는 아니 된다.

第21조(분쟁조정) ①이 계약과 관련하여 업무상 분쟁이 발생한 경우에는 관계기관의 유권해석이나 관례에 따라 "갑"과 "을"이 협의하여 정한다.
② "갑"과 "을"이 협의하여 정하지 못한 경우에는「건축법」제88조에 따른 "건축분쟁전문위원회"에 신청하여 이의 조정에 따른다.
③ 건축분쟁조정위원회의 결정에 불복이 있는 경우에는 "갑" 소재지의 관할법원의 판결에 따른다.

第22조(통지방법) ①"갑"과 "을"은 계약업무와 관련된 사항을 통지할 때에는 서면통지를 원칙으로 한다.
② 통지를 받은 날부터 7일 이내에 회신이 없는 경우에는 통지내용을 승낙한 것으로 본다.
③ 계약당사자의 주소나 연락방법의 변경시 지체 없이 서면으로 통지하여야 한다.

第23조(특약사항) 이 계약에서 정하는 사항 외에 "갑"과 "을"은 특약사항을 정할 수 있다.

[별표1]

건축설계업무의 범위 및 품질 기준표

업무의 구분(기본:○,"갑"의 추가시:△)

구 분	업무의 내용	계약의 범위	품질 (갑의확인)	비용의 산출	비고
기획업무	①규모검토	△	Ⅰ,Ⅱ,Ⅲ		
	②현장조사	○,△	Ⅰ,Ⅱ,Ⅲ		
	③설계지침서, 설계공정표, 그 밖의 조사비교	△	Ⅱ,Ⅲ		
설계도서 작성업무	①계획설계도서	○,△	기본,중급,상급		
	②중간설계도서(인, 허가용도서)	○,△	기본,중급,상급		건축법시행규칙 6조1항
	③실시설계도서	○,△	기본,중급,상급		
사후설계 관리업무	①시공과정에서의 설계의도 해석, 자문 등	△			설계도서작성기준 2조7항
	②상세시공도서	△			
	③건축물의유지관리지침서	△			
	④건축물대장 작성	△			
그 밖에 도서작성 업무(특수 분야 포함)	①조감도/투시도(내, 외)	△			
	②각종심의(건축, 경관, 문화재......)	△			
	③시방서(특기, 일반)	○,△			일반에 한함
	④계산서(구조,기계,전기,소방,토질,지질......)	○,△			해당부분 및 분야에 한함
	⑤수량산출조서	△			
	⑥공사비예상내역서	△			
	⑦측량,지질조사......	△			
	⑧관청대행업무	△			
	⑨그 밖에 건축주의별도요구 등	△			
건축주의 요청에 의한업무	①인테리어설계업무	△			
	②음향, 차음, 방음, 방진설계업무	△			
	③3D모델링업무	△			
	④모형제작업무	△			
	⑤VE설계에 따른 업무	△			
	⑥Fast Track 설계방식업무	△			가치공학
	⑦흙막이상세도 작성업무	△			굴토깊이:10M이상
	⑧건축물의 분양관련 지원업무	△			
	⑨그 밖에 건축주의별도요구 등	△			
건축분야와 관련된 건설 사업관리(CM)업무		△			건설산업기본법 제26조
지구단위계획, 주택재건축 또는 도시환경정비사업을 위한계획, 공원계획 등의 업무 중 건축물과 건축물· 도로· 녹지 등 주변환경과의 관계를 입체적으로 계획하고 건축물과 주변시설들의 용도· 규모· 형태· 색체 등의 설계기준을 작성하는 업무.		△			
그 밖의 업무(건축주의 요청)	①건축물의 조사 또는 감정에 관한업무	△			
	②건축물의 현장조사 및 검사 등에 관한업무	△			
	③건축물의 사용승인도서 작성업무	△			
	④종합계획도 작성업무	△			종합계획
	⑤건축공사 사업타당성 분석업무	△			
	⑥건축물의 수명비용 분석업무	△			건물 전 생애주기 비용분석
	⑦그 밖에 건축사가 참석하는 업무	△			

1. 기획업무의 품질 Ⅰ.Ⅱ.Ⅲ의 기준은 별표3의 기획업무에 따른다. 설계도서작성대가와는 별도로 설계대가의 Ⅰ:3%, Ⅱ:5%, Ⅲ:8%로 하는 산정가액과 실비정산가액방식의 산출가액(별표2)중 택일로 한다.
2. 도서의 품질은 기본(건축 인,허가에 필요한 최소한의 도서로 한다. 다만, 타 법령에 의한 전기, 통신, 소방 등은 별도), 중급, 상급의 구분으로서 별표3의 설계도서의 작성방법기준에 따른다.
3. 기본 및 추가업무범위의 구분은 별표3 설계도서의 작성방법기준에 따른다.
4. "갑", "을"계약당사자간의 건축물의 설계도서 작성업무범위는 기본업무범위로 한다. 다만, "갑"의 추가에 의한 업무의 대가는 별도계약으로 하되 실비정산가액방식의 산출가액(별표2)으로 한다.(중급. 상급의 기준은 추가업무범위에 속한다.)
5. "을"의 책임구분은 기본업무 범위로 한다. 다만, "갑"의 추가적인 요구에 의한 범위도 업무적인 책임을 진다.
6. "갑"의 추가 및 관계 제 법령의 변경으로 인한 설계업무의 수정 및 재설계는 각각의 발생시점에서 그 이전의 작업하였던 업무량을 기준으로 별표2의 실비정산가액방식의 산출가액으로 한다.

[별표2]

실비정액 가산방식에 의한 산정 내역

□ 산출식 : 산정금액=직접인건비+직접경비+제경비+기술료

❑ 직접인건비 산정내역 단위: 인원수

구분	업무내용 -예시임-	건축사	기술사	특급	고급	중급	초급	보조원	비고
계획안 검 토	. 현장조사 및 분석. 주변과의 상관성 검도								
	. 자료, 관련법규 및 분야의 검토, 자문. 규모검토								
	. 디자인 개념(공간, 건축...)의 설정 및 작성. 보고서								
	. 계획(각종심의...)도서작성, 검토, 승인								
	공정표, 그 밖의 검토,회의 등								
	소 계								
인 허 가 도서작성	. 측량, 지질조사, 투시도(조감도)								
	. 도서작성(건축,구조,토목,기계,전기,소방...),검토,승인								
	. 시스템검토,보정확인(건축,구조,토목,기계,전기,소방)								
	. 관청대행업무								
	. 그 밖의 검토, 회의 등								
	소 계								
실 시 용 도서작성	. 도서작성(건축,구조,토목,기계,전기,소방)								
	. 시스템검토,보정(건축,구조,토목,기계,전기,소방)								
	. 일반/특기시방서,견적,일위대가작성								
	. 감리 및 현장관련업무								
	관청대행업무								
	. 그 밖의 검토, 회의 등								
	소 계								
계									

❑ 설계 용역비 내역산정

단위:금액

구 분			기준임금(원)	인.월수	금 액	비 고
직접 인건비	건축사					
	기술사					
	건축사보	특급				
		고급				
		중급				
		초급				
		보조원				
	소 계					
직접 경비	특수자료비					특허 등
	시험비					토질, 재료
	제작비					투시, 조감, 모형, 항측
	청사진, 인쇄					설계도서, 보고서
	기 타					자문, 위탁
	소 계					
간접비	제경비		직접인건비*(110~120%)			
	기술료		(직접인건비+제경비)*(20~40%)			조사연구비,기술개발,훈련,이윤
	소 계					
계(직접비+간접비)						
공과잡비(　%)						
합 계						
기업이윤(　%)						
총 계						

❑ 설계 용역비 적용

단위:금액

구분	방식	산정금액	적용여부	비고
A	공사비 비율에 의한 방식			
B	실비정액 가산 방식			
	설계 용역비			

[별표3]

설계도서의 작성방법기준

☐ 기획업무*(이하 세부표 생략, 편집자註)*

☐ 건축설계에서의 도서 작성

1.계획 설계의 도서내용

2. 중간설계의 도서내용

3. 실시설계의 도서내용

§ 건축공사 표준계약서

국토해양부 고시 제2009 - 869호
「건축공사 표준계약서」를 다음과 같이 일부 개정합니다.

2009년 9월 4일
국토해양부 장관

「건축공사 표준계약서」 일부를 다음과 같이 개정한다.
제34조를 다음과 같이 신설한다.
제34조(재검토기한) 「훈령·예규 등의 발령 및 관리에 관한 규정」 (대통령훈령 제248호)에 따라 이 고시 발령 후의 법령이나 현실여건의 변화 등을 검토하여 이 고시의 폐지, 개정 등의 조치를 하여야 하는 기한은 시행일로부터 3년까지로 한다.

부 칙(제2009- 호, 2009.9.)
제1조 (시행일) 이 고시는 발령한 날부터 시행한다.

건축공사 표준계약서

1. 공 사 명:

2. 대지위치:

3. 공사기간:

착 공 년 월 일
준 공 년 월 일

4. 도급금액: 일금 원정
공 급 가 액 : 일금 원정
부가가치세액: 일금 원정

5. 선 금: 일금 원정
6
. 기성부분급의 시기 및 방법:
7. 하자담보책임기간:
8. 하자보수보증금율:
9. 지 체 상 금 율:
10. 계약보증금:
11.기타사항:

건축주와 시공자는 이 계약서 및 별첨설계도와 시방서에 의하여 공사계약을 체결하고 그 증거로 이 계약서 및 관련문서를 2통 작성하여 각 1통씩 보관한다.

년 월 일

건 축 주	건축주 보증인
상 호	상 호
주 소:	주 소:
성 명: 인	성 명: 인
시 공 자(또는 현장관리인)	시공자 보증인
상 호	상 호
주 소:	주 소:
성 명: 인	성 명: 인

제1조(총칙) 건축주(이하 "갑"이라 한다)와 시공자(이하 "을"이라 한다)는 대등한 입장에서 서로 협력하여 신의에 따라 성실히 계약을 이행한다.

제2조(계약보증) ①"갑"과 "을"은 계약상의 의무이행을 보증하기 위해 계약보증금을 계약체결전까지 상호교부하도록 하되, 계약보증금액이 계약금액에서 차지하는 비율은 갑.을 상호간에 협의하여 정한다.

②제1항의 계약보증금은 당사자의 협의에 따라 제24조제1항 각호의 보증기관이 발행한 보증서로 갈음할 수 있다.

제3조(보증인) 이 계약에 관하여 보증인을 세우는 경우에 그 보증인은 당사자의 계약불이행으로 인한 손해에 대하여 당사자와 연대하여 책임을 진다.

제4조(공사감독원) ① "갑"은 자신을 대리하여 다음 각호의 사항을 행하는 자 (이하 "공사감독원"이라 한다)를 선임할 수 있다.

1. 시공일반에 대하여 감독하고 입회하는 일
2. 공사의 재료와 시공에 대한 검사 또는 시험에 입회하는 일
3. 공사의 기성부분 검사, 준공검사 또는 공사목적물의 인도에 입회하는 일
4. 기타 공사감독에 관하여 "갑"이 위임하는 일

② "갑"은 제1항의 규정에 의하여 공사감독원을 선임한 때에는 그 사실을 즉시 "을"에게 통지하여야 한다.

③ "을"은 공사감독원의 감독 또는 지시사항이 공사수행에 현저히 부당하다고 인정할 때에는 "갑"에게 그 사유를 명시하여 필요한 조치를 요구할 수 있다.

제5조(현장대리인) ① "을"은 착공전에 현장대리인을 임명하여 이를 "갑"에게 통지 하여야 한다.

② 현장대리인은 공사현장에 상주하여야 하며 시공에 관한 일체의 사항에 대하여 "을"을 대리한다.

③"갑"은 제1항의 규정에 의하여 임명된 현장대리인이 신체의 허약, 시공능력부족 등으로 인하여 업무수행의 능력이 없다고 인정할 때에는 "을"에게 현장대리인이 교체를 요청할 수 있으며 이 경우에 "을"은 정당한 사유가 없는 한 이에 응하여야 한다.

제6조(공사예정공정표와 공사가격 내역서) ①"을"은 계약체결후 착공신고서 제출시 까지 설계도서(설계도면, 공사시방서 등 건축법 제2조제14호의 규정에의한 설계도서와 현장설명서를 말한다. 이와같다)를 기초로 작성한 공사예정 공정표와 내역서를 "갑"에게 제출하여야 한다.

② 제1항의 규정에 불구하고 총액단가 계약과 같이 공사물량이 기재된 산출내역서를 제시하고 이에따라 계약금액을 정한 경우에는 동 산출내역서는 제1항의 설계도서에 포함되며, 이경우 "을"은 착공신고서 제출시까지 공사예정 공정표를 "갑"에게 제츨하여야 한다.

제7조(선금) ① "갑"이 선금을 지급한 경우 "을"은 이를 도급목적외에 사용할 수 없으며, 노임지급 및 자재확보에 우선 사용하여야 한다.

② 선금은 기성부분의 대가를 지급할 때에는 다음과 같은 방법으로 정산한다.

$$\text{선금정산액} = \text{선금액} \times \frac{\text{기성부분의 대가}}{\text{계약금액}}$$

제8조(재료의 검사등) ① 공사에 사용할 재료중에서 "갑"이 품목을 지정하여 검사를 요구하는 경우에는 "을"은 사용전에 "갑"의 검사를 받아야 하며, 설계도서와 상이하거나 품질이 현저히 저하되어 불합격된 재료는 즉시 대품으로 대체하여 다시검사를 받아야 한다.

② "을"은 제1항의 재료검사에 소요되는 비용을 부담하여야 하며, 검사 또는 재검사 등을 이유로 계약기간의 연장을 요구할 수 없다.

③ 공사에 사용하는 재료중 조립 또는 시험을 요하는 것은 "갑"의 입회하에 그 조립 또는 시험을 하여야 한다.

④ 수중 또는 지하에서 행하여지는 공사나 준공후 외부에서 확인할 수 없는 공사는 "갑"의 입회하에 시공하여야 한다.

제9조(지급재료와 대여품) ① 계약에 의하여 "갑"이 지급하는 재료와 대여품은 공사예정공정표에 의한 공사일정에 지장이 없도록 적기에 인도되어야 하며, 그 인도장소는 시방서등에 따로 정한 바가 없으면 공사현장으로 한다.

② "을"은 지급재료 및 대여품의 품질 또는 규격이 시공에 적당하지 아니하다고 인정할 때에는 즉시 "갑"에게 이를 통지하고 그 대체를 요구할 수 있다.

③ 재료지급의 지연으로 공사가 지연될 우려가 있을 때에는 "을"은 "갑"의 서면 승락을 얻어 자기가 보유한 재료를 대체 사용할 수 있다. 이경우 "갑"은 현품 또는 사용당시 가격을 지체없이 "을"에게 지급하여야 한다.

④ "을"은 "갑"이 지급한 재료와 기계·기구등 대여품을 선량한 관리자의 주의로 관리하여야 하며, 계약의 목적을 수행하는 데에만 사용하여야 한다.

⑤ "을"은 공사내용의 변경으로 인하여 필요없게된 지급재료 또는 사용완료된 대여품을 지체없이 "갑"에게 반환하여야 한다.

제10조(상세시공도면 작성) ① "을"은 건축법 제19조의2제4항에 따라 공사감리자 로부터 상세시공도면의 작성을 요청받은 경우에는 상세시공도면을 작성하여 공사감리자의 확인을 받아야 하며, 이에따라 공사를 하여야 한다.

② "갑"은 상세시공도면의 작성범위에 관한 사항을 설계자 및 공사감리자의 의견과 공사의 특성을 감안하여 계약서상의 시방에 명시하고, 상세시공도면의 작성비용을 공사비에 반영한다.

제11조(안전관리 및 재해보상) ① "을"은 산업재해를 예방하기 위하여 안전시설의 설치 및

보험의 가입등 적정한 조치를 하여야 한다. 이때 "갑"은 계약금액에 안전관리비 및 보험료 상당액을 계상하여야 한다.

② 공사현장에서 발생한 산업재해에 대한 책임은 "을"에게 있다. 다만, 설계상의 하자 또는 "갑"의 요구에 의한 작업으로 인한 재해에 대하여는 그러하지 아니하다.

제12조(응급조치) ① "을"은 재해방지를 위하여 특히 필요하다고 인정될 때에는 미리 긴급조치를 취하고 즉시 이를 "갑"에게 통지하여야 한다.

② "갑"은 재해방지 기타 공사의 시공상 긴급 부득이하다고 인정할 때에는 "을"에게 긴급조치를 요구할 수 있다.

③ 제1항 및 제2항의 응급조치에 소요된 경비에 대하여는 제16조제2항의 규정을 준용한다.

제13조(공사기간의 연장) ① "갑"의 책임있는 사유 또는 천재지변, 불가항력의 사태등 "을"의 책임이 아닌 사유로 공사수행이 지연되는 경우 "을"은 공사기간연장을 "갑"에게 요구할 수 있다.

② 제1항의 규정에 의거 공사기간이 연장되는 경우 이에 따르는 현장관리비등 추가경비는 제18조의 규정을 적용하여 조정한다.

제14조(부적합한 공사) ① "갑"은 "을"이 시공한 공사중 설계도서에 적합하지 아니한 부분이 있을 때에는 이의 시정을 요구할 수 있으며, "을"은 지체없이 이에 응하여야 한다.

② 제1항의 경우 설계도서에 적합하지 아니한 공사가 "갑"의 요구 또는 지시에 의하거나 기타 "을"의 책임으로 돌릴 수 없는 사유로 인한때에는 "을"은 그 책임을 지지 아니한다.

제15조(불가항력에 의한 손해) ① "을"은 검사를 마친 기성부분 또는 대여품에 대하여 천재지변 기타 불가항력에 의한 손해가 발생한 때에는 즉시 그 사실을 "갑"에게 통지하여야 한다.

② "갑"은 제1항의 통지를 받은 경우 즉시 그 사실을 조사, 확인하고 그 손해의 보전에 관하여 "을"과 협의하여야 한다.

③ 제2항의 합의가 성립되지 않은 때에는 제32조의 규정에 의한다.

제16조(설계변경으로 인한 계약금액의 조정) ① 설계서의 내용이 공사현장의 상태와 일체하지 않거나 불분명, 누락, 오류가 있을때 또는 시공에 관하여 예기하지 못한 상태가 발생되거나 사업계획이 변경된 때에는 설계를 변경한다.

② 제1항의 설계변경으로 인하여 공사량의 증감이 발생한 때에는 다음 각호의 기준에 의하여 계약금액을 조정한다.

1. 증감된 공사의 단가는 제6조의 규정에 의한 공사가격 내역서상의 단가를 기준으로 한다.
2. 공사가격 내역서에 포함되어 있지 아니한 신규비목의 단가는 설계변경 당시 를 기준으로 산정한 단가로 한다.
3. 증감된 공사에 대한 일반관리비 및 이윤은 산출내역서상의 율을 적용한다.

第17조(물가변동으로 인한 계약금액의 조정) ① 계약체결후 120일 이상 경과한 경우에 잔여공사에 대하여 공사가격 내역서에 포함되어 있는 품목 또는 비목의 가격등의 변동으로 인한 등락액이 잔여공사에 해당하는 계약금액의 100분의5 이상인 때에는 계약금액을 조정한다.

② 제1항의 규정에 의한 계약금액의 조정은 공사예정공정표상으로 물가변동이 있은날 이후에 이행되어야 하는 부분의 대가에 적용하되, 물가변동이 있은날 이전에 이미 계약이행이 완료되어야 할 부분에 대하여는 적용하지 아니한다.

다만, "갑"의 책임이 있는 사유 또는 천재지변등 불가항력으로 인하여 지연된 경우에는 그러하지 아니하다.

제18조(기타 계약내용의 변경으로 인한 계약금액의 조정) 제16조 및 제17조에의한 경우이외에 계약내용의 변경으로 계약금액을 조정하여야 할 필요가 있는 경우에는 그 변경된 내용에 따라 계약금액을 조정하며, 이경우 제16조제2항제3호를 준용한다.

제19조(기성부분급) ① 계약서에 기성부분급에 관하여 명시한 때에는 "을"은 이에 따라 기성부분에 대한 검사를 요청할 수 있으며, 이때 "갑"은 지체없이 검사를 하여야 한다.

② "을"은 제1항의 검사결과와 제6조의 공사가격 내역서의 단가에 의하여 산출한 기성금액을 요구할 수 있으며 "갑"은 계약서에 명시한 바에따라 지급하여야 한다.

③ "갑"이 제2항의 규정에 의한 기성금액의 지급을 지연하는 경우에는 제22조 제4항의 규정을 준용한다.

제20조(부분사용) ① "갑"은 공사목적물의 인도전이라 하더라도 "을"의 동의를 얻어 공사목적물의 전부 또는 일부를 사용할 수 있다.

② 제1항의 경우 "갑"은 그 사용부분을 선량한 관리자의 주의로써 사용한다.

③ "갑"은 제1항에 의한 사용으로 "을"에게 손해가 있거나 "을"의 비용을 증가하게 한 때는 그손해를 배상하거나 증가된 비용을 부담한다.

제21조(준공) ① "을"은 공사를 완성한 때에는 "갑"에게 통지하여야 하며 "갑"은 통지를 받은후 지체없이 "을"의 입회하에 검사를 하여야 한다.

② "을"은 제1항의 검사에 합격하지 못한 때에는 지체없이 이를 보수 또는 개조하여 다시 검사를 받아야 한다.

③ "을"은 검사의 결과에 이의가 있을 때에는 재검사를 요구할 수 있으며, "갑"은 이에 응하여야 한다.

제22조(대가지급) ① "을"은 "갑"의 준공검사에 합격한 후 즉시 잉여자재, 폐물, 가설물 등을 철거, 반출하는등 공사현장을 정리하고 공사대금의 지급을 "갑"에게 청구할 수 있다.

② "갑"은 특약이 없는 한 계약의 목적물을 인도받음과 동시에 공사대금을 지급하여야 한다.

③ "갑"이 공사대금을 어음으로 지급하는 경우 그 어음은 금융기관에서 할인이 가능한 것에 한하며, 공사대금 지급기일로부터 어음만기일까지의 할인료는 어음을 교부하는날 "을"에게 지급하여야 한다.
④ "갑"은 공사대금을 지급기한내에 지급하지 못하는 경우에는 그 미지급금액에 대하여 지급기한의 다음날부터 지급하는 날 까지의 일수에 시중은행의 일반 대출시 적용되는 연체이자율을 적용하여 산출한 이자를 지급하여야 한다.

第23조(지체상금[1]) ① "을"은 준공기한내에 공사를 완성하지 아니한 때에는 매 지체일수마다 지체상금률을 계약금액에 곱하여 산출한 금액(이하 "지체상금"이라한다)을 "갑"에게 납부하여야 한다. 다만, 천재지변, 전쟁, 항만폐쇄, 전염병, 방역을 위한 출입제한, 기타 "을"의 책임으로 돌릴 수 없는 사유로 지체된 경우에는 그러하지 아니하다.
② 제1항의 경우에 성질상 분할할 수 있는 공사의 완성부분으로서 "갑"이 검사를 거쳐 인수한 부분에 상당하는 금액은 계약금액에서 공제한다.
③ "갑"은 제22조에 의한 공사대금 또는 대금지급 지연에 대한 이자와 지체상금을 순차로 상계할 수 있다.

第24조(하자담보) ① "을"은 계약서에 정한 하자보수 보증금율[2]을 계약금액에 곱하여 산출한 금액(이하 "하자보수보증금"이라 한다)을 준공검사후 그 공사의 대가를 지급할 때까지 현금 또는 다음 각호의 증서로서 "갑"에게 납부하여야 한다.
1. 건설공제조합의 보증서
2. 보증보험증권
3. 은행의 지급보증서
4. 은행의 정기예금증서
5. 신탁회사의 수익증권
6. 증권회사의 수익증권
7. 전문건설공제조합의 보증서
8. 신용보증기금의 보증서

② "을"은 준공검사를 마친날로 부터 계약서에 정한 하자담보 책임기간[3]중 당해 공사에 발생하는 일체의 하자를 보수하여야 한다. 다만, 공사목적물의 인도후에 천재지변등 불가항력이나 "을"의 책임이 아닌 사유로 인하여 발생한 것일때에는 그러하지 아니하다.
③ "을"이 "갑"으로부터 제2항의 규정에 의한 하자보수의 요구를 받고 이에 응하지 아니하는 경우 "갑"은 "을"의 부담으로 직접 하자보수를 행할 수 있다. 이때 발생하는 비용은 하자보수 보증금으로 우선 충당하며, 부족액이 있는 경우에는 "을"에게 이를 청구할 수 있다,
④ 제1항의 규정에 의한 하자보수 보증금은 하자담보 책임기간이 종료한 후 "을"의

1) 지체상금률(遲滯償金率, Ratio of Compensation of Deferment,)는 통상 3/1,000 즉 0.3%/일이다. 건축설계용역계약의 요율 0.25%보다 높다.
2) 하자보수보증금율은 통상 계약금액의 2%이다.
3) 하자담보 책임기간은 건설산업기본법 시행령 별표4에서 규정하고 있는데, 시설물 별로, 시설물의 부위별로 차이가 난다. 예컨대 건축공사에서 대형공공성 건축물의 기둥 및 내력벽은 10년, 기타 ... 부분은 1년, 전문공사에서 방수는 3년, 창호설치는 1년 등

청구에 의하여 반환한다. 다만, 제3항의 규정에 의하여 "갑"이 직접 이행한 하자보수 비용은 공제한다.

제25조(하도급의 제한) ① "을"은 계약된 공사의 일부를 제3자에게 하도급하고자 할 때에는 "갑"의 서면승인을 받아야 한다. 다만, 건설업법의 규정에 의하여 전문공사를 당해 전문공사업자에게 하도급하는 경우에는 "갑"에 대한 통지로 갈음할 수 있다.

② "갑"은 제1항의 규정에 의해 통보된 하도급업자가 부적당하다고 인정될때에는 "을"에 대하여 하도급자의 교체를 요구할 수 있다. 이 경우 "을"은 특별한 사유가 없는한 하도급자를 교체하여야 한다.

제26조("갑'의 계약해제등) ① "갑"은 다음 각호의 1에 해당하는 경우에는 계약의 전부 또는 일부를 해제 또는 해지할 수 있다.

1. "을"이 정당한 사유없이 약정한 착공기일을 경과하고도 공사에 착수하지 아니한 경우
2. "을"이 책임있는 사유로 인하여 준공기일내에 공사를 완성할 가능성이 없음이 명백한 경우
3. 기타 "을"의 계약조건 위반으로 인하여 계약의 목적을 달성할 수 없다고 인정되는 경우

② 제1항의 규정에 의한 계약의 해제 또는 해지는 그 이유를 명시하여 "을"에게 통지함으로써 효력이 발생한다.

③ "을"은 제2항의 규정에 의한 통지를 받은 때에는 다음의 사항을 준수하여야 한다.

1. 당해공사를 지체없이 중지하고 모든 공사기구들을 공사장으로부터 철거한다.
2. 제9조의 규정에 의한 지급재료의 잔여분과 대여품은 지체없이 "갑"에게 반환한다.

제27조("을"의 계약해제등) ① "을"은 다음 각호의 1에 해당하는 경우에는 계약의 전부 또는 일부를 해제 또는 해지할 수 있다.

1. 공사내용을 변경함으로써 계약금액이 100분의 40이상 감소된 때
2. "갑"의 책임있는 사유에 의한 공사의 정지기간이 90일을 초과하거나 계약서상 공사기간의 100분의50을 초과한 때
3. "갑"이 정당한 이유없이 계약내용을 이행하지 아니함으로써 공사의 적정이행이 불가능하다고 명백히 인정되는 때

② 제1항의 규정에 의한 계약의 해제 또는 해지는 그 사유를 명시하여 "갑"에게 통

지함으로써 효력이 발생한다.

제28조(손해배상등) ① 제26조 및 제27조의 규정에 의하여 계약이 해지된 때에는 "갑"과 "을"은 지체없이 기성부분의 공사금액을 청산하여야 한다.

② 제26조 및 제27조의 규정에 의한 계약의 해제 또는 해지로 인하여 손해가 발생한 때에는 상대방에게 그에대한 배상을 청구할 수 있다.

제29조(권리의무의 양도) 이 계약에 의하여 발생하는 권리 또는 의무는 제3자에게

양도하거나 위임할 수 없다.
다만, 상대방의 서면승락과 보증인의 동의를 얻었을 때에는 그러하지 아니하다.

제30조(법령의 준수) ① "갑"과 "을"은 이공사의 시공 및 계약의 이행에 있어서 건설업법등 관계법령의 제규정을 준수한다.
② "을"은 도급받은 공사에 대하여 하도급하는 경우에도 건설업법 및 하도급거래 공정화에 관한 법률등 관계법령의 제 규정을 준수한다.
제31조(적용의 완화) 건설업법의 적용을 받지않는 건축물에 대하여는 "갑"과 "을"의 합의에 따라 제4조, 제5조, 제6조, 제10조, 제11조, 제17조, 제24조, 제30조 제2항의 규정을 완화하여 정할 수 있다.

제32조(분쟁의 해결) ① 계약에 별도로 규정된 것을 제외하고는 계약에서 발생하는 문제에 관한 분쟁은 계약당사자가 쌍방의 합의에 의하여 해결한다.
② 제1항의 합의가 성립되지 못할때에는 당사자는 관련법령에 의하여 설치된 조정 또는 중재기관의 조정 또는 중재에 의하여 해결할 수 있다.

제33조("갑"으로 볼 수 있는 자) 제8조, 제12조, 제14조, 제19조제1항, 제21조, 제 25조의 규정을 적용함에 있어 공사감리계약에 따라 공사감리자를 "갑"으로 볼수 있다

제34조(특약사항) 기타 이 계약에서 정하지 아니한 사항에 대하여는 "갑"과 "을"이 합의하여 별도의 특약을 정할 수 있다.

제35조(재검토기한) 「훈령·예규 등의 발령 및 관리에 관한 규정」(대통령훈령 제248호)에 따라 이 고시 발령 후의 법령이나 현실여건의 변화 등을 검토하여 이 고시의 폐지, 개정 등의 조치를 하여야 하는 기한은 시행일로부터 3년까지로 한다.

부 칙(제2009- 호, 2009.9.)

제1조(시행일) 이 고시는 고시한 날부터 시행한다.

제2조(경과조치) 이 고시 시행당시 건축허가를 신청(건축위원회의 심의를 신청한 것을 포함한다)한 경우와 건축허가를 받거나 건축신고를 하고 건축중인 경우에는 종전의 기준에 의한다. 다만, 종전의 규정이 개정규정에 비하여 건축주.시공자 또는 공사감리자에게 불리한 경우에는 개정규정에 의한다.

제6장 프로젝트 관리와 위기관리

Project Management and
Risk Management

§ 프로젝트 팀

프로젝트 팀의 가장 중요한 배역은 프로젝트의 관리자인 프로젝트 매니저P.M., Project Manager이다. 프로젝트 매니저는 다양한 조직원으로 구성된 팀을 관리하면서 예정된 일정과 실행예산의 범위 내에서 프로젝트를 수행해 가며, 내적으로는 동료 관리자들과 호흡을 맞추고 외적으로는 사무소를 대표하여 클라이언트를 대응한다. 프로젝트 매니저는 디자인 뿐 아니라 소정의 기술적, 관리적 소양을 필요로 하기 때문에 일정기간의 수련을 필요로 한다. 작은 사무소에서는 대표가 곧 프로젝트 매니저이지만 사무소의 규모가 확대되면서 중간관리자, 소장, 본부장 등이 그 역할을 분담하게 된다. 이렇듯 프로젝트 매니저는 직급이 높아지면서 단일 프로젝트의 관리자에서 점차 프로젝트 매니저들의 관리자로 성장하게 된다. 일정 수준 이상의 조직에서는 C.E.O., Chief Executive Officer를 비롯한 임원급 파트너Chief Financial Officer, Chief Engineering Officer, etc들이 프로젝트 매니저의 여러 가지 측면을 지원하고 관리한다.

프로젝트 매니저의 역할은 크게 기술적 관리와 맨파워/일정 관리, 자금 관리로 구분할 수 있는데 여기서는 기술적 요소 보다 관리적 요소에 관해서 다루도록 한다.

§ 프로젝트에 대한 감독

여기서는 주로 재정적인 문제를 다룬다.

프로젝트 매니저는 계약 전후로 실행예산을 편성하는데, 이 단계에서 구체적으로 팀의 구성원들이 결정된다. 프로젝트 매니저는 주어진 조건-맨파워, 일정, 자금-들을 프로젝트 결과물로 변환시키면서 주기적 내지 수시로 그 입출상태를 점검하여 사무소의 임원/관리자 회의에서 보고하게 된다. 여기에는 다음과 같은 절차를 수반한다.

▪ 근무시간기록표, 작업일지Time Sheet

한 사례로서 00건축사사무소의 근무시간기록표 입력절차를 소개한다.

◦ 프로젝트 번호는 관리부에서 '연도+연번'의 형식으로 지정한다.

◦ 업무분류는 설계단계별로 대분류하고 업무내용별로 소분류하여 입력한다.
  대분류: 계약전업무, 계획설계, 기본설계, 실시설계, 보완설계, 감리, 기타, 개인
  소분류: 도면작성, 서류작성, 업무회의, 기술관리, 일반관리, 강의 및 공통, 휴가, 기타

1/3 0502작업일지-옥태범 ₩2005-6월 2011-01-07 2:38 PM

과제번호	
번호	프로젝트 명칭
0400	2004년도 공통업무
0401	명지대 채플신축
0402	명지대 학생지원센터 증축및리모델링
0403	원불교 김제 대안학교 신축
0404	진저우 바다도시계획
0405	서울시 영어체험마을 리모델링
0406	진저우 난짠구 도시계획
0407	차세대이공관 신축
0408	함박관 증축
0409	백마관 옥외공간 계획
0410	춘천 다목적신도시
0411	설계원 증축(4-5층)
0412	이천 안흥동 주상복합 규모검토
0413	인천-진저우 합동특구
0414	서울 조선족교회 신축
0415	대산종사유물관
0416	일산공영주차빌딩
0417	서울캠퍼스 마스타플랜
0418	서울캠퍼스 중앙도서관
0419	성북구청사 현상
0500	공통업무
0501	농촌관광마을
0502	(용인캠퍼스) 선수웨이트트레이닝장
0503	해비타트
0504	(용인캠퍼스) 정문및채플주변계획
0505	건교평가원연구프로젝트
0506	신앙코르와트(프놈펜프로젝트)
0507	(용인)함박관대수선(장애자용승강기설치 등)
0508	주공아파트현상-구성지구
0509	(용인) 체육관하부 웨이트트레이닝장
0510	개성공단 연구용역 입찰
0511	용인설계원 실무교육실계획
0512	총청.난후 프로젝트
0513	충무로 영화의 거리
0514	해비타트 게스트하우스
0515	춘천 다목적신도시 마스타플랜
0516	

업무분류			
대분류			소분류
계약전 업무	1	1	도면작성
계획설계	2	2	서류작성
기본설계	3	3	회의
실시설계	4	4	기술관리
보완설계	5	5	일반관리
감리업무	6	6	강의, 공통업무
기타업무	7	7	공식휴가
개인업무	8	8	기타

2005년	6월	기록자	옥태범	
날짜	과제번호	업무분류	작업시간	
		대소	정규	연장
1	0500	75	8	
2	0511	23	8	1
3	0500	75	8	
4	0500	77	4	
5			0	
6	현충일		0	
7	0500	88	8	
8	0500	73	8	4
9	0500	76	8	5
10	0500	75	8	
11	0500	77	4	
12			8	
13	0500	76	8	
14	0500	13	8	
15	0500	13	8	
16	0500	75	8	
17	0500	75	8	0
18	0500	77	4	
19			8	
20	0407	21	8	
21	0500	75	8	
22	0500	75	8	
23	0500	74	8	
24	0500	74	8	
25	0500	77	4	
26			8	
27	0500	75	8	
28	0500	75	8	2
29	0500	75	8	
30	0500	75	8	1
소계(시간)			208	13
정규근무시간 합계:			208	시간

각 개인별로 입력된 작업시간은 관리부로 이송되어 프로젝트별로 취합된다. 외주비와 용도가 뚜렷한 직접경비들도 마찬가지로 프로젝트별로 취합되어 직접비을 구성한다. 기타 용도가 불분명한 제 경비는 간접비Overhead로 처리되어 각 프로젝트별로 분배된다.

■ 주간/ 월간 프로젝트 일람표

주로 주단위로 열리는 임원/관리자 회의 자료로 사용된다. 프로젝트별로 <용역비, 규모, 용역기간>과 함께 <현재의 작업진도와 기성 및 청구상황>이 PM에 의해 보고되고, <지출현황>이 관리부에 의해 계수되어, 현재 시점에서의 작업진도와 자금계획을 한눈에 점검할 수 있다. 사무소의 작업현황 및 자금현황이 드러나는 자료이므로 PM급 이상의 보안대상 자료이다.

월간업무일지
2005년 01월

[2005. 01. 03 현재]

프로젝트 번호 및 명칭/ PM(팀원)	계약/ 발주처	용역비/ 규모/ 용역기간	업무진행상황/ 기성 및 청구,수금현황	지출현황 및 대책
0411 설계원 증축설계 및 감리/ 000	계약/ 명지대	000백만원/ 0,000평/ 00.0~00.0	* 허가접수[04.12.01 완] 이후 실시설계 진행 <65% 완료> / * 계약시 000백만원 (20%) [04.09.01 수금] * 허가시 000백만원 (40%) [12.6 청구] 누계 <60%> ** 사용시 000백만원 (20%) [02.15 예정]*	000백만원 <72% 소진> 야근 등으로 조기종료 진행
0401 채플 신축설계/ 000	계약/ 명지대	-/ -/ -	* 진행보류 [04.12.23 원장지시]	
0402 학생지원센터 증축,리모델링설계/ 000	계약/ 명지대	-/ -/ -	* 용인에서 시설과와 프로그램 협의 [04.12.03금]	
0407 차세대관 신축설계/ 000	검토/ 명지대	-/ -/ -	* 원장 크리틱 [04.12.24금] * 타 캠퍼스 최근완공 이학관 내지 공학관 견학 준비	
0410 춘천신도시 기본구상/ 000	계약/ 춘천시	-/ -/ -	* 서울원	
0414 서울조선족교회 신축설계/ 000	검토/ 조선족교회	-/ -/ -	* 원장 크리틱 [04.12.24금] * 계약준비(투시도 준비-내부설계 후)	
0417 00캠퍼스 마스타플랜/ 000	검토/ 명지대	-/ -/ -	* 서울원	
0419 성북구청사 현상설계/ 000	현상/ 조달청	2,000백만원 (부가세 포함)/ -/ -	* 원장 지시[12.22쯤] * 일정: 04.12.28화 현장설명; 03.25 마감; 03.31 발표	
관리 업무/ 000	* 프로젝트별 타임쉬트 준비 * 설계원 장서목록 및 장서인 준비			
인원 현황 (총 00인)	000 등 00인			
소식	* 시무식: 2005-1/3월 오전10시 업무회의와 겸함 * 2004년도 프로젝트별 정산을 하고자 하니 타임쉬트를 1월7일까지 제출바랍니다.			

■ 용역비 청구

프로젝트가 일정시점[1]에 다다르면 PM은 클라이언트에게 지불시기와 비율을 협의한 후 관리부서에 통지한다. 관리부서는 클라이언트(의 관리부서)에게 확인한 후에 용역비를 청구한다. 세금계산서 2부를 작성하여 한부는 보관하고 한부를 청구서에 첨부한다.

1) 건축사협회 표준계약서 '대가의 산출 및 지불방법' 지불시기 및 기준비율은 다음과 같다: 계약시 20%, 계획설계도서 제출시 20%, 중간설계도서 제출시 30%, 실시설계도서 제출시 30%.

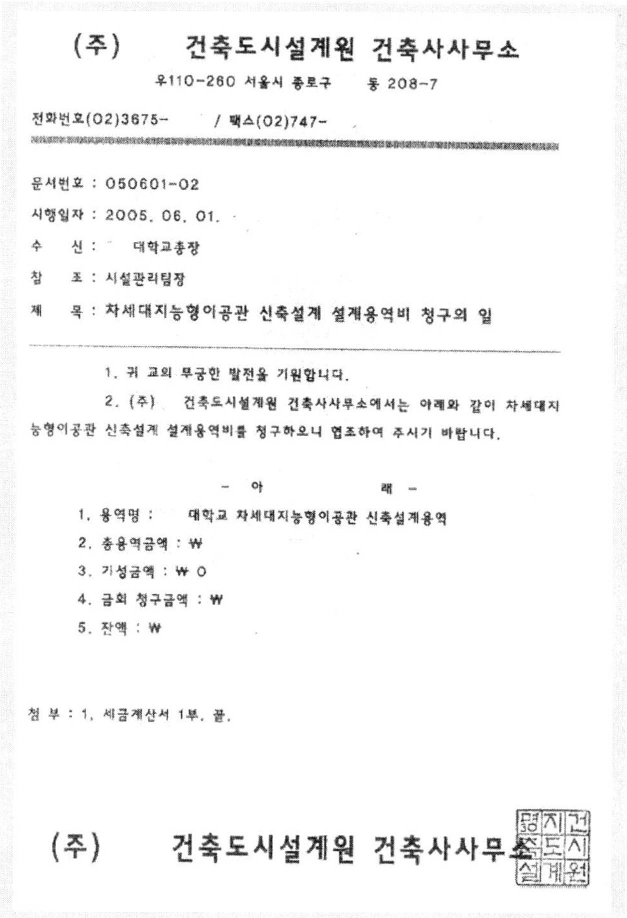

(주) 건축도시설계원 건축사사무소

우110-260 서울시 종로구 동 208-7

전화번호(02)3675- / 팩스(02)747-

문서번호 : 050601-02

시행일자 : 2005. 06. 01.

수 신 : 대학교총장

참 조 : 시설관리팀장

제 목 : 차세대지능형어공관 신축설계 설계용역비 청구의 일

1. 귀 교의 무궁한 발전을 기원합니다.

2. (주) 건축도시설계원 건축사사무소에서는 아래와 같이 차세대지능형어공관 신축설계 설계용역비를 청구하오니 협조하여 주시기 바랍니다.

- 아 래 -

1. 용역명 : 대학교 차세대지능형어공관 신축설계용역
2. 총용역금액 : ₩
3. 기성금액 : ₩ 0
4. 금회 청구금액 : ₩
5. 잔액 : ₩

첨 부 : 1. 세금계산서 1부. 끝.

(주) 건축도시설계원 건축사사무소

용역비청구서

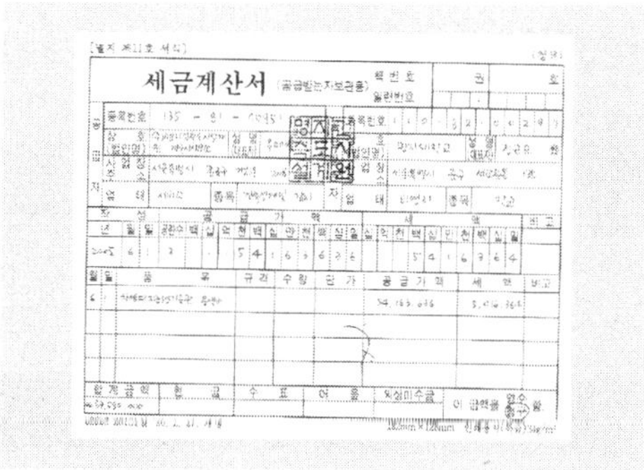

세금계산서

세금계산서

■ 프로젝트 결산

실행예산은 정확성을 기하기 위해 작성하는 견적서와 마찬가지로 실비정액 보수가산 방식으로 작성한다. 동일하게 실비정액 보수가산 방식을 사용하지만 인건비는 아래와 같이 각각 다른 기준이 적용된다.

◦ 견적서의 인건비에는 '고급기술자' 등의 공인된 기준[2])이 적용되고,
◦ 실행예산의 인건비에는 '과장' 등의 사무소 직급별 기준금액이 적용되며,
◦ 최종 결산에서는 실제 투입된 '홍길동' 당사자의 인건비가 적용된다.

2) 공인된 인건비 기준으로는 한국엔지니어링진흥협회가 매년 공표하는 엔지니어링기술자의 노임단가를 들 수 있다. 엔지니어링기술자의 노임단가는 매년 연말에 공표하여 다음해 1월1일부터 적용한다. 2010년도 엔지니어링업체 임금실태조사 결과는 아래와 같다.
(건설 및 기타 부문 기준) 기술사 325,979원, 특급기술자 258,726원, 고급기술자 203,802원, 중급기술자 174,250원, 초급기술자 131,853원; 평균근무일수는 22.5일. 따라서 기술사의 경우 325,979원 X 22.5일 = 월급여 7,334,578원에 해당한다. 건축사도 여기에 준하여 계산할 수 있다.

설 계 비 실 행 예 산

1. 용역명:	000000 설계

2. 건축개요:
- 대지위치: 0
- 대지면적: 평 (부대토목기준면적)
- 연면적: 3,300 평

3. 계약금액: ₩350,000,000 (부가세별도)

4. 용역비 산출내역:

1) 인건비	상여금, 퇴직급여충당금, 산재보험료 등 포함				₩69,000,000
구분	임금(원/인월)	기간	기간(월)	투입율	금액
소장	₩5,000,000		8.00	10%	₩4,000,000
실장	₩4,000,000		8.00	25%	₩8,000,000
과장1	₩3,000,000		8.00	50%	₩12,000,000
대리1	₩2,000,000		6.00	100%	₩12,000,000
대리2	₩2,000,000		3.00	100%	₩6,000,000
대리3	₩2,000,000		3.00	100%	₩6,000,000
사원1	₩1,500,000		8.00	100%	₩12,000,000
사원2	₩1,500,000		3.00	100%	₩4,500,000
사원3	₩1,500,000		3.00	100%	₩4,500,000

2) 경비	외주비 등		₩110,500,000
외주비 구분	용역사	비고	금액
구조계산			₩20,000,000
기계설비			₩30,000,000
전기설비			₩30,000,000
토목설계			₩15,000,000
조경설계			₩7,000,000
정화조			₩500,000
견적			₩7,000,000
인쇄비			₩1,000,000

3) 제경비	직접인건비의 {110-120}% -> 110% 적용	₩75,900,000
4) 기술료	{직접인건비+제경비}의 {20-40}% -> 20% 적용	₩28,980,000
5) 용역비 합계		₩284,380,000

5. 실행 분석:

• 실행율 <-예산/계약금액>	81.25%
• 손익금액 <-계약금액-예산>	₩65,620,000

실행예산

설 계 비 실 행 결 산

1. 용역명:	000000 설계

2. 건축개요:
- 대지위치: 0
- 대지면적: 평 (부대토목기준면적)
- 연면적: 3,300 평

3. 계약금액: ₩350,000,000 (부가세별도)

4. 실행내역 집계

1) 인건비	상여금, 퇴직급여충당금, 산재보험료 등 포함				₩78,490,000
구분	임금(원/인월)	기간	기간(월)	투입율	금액
소장 홍길동	₩5,520,000		10.00	10%	₩5,520,000
실장 임꺽정	₩4,120,000		10.00	25%	₩10,300,000
과장1 유관순	₩2,980,000		10.00	50%	₩14,900,000
대리1 [illegible]	₩1,770,000		7.00	100%	₩12,390,000
대리2 지갈필	₩1,850,000		4.00	100%	₩7,400,000
대리3 나잘난	₩2,120,000		4.00	100%	₩8,480,000
사원1 발로토	₩1,500,000		10.00	100%	₩15,000,000
사원2 나대기	₩1,500,000		3.00	100%	₩4,500,000
-					

2) 경비	외주비 등		₩111,000,000
외주비 구분	용역사	비고	금액
구조계산	강철구조		₩20,000,000
기계설비	쑥쑥엔지니어링		₩30,000,000
전기설비	반짝전기		₩30,000,000
토목설계	튼튼토목		₩15,000,000
조경설계	에코조경		₩7,000,000
정화조	[illegible]		₩500,000
견적	한메견적		₩7,000,000
인쇄비	철화사		₩1,500,000

3) 제경비	직접인건비의 {110-120}% -> 110% 적용	₩86,339,000
4) 기술료	{직접인건비+제경비}의 {20-40}% -> 20% 적용	₩32,965,800
5) 합계		₩308,794,800

5. 실행 결산:

• 실행율 <-결산/계약금액>	88.23%
• 손익금액 <-계약금액-결산>	₩41,205,200

결산

■ 프로젝트 결산에 대한 평가

프로젝트가 종료된 후에는 해당 프로젝트에 대한 결산을 평가한다. 결산을 판단하는 기준은 실행율[3)]이며 그 결과는 해당 프로젝트 매니저 및 부서에 대해 연말고과 및 승진에 반영된다.

31 CJ건축실행예산모음-090611 / 110107_교재용 2011-01-07 3:42 PM

프로젝트별 결산 내역

연도	프로젝트명	연면적	평당 설	용역비	인건비	외주비	간접비	예산	실행율	비고
2003	부산 00동 00아파트 신축 설계	35,162	29,435	1,035,000,000	83,727,090 10%	405,100,000 49%	337,798,066 41%	826,625,116 100%	80%	현상설계 투입원가 및 특별경비 추가됨
2003	00백화점 00점 증축설계	27,140	17,502	475,000,000	91,786,250 20%	214,000,000 46%	159,008,850 34%	464,795,100 100%	98%	전체면적 기준으로 평당설계비는 의미 없음
2002	00수퍼 00점 신축설계	593	50,590	30,000,000	6,182,500 21%	13,200,000 45%	10,078,900 34%	29,461,400 100%	98%	00유통과의 관계 지속을 위해 염가로 진행함
2002	00학원사옥 신축설계	2,900	104,828	304,000,000	33,171,700 14%	111,300,000 45%	100,154,284 41%	244,625,984 100%	80%	현상설계 투입원가 추가됨

프로젝트별 결산 내역

■ 자금계획 관련 용어

◦ 수주: 회사가 용역의 주문을 받는 것을 뜻한다. 수주액은 계약금액에 해당한다.

◦ 매출: 회사가 용역의 제공을 통해 그 대가를 받는 것을 뜻한다. 매출액은 수금한 금액이다.

◦ 미수금: 판매된 용역에 대해 그 대가를 받지 못한 것을 뜻한다.

예시) 그 회사는 수주액 000원, 매출액 000원의 실적을 올렸음에도 불구하고 악성 미수금의 증가로 인해 흑자도산[4)]했다.

§ 위기관리Risk Management

위험은 바람직하지 못한 결과의 가능성으로서 모든 사업에서 나타나며 회사의 지속적인 영업에 매우 중요한 요소로 부각된다. 건축가는 프로젝트를 시작하기에 앞서 그 일이 회사의 정책에 부합되는지, 이익 발생에 대한 확신은 있는지, 위험부담의 정도는 얼마나 되는지 등에 대해 엄밀하게 검토해야 한다. 위험은 고객, 회사, 프로젝트의 특성 등 다양성의 상호작용으로 발생하거나 영향을 받게 되므로 다음과 같은 사항을 검토해야 한다.

■ 위기관리를 위한 검토사항

---

3) 실행율은 결산금액을 실행예산으로 나누는 것이다. 분모에 계약금액 대신 실행예산을 적용하는 이유는 전략적 요소와 무관하게 승인된 예산과의 단순비교를 위한 것이다.

4) 도산은 통상 수주나 매출이 부진한 경우에 발생하지만, 과도한 투자나 불량채권의 증가로 인해 일시적으로 자금이 경색됐을 때 이를 이기지 못하고 도산하는 경우도 있다. 이를 흑자도산黑字倒産, Insolvency by Paperprofits이라고 한다.

◦ 프로젝트의 특성
　　대상지, 지역적 특성, 특별한 규정 등
◦ 클라이언트의 특성
　　단순 건축주 혹은 지속적인 발주자, 성격과 재력 등
◦ 나의 특성(회사의 역량과 경험)
　　전문성, 보유 인력, 여유 일정 등
◦ 계약 조건
　　클라이언트의 요구조건과 용역비, 일정 등
◦ 시공자 내지 건설과정
◦ 외적인 조건
　　클라이언트, 설계자, 시공자와 무관한 경제상황, 사회 분위기 등

프로젝트가 진행되어 계약단계에 이르게 되면 건축가는 위험요소에 대한 많은 담보를 계약서에서 확보하기 위해 클라이언트와 신중한 협상을 하게 된다.

그 외에도 건축가는 회사 차원의 담보가 어려운 수준에 대해서는 보험을 통해 보상하도록 하며, 경우에 따라서 발생할지도 모를 클라이언트, 시공자, 민원인과의 분쟁에 대비하여야 한다.

▪ 다음은 위기관리에 대한 또 다른 규칙들이다.
윌리엄 램로쓰 2세는 그의 저서[5]에서 건축가들이 위기관리를 위해 다음과 같은 경험적인 규칙들을 알아야 한다고 주장한다.

RULES OF THUMB NO.1: KNOW THE TERRITORY

경험법칙 1: 구역[6]을 정확하게 이해하라.
　　구역을 안다는 것은 곧 자신을 아는 것이고, 자신이 가장 잘 제공할 수 있는 프로젝트와 클라이언트 유형을 아는 것이고, 자신이 다른 경쟁자와 비교되었을 때 어떤 위치에 놓이는지를 아는 것이고, 업계의 표준 및 평균 수준에서 자신의 입지를 정확하게 이해하는 것이다.

RULES OF THUMB NO.2: THE 3.0 MULTIPLIER　　RULES OF THUMB
경험법칙 2: 승수 3의 법칙_인건비의 3배를 확보하라.
　　순인건비의 2배는 손익분기점에 해당한다. 건축사사무소의 목표금액은 순인건비의 3배는 되어야 한다.

RULES OF THUMB NO.3: MANAGE SCOPE CREEP OR IT WILL BREAK YOUR BACK
경험법칙 3: 가랑비에 옷 젖는다.
　　클라이언트는 큰 변경에 대해서는 기꺼이 비용을 지불하지만 작은 변경들에

5) Risk Management for Design Professionals건축가들이 알아야 할 위기관리, Kaplan Publishing
6) 나와바리(なわ-ばり, 縄張り)와 일맥상통하는 듯 하다.

대해서는 건축가가 이의를 제기하지 않는 한 스스로 지나치게 관대하다. 범위의 추가는 비용 증가, 일정 지연, 팀 열정 저하, 조정 문제와 실수 가능성 증가 등을 초래하며 납품도서의 질에도 악영향을 미친다. 이런 현상을 제어하는 가장 확실한 방법은 변경에는 추가보상이 따른다는 것을 클라이언트로 하여금 인식하게 만드는 것이다. 단, 많은 사무소들이 곶감 클라이언트Repeat Business에 의존하기 때문에 모든 변경에 대해 비용을 부과하는 것이 항상 현명한 의사결정이 아닐 수 있음도 인식해야 한다.

RULES OF THUMB NO.4: DON'T PUSH THE PANIC BUTTON
경험법칙 4: 비관적 태도로 당황해서 쩔쩔매지 말라.

건축가라면 위기상황에 처하더라도 오두방정을 떨면서 사람들을 비관적인 분위기로 몰고 가서는 안 된다. 뭔가 잘못되고 있다면 바로 그 문제에 반응하는 대신 침착하게 대응해야 한다. 변명과 비난 대신 해결되지 못한 문제에 대한 목록을 내부적으로 작성하여 차근차근 해결해 나가는 것이 훨씬 현명한 처사이다.

RULES OF THUMB NO.5: THE 60 PERCENT OF THUMB
경험법칙 5: 가동율Utilization Rate[7] 60%_그 외의 시간은 잡일에 쓰인다.

건축사사무소에서 모두가 디자인 작업을 하는 것은 아니다. 한 업무시간 분석 자료에 따르면 전체 시간의 60%가 프로젝트 수행에 사용되고 나머지는 관리, 서류작업, 어슬렁거리는데 소비되는데 그 60% 중의 20%는 시공 지원업무에, 남은 48%가 디자인작업에 사용며 48% 중의 15%가 계획설계에 사용된다고 한다. 전체 근무시간 중 약 4%가 계획설계에 투입된다고 볼 수 있다.(100% X 60%X 48%X 15% = 4.32%) 그런데 학교 디자인 스튜디오에서 가르치는 설계가 계획설계 수준을 뛰어 넘지 못한다. 그렇다면 학생들이 접하지 못하는 사무소 업무의 나머지 96%는 어디서 배워야 하는가? 설계실무-가동율 1% 제고가 사무소의 손익을 좌우할 수 있다는 것 등-에 관해 공부해야 하는 이유가 여기에 있다.

RULES OF THUMB NO.6: PROFITABILITY HAS TWO MAIN RUDDERS
경험법칙 6: 이윤을 내는 데에는 두 가지 방향키가 있다.

하나는 가동율Utilization Rate을 높이는 것이고 다른 하나는 프로젝트 자체의 수익성을 개선시키는 것Project Profitability이다. 프로젝트는 반드시 예산범위 안에서 운영되어야 한다.

RULES OF THUMB NO.7: SOMEBODY IS KEEPING THE SCORE
경험법칙 7: 누군가 계속 기록하고 있다.

건축가가 프로젝트에 착수할 때부터 말하고 쓰고 그리는 모든 행동이 누군가에 의해 분석되고 있고 결과적으로 건축가에게 불리하게 사용될 수 있다. 그러므로 주의하라. 누군가가의 기록에 나쁜 기록을 남기지 않도록.

RULES OF THUMB NO.8: DRAWINGS ARE NEVER 100 PERCENT COMPLETE

---

7) 기업·산업 등의 생산 능력중 실제로 사용되고 있는 부분의 비율. 즉 전체100%의 시간 중 실제로 얼마나 일을 하는지를 나타내는 비율을 뜻한다.

경험법칙 8: 도면은 절대 100% 완벽할 수 없다.

시공도면에서 도면이 100% 완성되는 경우는 결코 없다, 항상 세부적으로 뒤틀린 무엇인가가 있을 수 있다. 게다가 100% 완성이라는 말 자체도 존재하지 않는다. 따라서 도면에 "100% 완성된 도면" 혹은 "100% 도면" 같은 표시를 덧붙이지 않도록 해야 한다. 그것은 이룰 수 없는 완벽의 상태이다. 100% 제출이란 도면이 시공용으로 100% 준비된 것이 아니라, 입찰이나 시공을 발표하기 전에 건축주로 하여금 검토하고 의견을 말할 마지막 기회를 준다는 뜻이다.

RULES OF THUMB NO.9: THE HURRIEDER I GO THE BEHINDER I GET

경험법칙 9: 더 서두를수록 더 뒤처진다

모든 디자인 프로젝트에는 논리적인 진행이 있고 그 절차를 밟으려면 일정한 시간이 필요하기 마련인데, 프로젝트 매니저나 클라이언트가 급히 서두르는 경우에는 논리적인 절차를 혼란시키거나 빼먹을 수 있다.

또 다른 실수는 건축가들에게 있는데, 하나는 계약서 없이 일방적으로 작업에 착수했다가 최후의 순간에 프로젝트가 취소되는 상황을 마주하게 되는 것이고 다른 하나는 디자인이 결정되지 않은 상태에서 시공도서를 작성했다가 결국 재작업을 초래하게 되는 것이다. 결국 서두르지 말아라, 계약하고 일해라, 실시실계는 디자인 확정 후에 착수하라.

RULES OF THUMB NO.10: DOCUMENT, DOCUMENT, DOCUMENT

경험법칙 10: 기록하는 것이 최고

우리의 기억력은 생각하는 것처럼 좋지 않다. 만약 그렇다 할지라도 기억이 옳다는 것을 확인하기 위해서라도 기록을 한다면 더욱 신빙성이 높을 것이다. 사람들이 "기억이 나지 않는다"라고 말하는 것은 변명이 아니라 방어법이다. 이에 대한 건축가의 최선의 방책은 사람들이 무엇이라고 말하는 지에 대해 문서화하는 것이다. (경험 규칙 7에서 우리는 누군가가 항상 점수를 매기고 있다는 것을 배웠다) 문서화에 대한 일반적인 규칙들은 다음과 같다.

(해야 할 일)

건축주가 디자인에 대해 좋다고 하면 문서화하라.
건축주가 다음 단계로 넘어가는 것에 대해 승인하면 문서화해라.
디자인 결정사항들에 대해 문서화 하라,
건축주가 설계변경을 요구한다면 문서화하라.
회의 결과를 문서화하라.
좌우지간 뭐든지 기록하라.

(조심해야 할 일)

이메일을 발송하기 전에 충분히 생각하라.
작업일지에 감정을 분출하지 마라, 작업일지는 증거물로 소환될 수 있다.

■ 다음은 프로젝트 진행 단계별로 발생되는 위기요인과 대처방안에 대한 사례이다. 각 요인별로 위에서 살펴본 검토사항을 적용시키면 보다 심층적인 분석이 가능할 것이다.

<table>
<tr><th>구 분</th><th>문제의 출처</th><th colspan="2">안 건</th><th>대 책</th></tr>
<tr><td rowspan="8">건축 당사자</td><td>프로젝트</td><td colspan="2">(프로젝트의 속성)</td><td></td></tr>
<tr><td>클라이언트</td><td colspan="2">부실한 클라이언트
용역비 보상 없는 설계변경,
기간연장</td><td></td></tr>
<tr><td rowspan="6">설계자,
건축사사무소</td><td rowspan="4">수주</td><td>수주 중단</td><td></td></tr>
<tr><td>편중된 수주선</td><td></td></tr>
<tr><td>규모검토 건수에 비해
저조한 계약 성사율</td><td></td></tr>
<tr><td>저가수주</td><td></td></tr>
<tr><td>설계단계</td><td>전문성 부족
디자인의 수준
납품도면의 수준</td><td></td></tr>
<tr><td>공사단계</td><td>시공자의 수준
감리자의 수준</td><td></td></tr>
<tr><td>외적인 조건</td><td colspan="3">국제 경기, IMF, 정치적 안건 등</td><td></td></tr>
</table>

표 위기의 종류

제7장 법규
Regulation

현대인과 법은 분리해서 생각할 수 없을 만큼 우리의 모든 생활에 많은 영향을 미치고 있다. 건축과 관련된 수많은 법들 또한 그러한데, 특히 공법[1)]의 분야에서는 건축과 관련된 법이 그와 무관한 법보다 더 많을 정도로, 그 분야와 종류가 매우 다양하다. 제아무리 전문가라 할지라도 법규분석에 있어서 100% 자신할 수 없는 이유가 여기에 있다.

◦ 물리적 영역에서는 국토계획 최상위 개념인 국토계획 분야로부터 시작하여 도시계획, 도시설계, 단지설계, 주거 등에 이르는데 대표적인 법으로는 국토의 계획 및 이용에 관한 법률과 지구단위계획을 들 수 있다.
◦ 산업적 영역에서는 건설 및 엔지니어링과 관련되는 여러 가지 법이 있는데 최근에 지식서비스산업으로 주목 받는 산업발전법이 여기에 해당된다.
◦ 가장 직접적으로 연관된 기술적 영역에서는 건축법을 비롯하여 주차장법, 설비관련 제 법들이 있다.
◦ 아울러 건축의 문화적 측면을 강조하는 건축기본법과
◦ 건축사의 자격과 업역을 다룬 건축사법이 있다.

한 가지 특기할 사항은 건축사법이 건축설계와 감리에 대해 건축사의 전문성을 인정하여 그 업역을 보장하고 있으나, 정작 건축의 문화적인 측면은 법적으로 규정되지 못하고 있다는 점이다. 건축은 그 전문성에도 불구하고 그 보수에서는 그에 상응하는 대우를 받고 있지 못하다. 이로 인해 현재 건축설계업은 그 활동 특성에 적합한 발주방식이 법적으로 불가능할 뿐 아니라, 도시설계 등 공간 환경 분야에서는 설계발주에서 배제되고 있으며, 각종 법률들에 근거한 진흥계획에서도 소외되고 있다.

건축계에서는 이에 대해 관련 법률들이 규정하고 있는 지원 대상에 건축설계업을 포함시킬 뿐 아니라, 건축설계업에 대한 지원과 발주방식을 별도로 규정하는 독자적인 법률을 확보하기 위해 노력하고 있다.[2)]

건축설계에 직접적으로 영향을 미치는 몇 개의 주요 법을 살펴보면 다음과 같다.

§ 건축관련 주요 법

건축 실무에 필요한 법은 주로 도시계획법으로서의 국토의 계획 및 이용에 관한 법률(이하 국계법)과 건축법이다. 실무에서의 법 적용은 모법 뿐 아니라 <법-령-규칙-고시

---

1) 공법(公法, Public Law)은 국가나 공공 단체 상호 간의 관계나 이들과 개인의 관계를 규정하는 법률로서 사법(私法)과 상대되는 개념이다. 국가적·공익적·윤리적·타율적·권력적·비대등적 관계를 규율하는 특성이 있다.
2) 2013년에 제정된 건축서비스산업진흥법이 그 역할을 할 것으로 기대된다.

등-지방자치단체별 조례>로 이어지는 전체 체계를 이해하고 적용해야 한다.

법은 유기체와 같이 필요에 따라 생성되고 소멸되며 명칭도 변한다. 예컨대 도시계획차원의 법은 '조선시가지계획령'에서 '도시계획법'을 거쳐 '국토의 계획 및 이용에 관한 법률'로 변경되었다. 단순히 '국계법'의 제정연도(2002년)만으로 도시계획법이 건축법(1962년)보다 나중에 생겼다고 생각하면 오산이다, 두 법은 공히 1934년에 제정된 '조선시가지계획령'에 포함되었던 내용이다.

아래 표는 건축과 관련된 주요 법의 개요이다.

구분	국토의 계획 및 이용에 관한 법률3)	건축법	건축사법	건축기본법	건축서비스산업 신흥법
제정	('도시계획법'은 1962년) 2002년	1962년	1963년	2007년	2013년
목적	이 법은 국토의 이용·개발 및 보전을 위한 계획의 수립 및 집행 등에 관하여 필요한 사항을 정함으로써 공공복리의 증진과 국민의 삶의 질을 향상하게 함을 목적으로 한다.	이 법은 건축물의 대지·구조·설비 기준 및 용도 등을 정하여 건축물의 안전·기능·환경 및 미관을 향상시킴으로써 공공복리의 증진에 이바지하는 것을 목적으로 한다.	이 법은 건축사(士)의 자격과 그 업무에 관한 사항을 규정함으로써 건축물의 질적 향상을 도모함을 목적으로 한다.	이 법은 건축에 관한 국가 및 지방자치단체와 국민의 책무를 정하고 건축정책의 수립·시행 등을 규정하여 건축문화를 진흥함으로써 국민의 건전한 삶의 영위와 복리향상에 이바지함을 목적으로 한다.	건축서비스산업의 진흥 시책 수립, 행정적·재정적 지원방안 마련. 공공기관은 우수한 건축물 등을 조성하기 위하여 공모방식을 우선적용. 건축서비스산업 창업 지원.
비고	건축법과 도시계획법 약사 일제 시대 당시인 1934년도에 제정된 '조선시가지계획령'은 <건축>과 <도시계획> 그리고 토지구획정리사업에 관한 내용으로 구성되어 있었다. 해방이후... 5·16으로 정권을 잡은 군사정부는 ... 1961년12월31일까지 우리나라 법률을 제정하도록 강제했다. 당시 법령을 제정할만한 전문가도 부족했고, 시간적인 여유도 없었기 때문에 사용 중이던 「조선시가지계획령」의 내용을 건축부분과 도시계획부분으로 형식적으로 구분하여 급하게 '건축법'과 '도시계획법'을 제정하게 된 것이 역사다. 법률 곳곳에서 아직까지 일본식 표현이 많은 것은 그 여파 때문이다.				

■ 건물을 짓기 위한 법규검토 절차

건축사사무소에서의 업무시작은 두 가지 업무-대상지 분석과 법규 검토-로부터 시작한다. 클라이언트로부터 프로젝트가 의뢰되면 여러분은 먼저 해당 법규에서 정보를 확인하기 위해 필요한 서류를 해당 관청에서 확인해야 한다. 아래 표는 그 일반적인 절차를 보이고 있다.

3) 도시계획 차원의 법으로 줄여서 국계법이라고도 한다. 구 '도시계획법(since 1962)'

이슈	내용	법규	서류
그 동네에	동네의 종류: 지역지구	국계법	토지이용계획확인서
이 건물이 가능한가?	건물의 종류: 용도	건축법	(일반/집합)건축물대장
그렇다면 얼마나 지을 수 있는가?	건폐율, 용적율	국계법	
그 땅은 대垈인가?	땅의 종류(지목)	측량,수로...지적법[4]	토지대장
안전하게 집짓기	건물의 구조와 피난 등	건축법	
	주차규정	주차장법, 조례	
대상지의	형상, 방위		지적도
	지형, 현황건물 및 지장물		현황측량도
	경계확인(현장)		경계복원측량도
	면적[5]		토지대장
	소유권[6]		토지등기부등본
건물의	용도와 면적		건축물대장
	소유권		건물등기부등본

1) 그 동네에 이 건물이 가능한가?

'그 동네'의 종류는 지역과 지구 등으로 구분되면 이는 도시계획 차원의 국계법에서 규정하고 있다.
'이 건물'의 종류는 건축물의 용도로 구분되면 이는 건축법에서 규정하고 있다.

■ 지역의 구분
아래 표는 국계법 개정 전후의 용도지역을 정리한 것이다. 괄호 속은 전체 국토 중에서 차지하는 비율이다.

4) 땅의 종류인 지목에 관한 법으로서 '측량, 수로조사 및 지적에 관한 법률'이다. 2009년 제정, 이전 명칭 지적법.
5) 면적은 '~대장'과 '~등본', 두 가지 서류에 표시되는데 기준은 '~대장'이다.
6) 소유권은 '~대장'과 '~등본', 두 가지 서류에 표시되는데 기준은 '~등본'이다.

구분	개정 전	2003년 1월 국계법 개정 후		
도시지역	도시지역	도시지역 (17%7))	주거지역	전용주거 일반주거 준주거
			상업지역	중심상업 일반상업 근린상업 유통상업
			공업지역	전용공업 일반공업 준공업
			녹지지역	자연녹지 생산녹지(제한적인 개발이 허용) 보전녹지
비 도시지역	준도시지역	관리지역8) (25%)	계획관리지역9)(준 도시지역):	
			생산관리지역(준 농림지역)	
	준농림지역		보전관리지역(준 자연환경보전지역)	
	농림지역	농림지역 (47%)		
	자연환경보전지역	자연환경보전지역(11%)		

■ 지역과 용도 간의 관계

아래 표는 용도지역과 건축가능용도 사이의 관계를 간략하게 정리한 것이다.

동네와 건물의 관계 즉 지역과 용도의 관계가 대체로 나란히 같이 감을 보여주고 있다.

지역(국계법) / 용도(건축법)	(도시) 도시지역 주거지역	상업지역	공업지역	녹지지역 자연	녹지지역 생산	녹지지역 보전	(중간) 관리 지역 계획	생산	보전	(농림, 보전) 농림지역	자연환경보전지역
주 택	o							o			
근 생	o	o						o			
판 매		o									
업 무		o									
숙 박		o									
위 락		o									
공 장			o								
동식물					o						
지구, 구역10) (국계법)	경관, 미관, 고도, 방화, 방재, 보존, 시설보호, 취락, 개발진흥지구 등 개발제한, 도시자연공원, 시가화조정, 수산자원보호구역 등 지구단위계획구역										

표 용도지역별 건축가능용도 간략표

7) 비율은 2011년 현재

8) 2003년 1월 국계법에 의해 준도시지역과 준농림지역이 관리지역으로 통합됨.

9) 향후 도시에 편입될 것이 예상되거나, 도시 인근의 녹지를 확보하기 위해 개발을 제한해 둔 지역으로서, 주로 여주, 용인, 남양주 등 수도권 일대에 집중돼 있다.

10) 지구, 구역도 지역의 일종으로 그 범주 내에 속하며 지역> 지구> 구역의 위계로 이루어져 있다.

가로항의 각 지역은 국토의 계획 및 이용에 관한 법률에서 더 자세하게 구분되어 있다. 지구, 구역도 지역의 일종으로 그 범주 내에 속하며 지역> 지구> 구역의 위계로 이루어져 있다. 세로항의 각 용도는 건축법에서 더 자세하게 구분되어 있다.

다음 표는 원래의 용도지역별 건축가능용도 표이다.

용도지역별 건축가능 용도

○ 국토법시행령의 허용용도
△ 국토법시행령의 일부만 허용용도
□ 도시계획조례에서의 허용용도

주용도	용도	전용주거		일반주거			준주거	중심상업	일반상업	근린상업	유통상업	전용공업	일반공업	준공업	보전녹지	생산녹지	자연녹지	보전관리	생산관리	계획관리	관리지역	농림지역	자연환경	취락지구
		1종	2종	1종	2종	3종																		
단독주택	단독	○	○	○	○	○	○	□	□	○			□	□	□	○	○	○	○	○	○	△	△	○
	다중	○	○	○	○	○	○	□	□	○			□	□	□	○	○	○	○	○	○	△	△	○
	다가구	□	○	○	○	○	○	□	□	○			□	□		○	○	○	○	○	○	△	△	○
	공관	○	○	○	○	○	○	□	□	○			□	□	□	○	○	○	○	○	○	△	△	○
공동주택	아파트		○		○	○	○	□	△	△				□										
	연립	□	○	○	○	○	○	□	△	△				□		□	□		□	□	□			□
	다세대	□	○	○	○	○	○	□	△	△				□		□	□		□	□	□			□
	기숙사		○	○	○	○	○	□	□	□		□	□	○		□	□		□	□	□			□
제1종근린생활시설	수퍼등	△	△	○	○	○	○	○	○	○	○	○	○	○	□	○	○	□	△	△	△	□	□	○
	공공용도	□		○	○	○	○	○	○	○	○	○	○	○	□	○	○	□	△	○	○	△	□	○
제2종근린생활시설	음식점등			□	□	□	○	○	○	○	□	□	○	○		□	△	□	□	△	□	□		□
	종교집회	□	□	□	□	□	○	○	○	○	□	○	○	○	□	□	○	□	□	○	□	□	□	○
	단란주점							○	○	○	□													
	안마시술소						□	○	○	○	□	□	□	□		□	□	□	□	□	□			□
문화 및 집회시설	종교용	□	□	□	○	○	○	○	○	○	□		□	□	□		□	□		□	□	□	□	□
	공연장				□	□	□	○	○	□	□			□			□			□	□			□
	집회장			□	□	□	□	○	○	□	□			□		□	□			□	□			□
	관람장						□	○	○	□	□			□			□			□	□			□
	전시장	□	□	□	□	□	□	○	○	□	□	□	□	□	□	□	□			□	□			□
	동식물원				□	□	□	○	○	□	□			□			□			□	□	□		□
판매 및 영업시설	도매시장			□	□	□	□	○	○	△	○	□	△	△		□	□		□		□			□
	소매시장			□	□	□	□	○	○	△	○	□	△	△		□	□		□		□			□
	상점			□	□	□	□	○	○	△	○	□	△	△		□	□		□		□			□
	여객터미널						□	○	○	△	○	□	○	□			□			□				
	철도역사						□	○	○	△	○	□	○	□			□			□				
	공항						□	○	○	△	○	□	○	□			□			□				
	항만종합여객						□	○	○	△	○	□	○	□			□			□				
의료시설	병원			□	□	□	○	□	○	○		□	□	○	□	□	△	□	□	□	□	□		□
	격리병원							□	○			□	□	○	□	□	○	□	□	○	○	□		
	장례식장						□	□	○	○	□		□	○	□	□	○	□	□	○	○	□		
교육연구 및 복지시설	학교	□	□	△	△	△	○	□	□	○	□		□	○	△	△	○	△	△	○	○	△	△	□
	교육원연구소			□	□	□	○	□	□	○	□		□	○		□	○		□	○	○			□
	직업훈련소			□	□	□	○	□	□	○	□	□	□	○		□	□			□	□			□
	학원			□	□	□	○	□	□	○	□	□	□	○			□			□	□			□
	연구소			□	□	□	○	□	□	○	□	□	□	○			○			□	□			□
	도서관			□	□	□	○	□	□	○	□		□	○			○			○	○			□
	아동·노인·사회복지시설	□	□	○	○	○	○	□	□	○	□	□	□	○	□	○	○	□	□	○	○			□
	생활원·수련(유스호스텔)			□	□	□	○	□	□	○	□		□	○		○	○		□	○	○	□		□
	자연권수련			□	□	□	○	□	□	○	□		□	○		○	○	□	□	○	○	□		□
운동시설	박구장등			□	□	□	○	□	□	○				□		□	○			□	□			○
	체육관			□	□	□	○	□	□	○				□		□	○			□	□			○
	운동장			□	□	□	○	□	□	○				□		○	○			○	○			○
업무시설	공공청사					□	□	○	○	□	□			□										
	사무소				□	□	□	○	○	□	□			□										
	오피스텔			□	□	□	□	○	○	□	□			□										
숙박시설	일반숙박							△	△	△	□			□						□	□			
	관광숙박							△	△	△	□			□			□			□	□			□
	기타							△	△	△	□			□						□	□			
위락시설	단란주점							△	△	□	□													
	주점영업							△	△	□	□													
	특수목욕							△	△	□	□													
	유기장							△	△	□	□													
	투전기업소·카지노							△	△	□	□													
	무도장·무도학원							△	△	□	□													
공장	공장			□	□	□	□	□	□	□		○	○	△		□	□		□	□	□			□
창고시설	창고			□	□	□	□	□	○	□	○	○	○	○	△	△	△	□	△	△	△	△		△
	하역장			□	□	□	□	□	○	□	○	○	○	○	△	△	△	□	△	△	△	△		△
위험물저장 및 처리시설	주유소			□	□	□	□	□	□	□	□	○	○	○		□	□	□	□	□	□			□
	액화석유가스충전			□	□	□	□	□	□	□	□	○	○	○	□	○	□	□	□	□	□	□		□
	위험물제조소						□	□	□	□	□	○	○	○		□	□	□	□	□	□			□
	위험물저장소						□	□	□	□	□	○	○	○		□	□	□	□	□	□			□
	액화가스취급						□	□	□	□	□	○	○	○		□	□	□	□	□	□			□
	액화가스판매			□	□	□	□	□	□	□	□	○	○	○		□	□	□	□	□	□			□
	유독물보관, 저장						□	□	□	□	□	○	○	○		□	□	□	□	□	□			□
	고압가스충전저장			□	□	□	□	□	□	□	□	○	○	○	□	○	□	□	□	□	□	□		□
	기타			□	□	□	□	□	□	□	□	○	○	○		□	□	□	□	□	□			□
자동차관련시설	주차장	□	□	□	□	□	□	□	□	□	□	○	○	○			□			□	□			
	세차장			□	□	□	□	□	□	□	□	○	○	○			□			□	□			
	폐차장										□	○	○	○			□			□	□			
	검사장						□	□	□		□	○	○	○			□			□	□			
	매매장						□	□	□		□	○	○	○			□			□	□			
	정비공장						□	□	□		□	○	○	○			□			□	□			
	운전·정비학원						□	□	□		□	○	○	○		□	□		□	□	□			
	차고				□	□	□	□	□	□	□	○	○	○		□	□		□	□	□			
동물 및 식물관련시설	축사						□						□	□	□	○	○	□	□	○	○	□	□	○
	가축시설						□						□	□	□	○	○		□	○	○	□		○
	도축장												□	□		□	○		□	○	○	□		○
	도계장												□	□		□	○		□	○	○	□		○
	버섯재배사				□	□	□		□	□			□	□	□	○	○	□	○	○	○	○	□	○
	종묘배양				□	□	□		□	□			□	□	□	○	○	□	○	○	○	○	□	○
	온실			□	□	□	□		□	□			□	□	□	○	○	□	○	○	○	○	□	○
	기타				□	□	□		□	□			□	□	□	○	○	□	○	○	○	○	□	○
분뇨·쓰레기처리시설	분뇨폐기물											○	○	○		□	○		□	○	○	□		□
	고물상											○	○	○		□	○		□	○	○	□		□
	폐기물재활용											○	○	○		□	○		□	○	○	□		□
공공용시설	교도소			□	□	□	□	□	□	□	□	□	□	□	○	○	○	○	○	○	○	□		○
	감화원			□	□	□	□	□	□	□	□	□	□	□	○	○	○	○	○	○	○	□		○
	군사시설			□	□	□	□	○	○	□	□	□	□	□	○	○	○	○	○	○	○	□		○
	발전소			□	□	□	□	○	○	□	□	○	○	○		○	○	□	○	○	○	○	□	○
	방송국			□	□	□	□	○	○	□	□	□	□	□		○	○	□	□	○	○	□		○
	전신전화국			□	□	□	□	○	○	□	□	□	□	□		○	○	□	□	○	○	□		○
	촬영소			□	□	□	□	○	○	□	□	□	□	□		○	○	□	□	○	○	□		○
	통신용시설			□	□	□	□	○	○	□	□	□	□	□		○	○	□	□	○	○	□		○
묘지관련시설	화장장														□	□	○	□	□	○	□	□	□	
	납골당														□	□	○	□	□	○	□	□	□	
	묘지부수														□	□	○	□	□	○	□	□	□	
관광휴게시설	야외음악						□		□								○			□	□			
	야외극장						□		□								○			□	□			
	어린이회관						□		□								○			□	□			
	야영장								□								○			□	□			
	휴게소								□								○			□	□			
	공공유원지								□								○			□	□			

세로항의 각 용도는 건축법에서 정하는 용도별 건축물의 종류에서 확인할 수 있다.
건축법상 건축물의 용도는 28가지이며 시행령에서 보다 상세하게 세분화된다.

용도별 건축물의 종류
(건축법 시행령 별표1) [개정 2010.08.17]

1. 단독주택
   단독주택, 다중주택, 다가구주택, 공관
2. 공동주택
   아파트, 연립주택, 다세대주택, 기숙사
3. 제1종 근린생활시설
   {수퍼마켓, 일용품 등의 소매점 등}(1,000m^2 미만)
4. 제2종 근린생활시설☞ 근린생활시설은 거의 모든 용도가 가능하나 면적제한이 있음을 유의할 것.
   일반음식점, {공연장, 종교집회장 등}(300m^2 미만)등
5. 문화 및 집회시설
   공연장, 집회장, 관람장(1,000m^2 이상), 전시장, 동식물원 등
6. 종교시설
   종교집회장 등
7. 판매시설
   도매시장, 소매시장, 상점 등
8. 운수시설
   여객자동차터미널, 철도, 공항, 항만 등
9. 의료시설
   병원 등
10. 교육연구시설
    학교, 학원, 연구소, 도서관 등
11. 노유자시설
    아동관련시설, 노인복지시설 등
12. 수련시설
    유스호스텔 등
13. 운동시설☞ 규모가 적으면 근린생활시설, 관람석이 크면 문화 및 집회시설
    체육관, 운동장 등
14. 업무시설
    공공업무시설, 일반업무시설 등
15. 숙박시설
    일반숙박시설, 관광숙박시설 등
16. 위락시설
    단란주점, 유흥주점, 무도장, 카지노
17. 공장

18. 창고시설
    창고 등
19. 위험물저장 및 처리시설
    주유소 등
20. 자동차관련시설
    주차장, 세차장, 폐차장, 매매장, 정비공장, 운전학원 등
21. 동물 및 식물관련시설
    축사 온실 등
22. 분뇨 및 쓰레기처리시설

23. 교정 및 군사시설
    교도소 등
24. 방송통신시설
    방송국 등
25. 발전시설
    발전소 등
26. 묘지관련시설
    화장시설, 봉안당
27. 관광휴게시설
    야외음악당, 관망탑, 휴게소 등
28. 장례식장

◦ 용도의 확정

건축물의 용도는 항상 뚜렷하기만 하지는 않다. 때로는 불분명하여 여러 의견이 대립되기도 한다. 한 용도검토 사례를 소개한다.

Q. 명지대 자연캠퍼스 내에 기숙사를 건축할 때의 적용 용도는 무엇인가? (공동주택 혹은 교육연구시설)

A-1.

대학의 개념을 규정하는 "대학설립운영규정(대통령령)"의 별표2에 의하면 대학의 교사(校舍)시설은 {교육기본시설(강의실 등), 지원시설(학생기숙사 등), 연구시설(실험실 등), 부속시설(박물관, 부속병원 등)}로 구성되어 있는 바, 학생기숙사는 학교에 포함된다. 따라서 명지대학교 교지 내에 건축되는 기숙사는 교육연구시설의 적용을 받는다.

A-2.

설계시에는 공동주택의 적용을 받는다.

(해설)

갑설이 유력하나, 계획방향을 확정짓기 위해서는 해당지역 허가권자의 유권해석이 필요하다. 건축가는 그전에 스스로 파단하고 자신의 주장을 뒷받침하는 근거자료를 준비하여 허가권자 내지 상위권자의 유권해석을 유도하고, 서류로 확인하는 것이 바람직하다.

◦ 새로운 용도

정부는 필요시 새로운 개념을 제한적으로 운용하기도 한다. 사례로 공동주택 내 세부용도의 경계를 모호하게 하는 '도시형 생활주택'을 들 수 있다.

도시형 생활주택 운영지침
(국토해양부, 2009.04.30)

주택법, 시행령 및 주택건설기준 등에 관한 규정의 개정에 따라 도시형 생활주택제도의 시행을 위하여 세부 운영지침 마련함.

도시형 생활주택의 주요 특징

① (입 지)
「국토의 계획 및 이용에 관한 법률」에 따른 도시지역
② (규 모)
20세대 이상 150세대 미만
③ (인허가)
주택법 제16조에 따라 사업계획승인을 득해야 함
④ (유 형)
단지형 다세대주택, 원룸형 주택, 기숙사형 주택
⑤ (전용면적)
단지형 다세대주택 : 85㎡ 이하,
원룸형 주택 : 12㎡ 이상 ~ 30㎡ 이하,
기숙사형 주택 : 7㎡ 이상 ~ 20㎡ 이하
⑥ (건축법상 용도)
'단지형'은 다세대주택 해당. '원룸형' 및 '기숙사형'은 아파트, 연립주택, 다세대주택으로 다양하게 가능

2) 그 동네에 이 건물이 가능하다면 어느 정도까지 지을 수 있는가?

건물의 가능한 용적은 건폐율과 용적율로 표현되며 국토의 계획 및 이용에 관한 법률에서 규정하고 있다.

3) 그 땅의 지목은 무엇인가?

건물은 원칙적으로 대垈(혹은 00용지)라는 땅에만 지어질 수 있다. 땅의 종류를 지목이라 하며 측량, 수로조사 및 지적에 관한 법률에서 규정하고 있다.
도시지역에서는 대부분의 필지가 대지인데 비해 녹지지역과 같은 비도시이역에서는 대지보다 전, 답, 임야가 흔하다. 대상지가 대지가 아닌 경우 그에 대한 개발행위절차[11]가 필요한데 이 행위는 통상 지역의 토목사무소에서 시행한다.

지목의 종류
측량, 수로조사 및 지적에 관한 법률 시행령 제5조 (지목의 구분)

1. 전(田)
물을 상시적으로 이용하지 아니하고 곡물·원예작물(과수류를
제외한다)·약초·뽕나무·닥나무·묘목·관상수 등의 식물을 주로 재배하는 토지와 식용을 위하여
죽순을 재배하는 토지는 "전"으로 한다.
2. 답(畓)
물을 상시적으로 직접 이용하여 벼·연·미나리·왕골 등의 식물을 주로 재배하는 토지는 "답"으로 한다.

5. 임야(林野)
산림 및 원야(原野)를 이루고 있는 수림지·죽림지·암석지·자갈땅·모래땅·습지·황무지 등의 토지는 "임야"로 한다.

8. 대(垈집터)
다음 각목의 토지는 "대"로 한다.
가. 영구적 건축물중 주거·사무실·점포와 박물관·극장·미술관 등 문화시설과 이에 접속된 정원 및 부속시설물의 부지
나. 국토의계획및이용에관한법률 등 관계법령에 의한 택지조성공사가 준공된 토지

10. 학교용지(用地)
학교의 교사와 이에 접속된 체육장 등 부속시설물의 부지는 "학교용지"로 한다.
11. 주차장
자동차 등의 주차에 필요한 독립적인 시설을 갖춘 부지와 주차전용 건축물 및 이에 접속된
부속시설물의 부지는 "주차장"으로 한다.

14. 도로(道路)

15. 철도용지

17. 하천(河川)
18. 구거(溝渠)
인공적인 수로
19. 유지(流地)
물이 고이거나 상시적으로 물을 저장하고 있는 댐·저수지·소류지·호수·연못

22. 공원(公園)

28. 잡종지

---

11) 농지에 건축하는 행위는 개발행위허가대상이므로 개발행위허가를 득해야 한다. 도시지역의 경우에는 건축허가에 개발행위허가와 농지전용(轉用)허가가 의제(擬制) 처리된다. 그러나 도시외지역에서는 농지법에 의거하여 먼저 농지전용허가를 득한 후 형질변경허가(절토성토가 필요한 경우)를 거쳐 건축인허가를 접수시켜야 한다. (의제처리란 유사한 제도에 준해 시행한 것으로 인정한다는 뜻)

4) 안전하게 집짓기

건축법과 주차장법 등이 여기에 해당되는 법이다. 건축법은 건물의 구조와 안전, 건축행정 등에 관해 규정하고 있으며, 주차장법은 주차장의 규격, 용도별 주차대수 등에 관해 규정하고 있다. 지방자치제의 시행에 따라 각 지방자치제는 모법의 규정 내에서 다르게 적용하므로 실제 적용은 조례를 확인해야 한다.

아울러 장애우에 대한 배려가 필요하다.

5) 신축, 증축 및 리모델링 등 을 위한 추가 확인사항

증축이나 리모델링의 경우 일반건축물대장에서 기존 건물의 규모와 용도 등을 확인할 수 있다. 추가로 건축을 비롯한 도면과 구조계산서 등의 보유 여부는 용역의 양에 상당한 영향을 미친다.

이상에서 살펴본 지적 및 건물을 확인하기 위한 서류는 다음과 같으며 주소지로 확인한다.

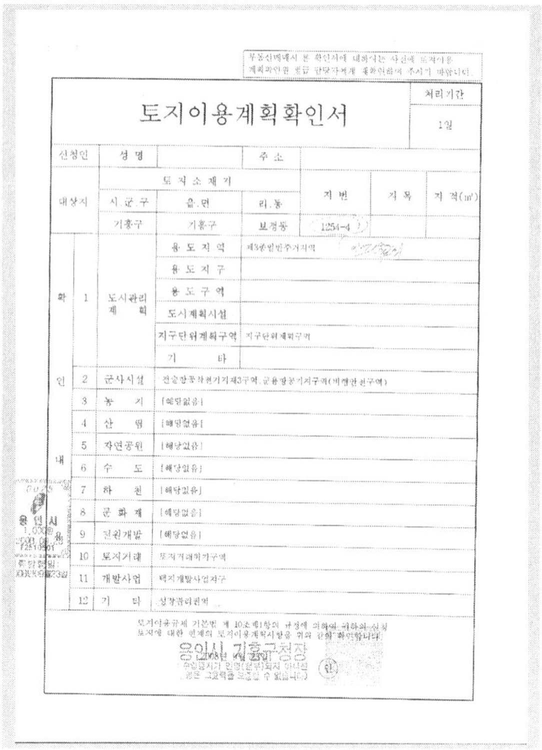

토지이용계획확인서(앞면) ☞ 시청(구청)

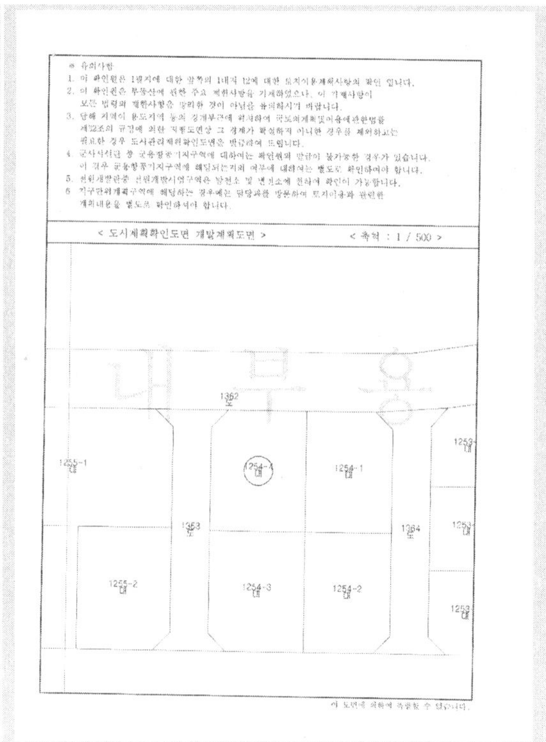

토지이용계획확인서(뒷면≒지적도)

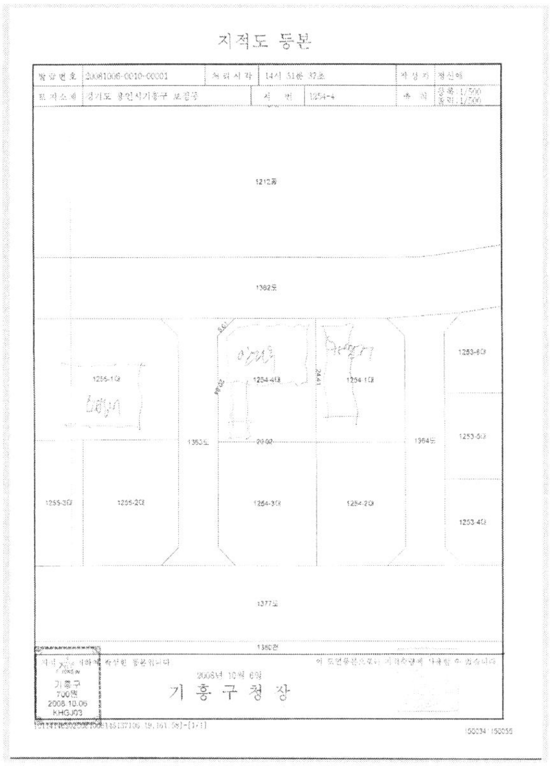
지적도 등본

기흥구청장

지적도(도시지역) ☞ 시청(구청)

지적도 등본

경기도 용인시장

지적도(비도시지역)

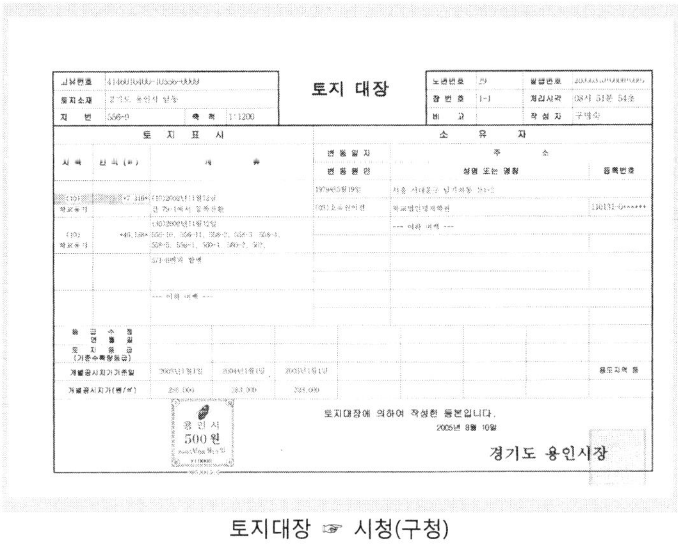
토지 대장

토지대장에 의하여 작성한 등본입니다.

경기도 용인시장

토지대장 ☞ 시청(구청)

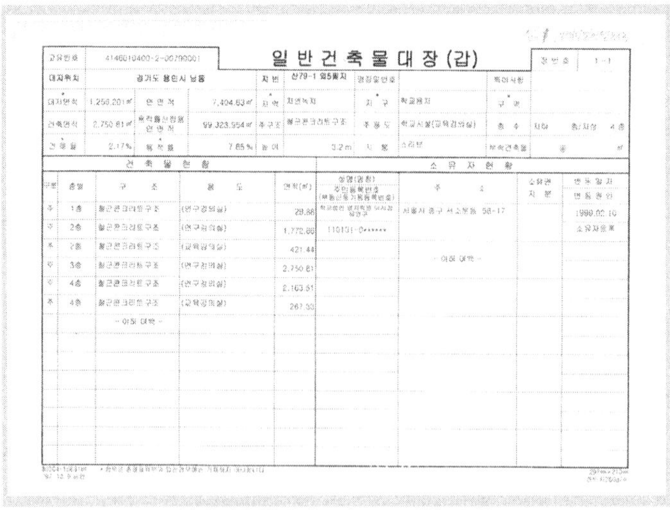

일반건축물대장(갑)

일반건축물대장(1면) ☞ 시청(구청)

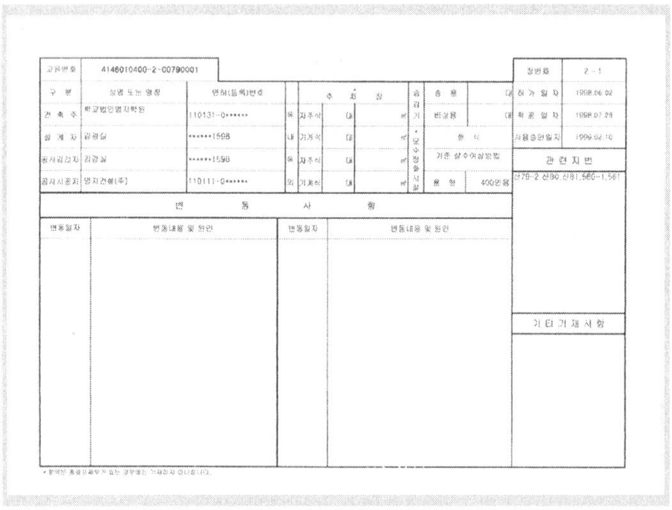

일반건축물대장(2면)

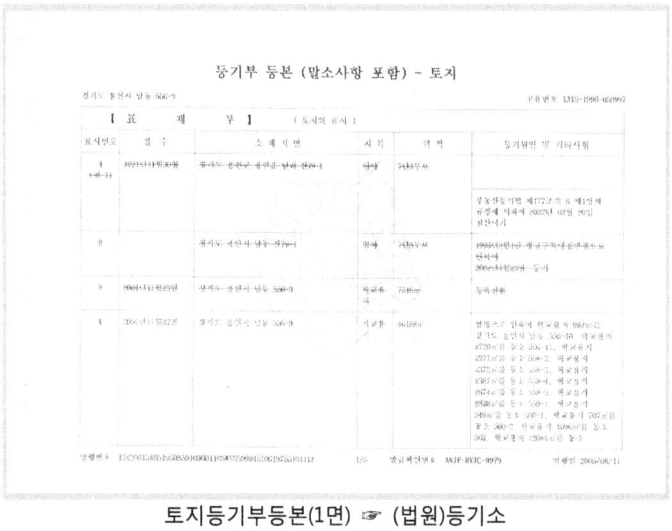

등기부 등본 (말소사항 포함) - 토지

토지등기부등본(1면) ☞ (법원)등기소

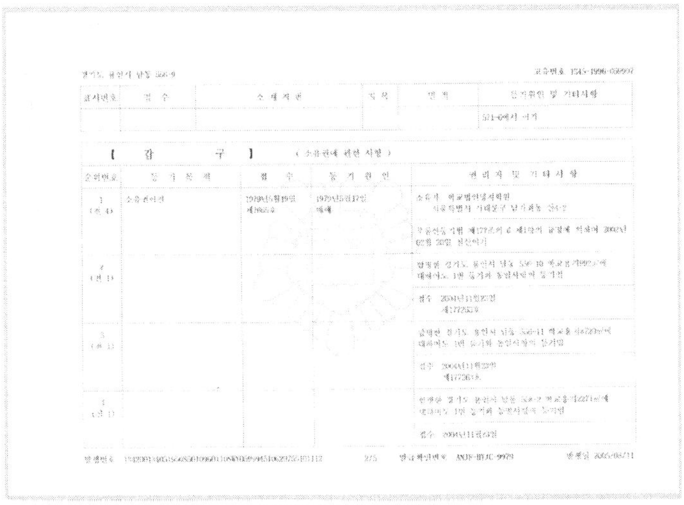

토지등기부등본(2면)

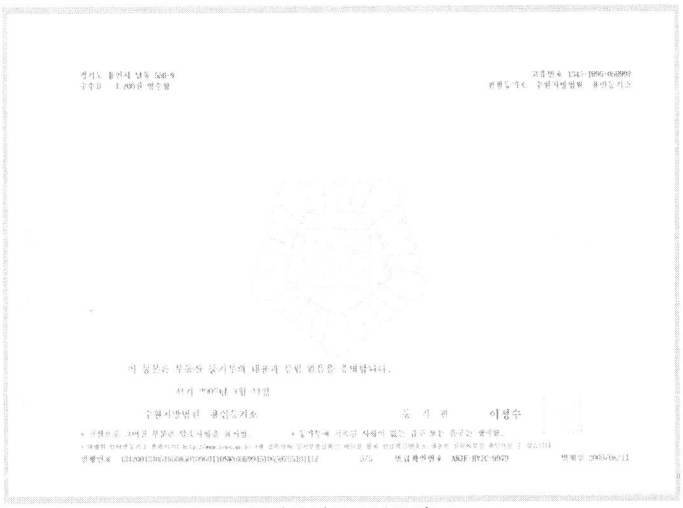

토지등기부등본(3면)

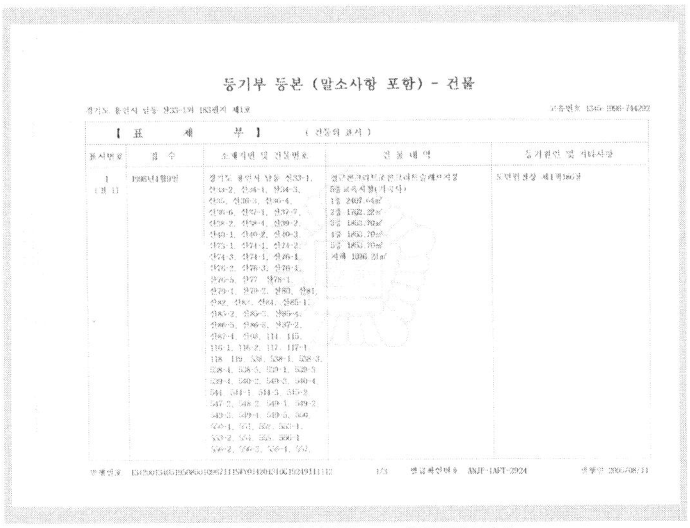

등기부 등본 (말소사항 포함) - 건물

건물등기부등본(1면) ☞ (법원)등기소

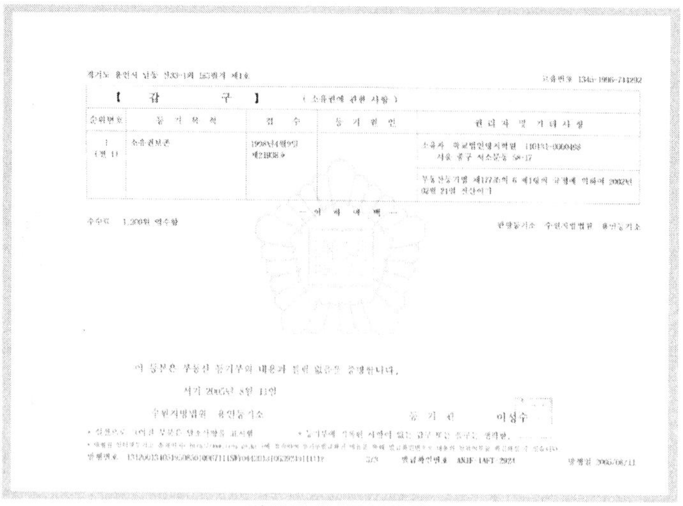

[경기도 용인시 남동]533-1외 5필지 제1호 고유번호 134[illegible]-1996-714292

【 갑 구 】 (소유권에 관한 사항)				
순위번호	등 기 목 적	접 수	등 기 원 인	권리자 및 기타사항
1 (전 1)	소유권보존	1998년4월9일 제21938호		소유자 학교법인[illegible] 110131-0000468 서울 중구 서소문동 58-17
				부동산등기법 제177조의 6 제1항의 규정에 의하여 2002년 02월 21일 전산이기

-- 이 하 여 백 --

수수료 1,200원 영수함 관할등기소 수원지방법원 용인등기소

이 등본은 부동산 등기부의 내용과 틀림 없음을 증명합니다.

서기 2005년 8월 11일

수원지방법원 용인등기소 등 기 관 이성수

건물등기부등본(2면)

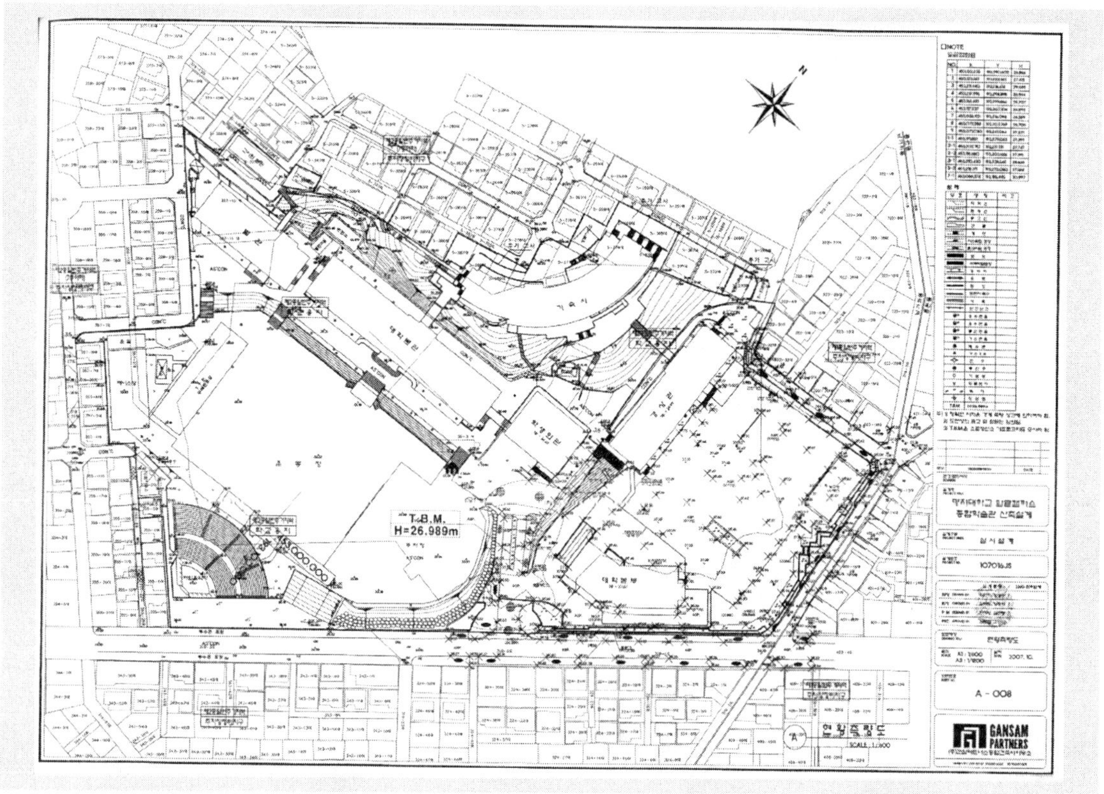

현황측량도 ☞ 토목용역사가 현황을 도면화 하는 작업

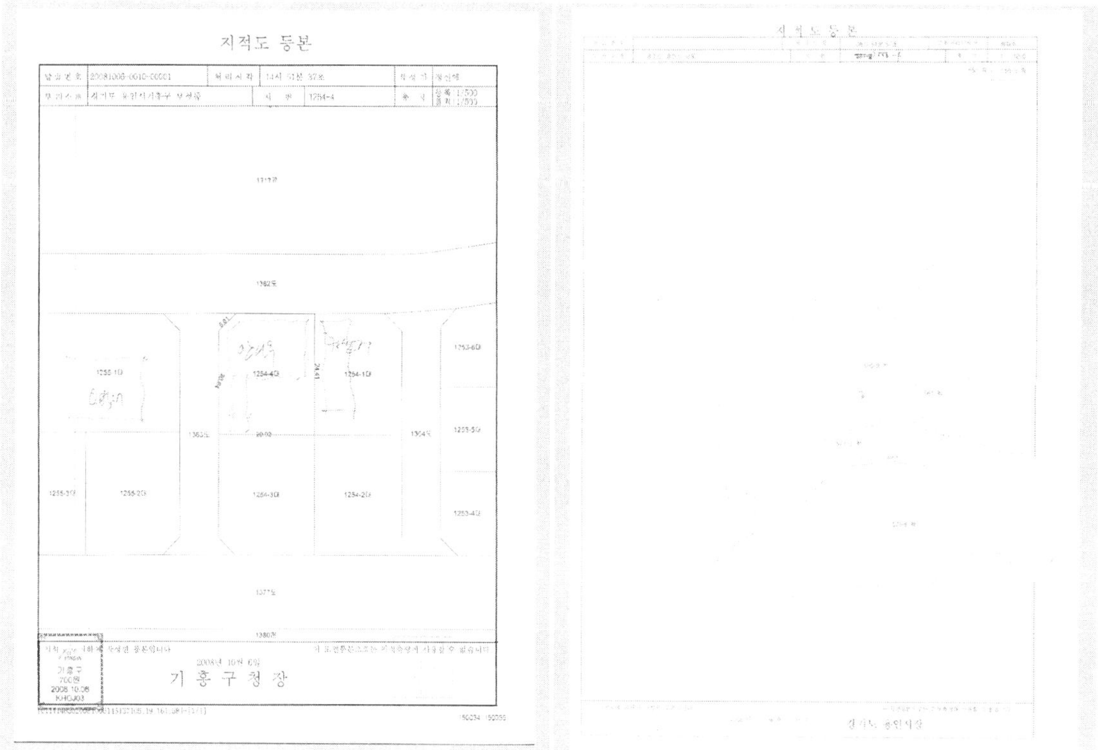

지적도

경계복원측량 ☞ 지적공사가 자체적으로 보관하는 원본 도면에 의해 현장에서 대상지의 위치를 확인하는 작업

§ 무장애 설계Barrier-free Design

■ 장애자(☞ '장애우'로 순화, 지체부자유자, Handicapped People)의 정의

◦ 일반적 의미로는 정신장애, 지체장애(보행, 시각. 청각. 언어지각 장애)를 의미하지만,

◦ 건축에서의 장애는 다음과 같이 구분한다.

목발, 휠체어, 시각장애	영구 장애
유아, 임산부	일시 장애
노인	자연발생적 장애

■ Barrier-free Design 필요성

◦ 일시장애 포함 시 전체 장애우 비율 30%에 육박한다.

◦ 장애우에게 편한 것은 일반인에게도 편하다

☞ 유니버설 디자인(모든 사람을 위한 보편적, 광의적 개념)의 근거가 된다.

예) 양손에 쇼핑백 들고 문 열 때, 노브형보다 레버형 손잡이가 편리하다.

■ 건축물에서의 Barrier-free Design은 <휠체어의 접근성>으로 판단하자.(치수는 유효폭)

휠체어
폭70cm X 길이110cm
전륜직경 150cm

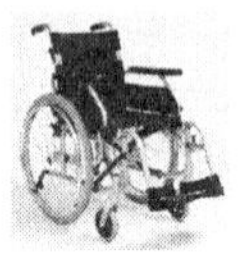

수동식
W720*L1040*H910
앞바퀴직경
150mm

전동식
폭600*길이1140
*높이970/
무게 64kg

☞ 주차 / 문 / 복도 / 주 공간 / 화장실 X

단차이 해소- 3cm 이하

경사 확보- 1/12 이상~1/18 권장

혹은 승강기- 11인승w/백미러; 15인승 이상

최소폭 확보- 1.2m+ 교행공간

회전공간 확보- 1.4*1.4m각(옥외1.5m각)

돌출물 해소-

◦ 주차: 규격 (폭2.3±1)X길이5m, 바닥에 장애자표시, 출입구에 근접, 안전통로 확보

◦ 단차이 금물: 앞바퀴 반지름이 고작 8cm 미만

◦ 출입구

폭 0.8m 이상, 근처에 여유 공간 확보

도아형식: 회전문< 여닫이문< 미닫이문< 자동문 권장, 문손잡이는 레버식 내지 푸시오픈식

◦ 복도: 난간 설치, 굴절부 모서리는 둥글게 또는 모따기

◦ 휠체어리프트는 무용지물(폭 좁은 계단에서는 사용불가) ☞ 승강기 설치

◦ 승강기:

U턴 가능한 15인승이나 백미러 달린 11인승 w/점자 조작 낮은 판넬

병원 2,3층까지는 램프, 그 이상은 엘리베이터를 적용하는 것이 좋고, 소규모 건물에서는

2층 건물이라도 승강기 설치하면 화물운송에도 유리하다.(Universal Design)

◦ 관람석: 휠체어 공간은 일반좌석 앞뒤 2열분 깊이에 옆 보호자석 공간 확보

■ 검토표

◦ 장애자,노인,임산부등의 편의증진보장에 관한 법률 시행령,
별표2 대상시설별 편의시설의 종류 및 설치기준

편의시설	매개시설			내부시설			위생시설					안내시설			기타시설				
	주출입구, 접근로	**장애인 전용 주차 구역**	**주출입구 높이 차이 제거**	**출입구 (문)**	**복도**	**계단, 승강기**	화장실			욕실	샤워실, 탈의실	**점자블록**	**유도 및 안내설비**	**경보 및 피난설비**	객실. 침실	관람석.열람석	접수대.작업대	매표소.판매기.음료대	임산부휴게시설
							대변기	**소변기**	세면대										
교육연구시설 (학교)	의무	의무	의무	의무	의무	의무	의무	의무	권장			의무	의무	의무		권장	권장		권장

■ 화장실

◦ 일반적으로 남녀화장실은 인접 설치하되, 입구는 분리하여 시선이 마주치지 않게힌다. 내부여닫이의 경우 내부깊이가 깊어져 연결부위가 발생한다.

연결부위

◦ 장애우 휠체어의 회전공간을 확보해야 한다.

별도실: 폭2mX깊이1.8m 이상, 남녀구분 설치

내부실. 폭1mX깊이1.8m 이싱으로 입구쪽에 가까이 설치

◦ 세면기는 목발자용과 휠체어용[12]에 차이가 있다.

◦ 장애우 화장실의 위시

장애우 화장실을 일반 화장실 내부에 배치한 것과 별도실로 처리하는 것에는 어떤 장단점이 있을까? 아빠가 장애인 딸을 돌볼 경우 혹은 그 반대 경우를 가정해 보라.

◦ 다음은 별도실의 사례이다.

인천공항

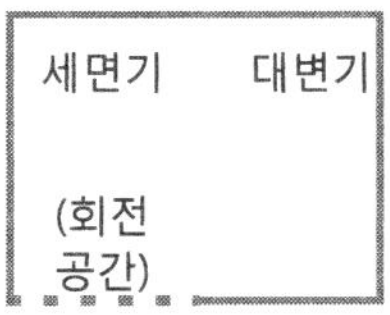

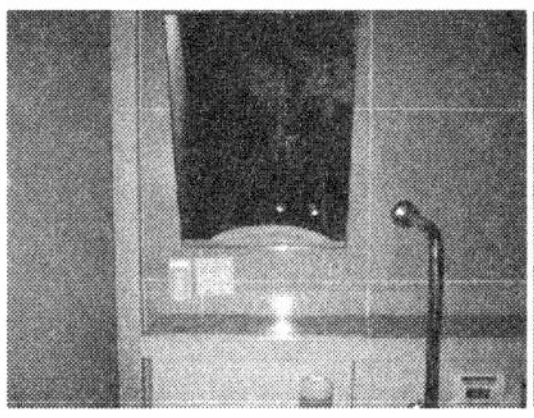

12) 장애우용 세면기는 목발자용과 휠체어용으로 구분되는데 휠체어용은 세면기하단으로 휠체어가 들어갈 수 있도록 하단이 65cm 이상이되, 상단은 85cm 이하여야 한다.

고려대학교 이공대
하나스퀘어

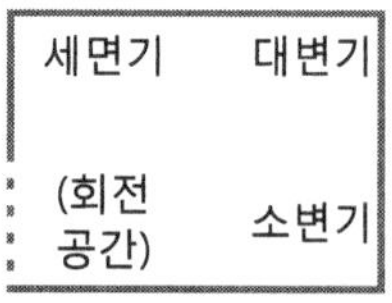

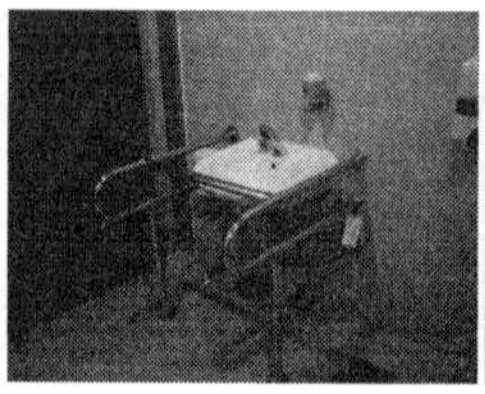

- 점자판(시각장애인)

◦ 점자블록 위치는 발이 아니라 지팡이임에 유의할 것.

◦ 선형(유도형; 따라 가시오) vs 점형(감지형; 위험, 주의!)의 차이에 유의하라. 많은 점자블록이 무신경하게 시공되어 있다.

- Barrier-free Design의 다음 단계는 Universal Design이다.

§ 법.제도의 변천과정을 통한 건축 관련 제 법규의 이해

2007 하우징 브랜드 페어 세미나

윤혁경

[2007.2 현재]
- 직업: 행정공무원
  (2010년 현재 에이앤유건축사사무소 도시디자인부문 대표, 서울대 건축학과 객원교수)
- 출생: 1953년 12월 04일
- 소속: 서울시 디자인서울총괄본부 도시경관담당관
  1977년 서울시 건축직 9급 공무원으로 출발,
  동작·용산·송파구청 건축과장 역임
  2003년 4급으로 승진, 2008년 현재까지 서울시청에 근무
- 학 력
  1999 서울산업대학교 건축공학과
  2001 서울시립대학교 도시과학대학원 건축공학과 졸업(공학석사)
  2002 서울대학교 환경대학원 도시환경정책 최고전문가과정 수료
  2004 한양대학교 대학원 디벨로퍼 CEO과정 수료
- 면 허
  1985.12.15 건축사 면허 취득

서론

건축과 토지는 불가분의 관계다. 건축물의 건축은 토지가 처한 상황에 따라 개발이 가능하기도 하고 불가능하기도 하기 때문이다. 용도지역·지구에 따라 허용용도와 개발밀도가 결정된다. 도시지역과 비도시지역, 산림과 농지에 따라 적용되는 법률과 기준이 다르다. 신도시 조성과 기성시가지 재정비도 법률과 방법이 다르다. 문제는 토지이용과 관련된 법령이 너무 많다는 것이다. 전문가도 이해하기가 쉽지 않다. 더구나 잦은 제·개정 때문에 더욱 혼란스럽다.

여기서 토지이용 및 개발관련 법률과 건축(개발)과의 관계를 살펴보고, 변천과정을 통해서 미래의 건축 환경을 예측해볼 수 있을 것이다. 과거와 현재, 어떤 법률이 있으며, 어떤 역할을 하고 있는지, 그 영향은 어디까지인지 등을 들여다보고자 한다.

과거, 우리는 급속성장에 따른 성장통을 앓았다. 급격한 주택공급과 대형건축물의 건립과정에서 안전성과 편리성을 확보하기에도 어려웠다. 성수대교와 삼풍백화점 붕괴사고 등 1990년대의 대형사고가 이를 증명한다.
지난날의 과밀·난개발의 여파로 자연환경과 도시환경에 대한 무분별한 훼손, 기반시설에의 과부하 초래 등에 따른 대안으로 오늘 날, 선 계획 후 개발의 정책을 도입, 체계적·계획적인 종합개발계획을 수립한 후에 단위사업을 추진하도록 시스템을 개편, 운영하고 있다.
지금부터 앞으로는 보건환경과 경관확보에 주안점을 둘 것이다. 인간다운 삶이 화두가 될 것이다. 실내 기후 기준, 친환경 기준, 성능평가, 경관계획, 경관형성사업 등 아주 디테일한 부분에서 이를 다룰 것이다. 최근 이와 관련된 각종 법률과 기준이 앞 다투어 제정되고 있는 실정이다.

과거_압축개발 성장시대

「**건축법**」과 「도시계획법」은 전통적인 건축과 토지이용에 관한 법률이다. 모두 1962년1월20일 제정되었다.
1945년, 해방 이후 18년만이다. 그렇다면 그 전에는 아무런 제한이 없었다는 말인가? 그렇지는 않다. 1934년도에 제정된 「조선시가지계획령」이 두 법을 대신했다. 「조선시가지계획령」은 건축과 도시계획, 그리고 토지구획정리사업에 관한 내용으로 구성되어 있었다.

5·16으로 정권을 잡은 군사정부는 당시 우리나라 행정법률이 전무한 사실을 알고, 1961년12월31일까지 우리나라 법률을 제정하지 않으면 종전 일제시절에 만든 모든 법률은 효력을 중지시킨다는 소위「구법정리에 관한 임시조치법」을 제정, 강제적으로 우리나라 법률을 제정하도록 강제했다.

당시, 법령을 제정할만한 전문가도 부족했고, 시간적인 여유도 없었기 때문에 당시 사용 중이던「조선시가지계획령」의 내용을 건축부분과 도시계획부분으로 형식적으로 구분, 급하게「건축법」과「도시계획법」을 제정하게 된 것이 역사다. 법률 곳곳에서 아직까지 일본식 표현이 많은 것은 그 여파 때문이다.

1960년부터 2000년까지, 급속적인 성장을 했다. 1인당 국민소득 60달러 미만이었던 것이 현재 1만6천 달러가 되었다. 도시는 외연확장과 수직공간이 급팽창되는 종래에 경험하지 못한 상황을 맞이하게 되었다. 구체적으로 건축물의 대형화·고층화가 진행되었고, 기성시가지의 재정비사업과 신규택지의 공급을 통한 주택보급율의 증대, 이를 위한 국토·도시공간은 몸살을 앓을 수밖에 없었다.

■ 택지공급 시스템 구축

기성시가지에 있어서 단위 개발만으로 수요를 충족시킬 수 없었다. 도시지역을 대상으로 계획된 토지의 공급이 필요했고, 이를 위해 1966년「토지구획정리사업법」이 제정되었다. 2000년1월 동 법률이 폐지될 때까지 상당부분의 토지공급원 역할을 했다. 그러나 토지구획정리사업은 그 개발이익 대부분이 토지소유자에게 돌아가는 구조로 되어 있어, 문제가 있었다.

더 이상 개발이익이 사유화되는 것은 바람직하지 않았을 뿐만 아니라 주택공급을 위하여 절대적으로 부족한 택지를 조기에 공급하기 위해서는「토지구획정리사업법」보다 더 강력한 수단이 포함된「택지개발촉진법」이 1981년에 제정되게 된다.

이는 도시지역은 물론이고 비도시지역에 이르기까지 택지를 확보할 수 있었다. 한국토지개발공사가 그 역할을 담당했다. 주민의 의견수렴, 보상가격 책정 등 다소 비민주적이랄 수 잇을 정도로 강압적으로 추진했었다. 그 결과 1981년부터 2004년까지 무려 5억437만6천㎡의 택지를 공급하게 되었고, 주택공급률이 100% 넘게 달성될 수 있었던 원천이 된 것이다.

■ 비도시지역으로의 개발확대

「도시계획법」은 말 그대로 도시를 '계획'하는 법률이다. '계획'은 규제를 전제로 한다. 토지이용에 따른 내용적인 규제는 물론, 그 절차적인 면에서도 다른 어느 법률보다 엄격하게 관리한다.

도시지역은 전국토의 15%정도밖에 안된다. 나머지 85%인 비도시지역(준도시지역, 준농림지역, 농림지역, 자연환경보전지역)에 대해서는 특별히 규제할 필요성을 느끼지 못했다. 그러나 점차 국가경제규모가 커지면서 부족한 토지를 비도시지역에서 공급될 수밖에 없었기 때문에 비도시지역도 체계적인 관리가 필요했고, 이를 위해 1972년「국토이용관리법」을 제정하게 되었다.

이 법은 국토를 어떻게 잘 이용하게 할 수 있을까 하는 법률이다. 규제를 전제로 하고 있지만 '이용'쪽에 더 무게를 두었던 법률이다.

1988년 노태우 정부가 '주택200만호 건립정책'을 수립, 추진하면서 도시지역만으로는 공급에 한계(일반주거지역의 용적률을 300%에서 400%로 완화하였으나 신규 택지가 고갈되었고, 재개발·재건축을 통해서 증가되는 세대수만으로 공급하기에는 역부족이었음)가 있다고 보아 1994년, 김영삼 정부는 전국토의 26%나 되는 준농림지역과 준도시지역의 개발을 허용하게 한다.

그 결과 주택공급에는 일조를 했지만 자연환경을 훼손하고, 학교·도로·교통 등 도시기반시설에 대한 과부하를 초래하는 등 적지 않은 도시문제를 야기하게 되었다.

1985년 69.8%이던 주택보급률이 2002년 100.6%를 달성하였다. 2002년을 기준으로 1,235만8천호가 되었으니 1985년 610만5천호 보다 약 2배인 625만3천호가 증가한 셈이다.

■ 주택공급촉진 정책

무주택 국민에 대한 주택공급은 정부의 책무다. 「주택건설촉진법」이 1972년 제정되었다. 말 그대로 주택건설을 촉진하기 위함이다. 아파트 건립용 토지를 집중 공급하고, 건설에 걸림돌이 되는 각종 규제를 철폐하고, 행정절차를 one-stop으로 처리하며, 국민주택기금을 확보, 저리융자 등을 통한 각종 지원방안을 그 내용으로 하고 있다.

1984년에는 「임대주택건설촉진법」을 제정, 주택구입능력이 부족한 가구의 주거생활안정을 도모하기 위하여 장기임대주택의 건설을 촉진, 공공이 우선하여 이 일에 참여하였고, 민간부문에 있어서도 재정·금융 지원과 저렴한 택지를 공급하는 등 각종 지원제도를 마련하였다.

1970년 우리나라의 주택보유수는 436만호로 보급률은 78.2%에 불과했었다. 건설촉진정책을 통해 2005년 현재, 주택은 모두 1,322만3천호로 보급률은 105.9%에 이른다.

■ 기성시가지 재정비 시작

경제성장은 필연적으로 기성시가지의 재정비를 필요로 한다. 상업·업무공간의 확충과 주택공급을 실현시키기 위한 방편으로 1976년12월31일 「도시재개발법」을 제정, 도심재개발사업과 불량주택 재개발사업이 가능하도록 했다. 그리고 1987년에는 「주택건설촉진법」을 개정, 기존 공동주택에 대한 재건축의 길도 열어 두었다.

건폐율과 용적률, 일조기준과 주차기준 등을 대폭 완화하여 도시저소득주민이 스스로 주거환경을 개선할 수 있도록 「도시저소득주민의 주거환경개선을 위한 임시조치법」을 1989년에 제정(2004.12.31까지 한시적으로 운영하였음)했다. 도로공원등 필요한 기반시설은 공공의 부담으로 우선 시행한 후 민간 개발을 통해 환경개선을 추진했다. 대부분 다세대주택과 다가구주택으로 건축했다. 그 결과 재정착률은 다른 방식의 사업보다 상당히 높았다. 그러나 완화된 건축기준 때문에 주거환경은 상대적으로 열악하게 되어, 머지않은 장래에 다시 재개발이 필요할 것이라는 비판도 받고 있다.

현재_체계적이고 종합적인 계획관리시대

과거의 개발일변도 시절, 도시의 외연팽창, 과밀집중을 통한 도시문제는 더 이상 외면할 수 없었다. 2000년을 전후해 사회적인 논의가 활발하게 전개되었다. 자연환경이나 도시경관의 훼손은 물론이고, 기반시설에의 과부하를 초래하는 등 더 이상 국토·도시를 방치해서는 안된다는 사회적인 합의를 통해 정부는 '지속가능한 개발', '환경친화적인 개발', '선계획-후개발'이라는 국토·도시관리 정책을 선언하게 된다.

이를 구체화 한 첫 번째 조치가 2000년 전면 개편된 「도시계획법」을 통해서 였다. 주택공급촉진책으로 400%로 높였던 일반주거지역의 용적률을 300%로 하향조정 하고, 기반시설연동제를 도입했다. 그리고 「국토이용관리법」을 개정, 준농림지역과 자연환경보전지역에 대한 건축기준을 강화하는 등 개발사업에 상당한 영향을 끼치는 제도가 속속 보완되기 시작했다.

■ 국토·도시의 체계적·계획적인 관리시스템 구축

그동안 주요 주택공급원이던 준농림지는 더 이상 방관할 수 없는 지경에 이르게 된다. 주택공급도 중요하지만 이로 인해 발생한 문제는 더 심각했기 때문이다.

2002년, 비도시지역, 특히 준농림지역을 보다 엄격하게 관리할 목적으로 「국토이용관리법」과 「도시계획법」을 통합, **「국토의 계획 및 이용에 관한 법률」**로 전면개편하게 된다.

전 국토의 26%인 준농림지역과 준도시지역을 '관리지역'으로 통합하고, 이를 다시 계획관리·생산관리·보존관리지역으로 세분, 도시지역안의 녹지지역 수준(4층 이하 용적률 80%이하)으로 관리하면서, 아파트는 계획관리지역에 한하여 개발을 허용하도록 했다.

개발이 따른 필요한 기반시설은 모두 개발사업자가 부담하는 기반시설부담구역으로 지정함과 동시에 2종 지구단위계획구역으로 지정, 체계적인 개발계획을 수립할 경우에만 용적률 150% 범위 안에서 층수를 완화하고 있다.

300% 용적률 하나로 관리한 일반주거지역도 제1종(4층 이하, 150% 이하, '이하 서울시 기준'), 제2종(7층 또는 12층 이하, 200% 이하), 제3종 일반주거지역(250% 이하)으로 세분했다.

기반시설연동제를 도입했다. 도시기반시설을 더 이상 확보가 곤란한 곳은 '개발밀도제한구역'으로 지정, 건폐율과 용적률을 강화할 수 있도록 했으며, 기반시설을 확보할 수 있는 경우에도 개발에 따른 필요한 기반시설을 개발자가 부담하도록 하는 '기반시설부담구역'(2006년7월부터는 모든 개발사업에 기반시설부담금을 납부토록 하는 「기반시설부담금에 관한 법률」이 제정됨으로 기반시설부담구역 제도는 삭제하게 됨)제도를 신설했다.

■ 선계획 - 후개발을 위한 주택정책의 전환

정부는 2002년 주택보급률이 100.6%를 넘게 되자 지금까지의 공급촉진에서 관리정책으로 전환하는 법령 개편을 했다.

도시 전체적인 차원에서 개발을 컨트롤 하도록 도시마다 10년 단위의 "도시·주거환경정비기본계획"을 수립하도록 하고, 모든 개발사업을 지구단위계획과 연동시킴으로 말 그대로 계획을 세운 후에 개발하게 하는 등 대폭적인 체계변화가 2003년에 있었다.

「주택건설촉진법」을 폐지, 「주택법」으로 제정하고, 재건축부분은 「도시재개발법」에 의한 주택재개발사업, 「도시저소득주민의 주거환경개선을 위한 임시조치법」에 의한 주거환경개선사업을 하나의 체계로 통합, 운영하기 위해「도시 및 주거환경정비법」을 제정한 것이다.

■ 복합기능 도시의 개발

주택단지개발, 산업단지개발 등과 같은 단일목적의 개발방식에서 신도시의 개발 등 복합적 기능을 갖는 도시를 종합적·체계적으로 개발할 수 있도록 「도시개발법」을 2000년1월28일 제정했다. 도시계획사업에 관한 부분과 「토지구획정리사업법」을 통합·보완했다. 그동안 이러한 사업은 공공이 주도했었다면 앞으로 민간부문의 참여활성화를 위한 목적도 있다. 민간개발사업자에게 수용권을 부여하기 때문에 사업의 원활한 추진이 가능하게 될 것이기 때문이다.

도시개발사업 대상은 주거·상업지역은 1만㎡, 공업지역은 3만㎡ 이상이어야 하고, 도시지역 외의 지역은 30만㎡ 이상이 되어야 한다. 너무 작은 단위로 개발할 경우 난개발이 될 우려가 있기 때문이다. 서울의 은평 뉴타운 사업이 이 법률에 의한 대표적인 사업이다. 도시개발사업은 반드시 지구단위계획을 수립해야 한다.

2004년 말 현재 846개 지구 5억8,580만㎡가 지정되었고, 그 중 564개 지구 4억9,038만㎡의 도시개발사업이 완료되었다.

미래_보건환경과 도시경관이 우선시되는 시대

2006년3월24일 개정된 「환경분쟁조정법」에 따르면 '일조방해'와 '통풍방해', '조망저해'에 대한 사항도 환경분쟁조정 대상에 추가되었다. 그동안 소음이나 직접적인 재산피해에 대한 분쟁이 대부분이었으나 환경관련 간접적인 피해까지 피해를 주장하는 민원이 급증함에 따른 조치이다. 건강한 삶, 풍요로운 삶에 대한 국민의식이 그만큼 성장했다고 보아야 한다.

최근 '웰빙(Well-being)', '로하스(LOHAS : Lifestyles of Health and Sustainability)' 등 건강관련 산업이 주택·건축사업에 미친 영향이라고 보아야 한다.

앞으로 조망은 엄청난 가치를 창조할 것이다. 숲이나 하천을 바라볼 수 있는 그 자체가 권리로 인정되는 추세이다. 앞으로 자연훼손이나 도시경관을 저해하는 개발에 대한 제동이 걸릴 전망이다.

최근 개정되는 각종법령을 들여다보면 이와 관련된 변화를 감지할 수 있을 것이다. 설계단계에 건축시공단계에 어떻게 반영되어야 할 것인지에 대한 고민을 해야 할 때이다.

▪ 보건·위생적인 건축물

2006년 개정 시행되는 「주택법」에 따르면 2,000세대 이상 '주택성능평가 제도'에 따라 분양·공고할 때에 그 평가내용을 알리도록 되어있다. 경량충격음·중량충격음 등 소음관련 등급, 조경·조망권·일조·실내공기질 등 환경관련 등급, 놀이터·휴게실 등 주민공동시설에 대한 생활환경 등급을 정함으로 쾌적하고 안락한 주거생활을 그 목표로 하고 있다. 시공자 스스로 등급을 결정, 제시해야 한다.

더구나 2008년부터는 1,000세대 이상이면 모두 의무적으로 평가해야 한다. 사업승인 단계에서 설계도서만 보고 평가하는 것이기 때문에 제대로 된 시공성을 확보하지 못할 경우 엄청난 민원에 부닥칠 것이다. 설계기법은 물론이고 신기술·신공법·신소재 개발을 통해서 이에 대처하지 않으면 안 될 것이다.

「다중이용시설 등의 실내공기질 관리법」에 따르면 100세대 이상의 공동주택(2004.5.30이후 사업승인·건축허가를 받은 100세대 이상의 공동주택)은 실내공기질을 측정, 주민입주 3일 전부터 60일간 주민이 잘 볼 수 있는 곳에 공고해야 한다. '새집증후군','아토피 발생'등의 주범인 포름알데히드·벤젠 등 7종류의 유해공기에 대한 잔류정도를 측정해야 하는데, 친환경자재의 사용이 어느 때보다 강조될 것이다.

이와 관련하여 환경부장관은 유해한 건축자재(페인트·접착제·바닥제 등)를 적출·공고하고 있는데, 건축물에 사용되는지 여부에 대한 감리·감독에 만전을 기해야 한다. 나중에 이로 인한 책임문제가 제기 될 것이기 때문이다.

2005년1월 「주택법」을 개정, 공동주택에 대한 환기의무 규정을 신설하고, 구체적인 기준에 대해서는 2006년5월12일「건축물의 설비기준 등에 관한 규칙」을 개정, 시행하고 있다. 공동주택은 시간당 0.7회 이상 환기를 해야 하고, 다중이용시설은 그 용도에 따라 기준을 달리하되, 지하역사는 1인 기준 필요 환기량을 시간당 25㎥ 이상하도록 하는 등 건축물의 용도에 따라 규모에 따라 각각의 기준에 만족할 정도가 되도록 해야 한다.

▪ 환경친화적인 건축물

환경친화적인 건축물의 건설을 유도하기 위해서, 건축물의 설계·시공 및 유지관리 등 전 과정에 걸쳐 환경오염과 에너지 소비 등을 줄이고, 생태성이 우수한 친환경적 건축물임을 인증하는 '친환경건축물 인증제도'는 2002년, 공동주택을 대상으로 처음 시행했다. 그 후 2003년에는 주거복합 건축물과 업무용 건축물, 2005년에 학교, 2006년에 판매시설 및 숙박시설이 추가되었고, 앞으로 그 대상은 확대될 것이다.

더구나 2005년11월, 개정된 「건축법」에 '지속가능한 개발의 실현과 자원절약형이고 자연친화적인 건축을 유도'하기 위해 동 제도에 법적 효력을 부여했음을 유의할 필요가 있다. 아직은 신청인의 자유의사에 따라 선택할 수 있는 권장사항이지만 언젠가는 의무사항이 될 수도 있다. 당장 서울시에서는 건축심의 신청시 '친환경건축물 인증평가기준'에의 적합여부를 반영할 것인지 고려하고 있다.

▪ 에너지 절약형 건축물

「건축법」에선 에너지절약에 대해 상당한 관심을 갖고 있다. 일정규모 이상의 건축물은 에너지절약계획서를 제출하도록 하고 있으며, 건축폐자재를 건축물의 신축공사를 위한 골조공사에 15/100 이상 사용할 경우 조경·용적률·도로에 의한 높이제한 기준을 115/100 범위 안에서 완화하여 적용할 수 있다.

앞으로 개정될 「주택건설기준 등에 관한 규정」에서 500세대 이상 아파트는 입주자 모집공고시에 에너지성능등급을 의무적으로 표시하도록 하고 있다.

2004년부터는 공공기관이 건축하는 연면적 3천㎡ 이상의 건축물은 「신에너지 및 재생에너지 개발·이용·보급 촉진법」에 따라 건축공사비의 5% 이상을 신·재생에너지 설비에 투자하도록 규정하고 있다. 어느 순간 민간건축물도 이를 수용해야 할 때가 올 것이다.

「하수도법」에 따르면 공장과 연면적 6만m² 이상인 특정용도 건축물은 중수도를 의무적으로 설치해야 하며, 「수도법」에서는 운동장·체육관으로서 지붕면적이 2,400m² 이상이고, 관람석 수가 1,400석 이상인 시설물을 건축(증축·개축 또는 재축 포함)하는 경우 우수를 저장·활용할 수 있는 저수조시설을 따로 설치해야 한다.

■ 주변환경과 어울리는 건축물

경관확보를 위한 수단과 방법은 여러 법률에 산재해있다. 「국토의 계획 및 이용에 관한 법률」에 의한 도시기본계획에 경관계획을 따로 수립하도록 하고 있으며, 2007년 초 제정될 「경관기본법」에 따르면, 지방자치단체장이 '경관기본계획'을 수립하도록 하고 있다. 경관지구와 미관지구의 경관확보를 위한 구체적인 집행계획이 포함될 것이다.

공공기관이 조성·제작·설치·운영 및 관리하는 공간·시설(건축물이 포함될 것인지에 대해서는 논란이 있음)등에 대한 디자인관리를 위한 「공공디자인에 관한 법률」의 제정도 서두르고 있다.

서울시는 2004년부터 디자인위원회를 구성, 도로·교량 등 가로시설물과 야경 색채 등에 대한 디자인심의를 진행하고 있으며, 2007년 1월, 이 위원회를 시장직속으로 두어 기능을 대폭 강화하고 있다. 더구나 2007년부터는 1,000세대 이상의 공동주택과 21층 이상 서울시 건축허가 대상 건축물은 건축심의 전에 '공공디자인심의'를 먼저 받게 할 것이라 한다. 건축과 다른 시설물의 어울림을 위한 Total-Design 시스템을 구축하려 하고 있다.

2006년1월1일부터 자연공원, 습지보호지역, 생태·경관보전지역, 기타 환경에 영향을 주는 개발사업으로서 「환경정책기본법」에 의한 '사전환경성검토 협의' 대상사업이거나 「환경·교통·재해 등에 관한 영향평가법」에 의한 '환경영향평가협의' 대상사업의 경우 「자연환경보전법」의 규정에 따라 자연경관심의위원회 심의를 받아야 한다.

이처럼 많은 법률에서 경관을 고려한, 경관 확보를 위한 대안을 제시하고 있다. 경관은 주변과의 조화를 말함인데, 대부분 규제수단으로 사용되어지고 있는 것이 현실이다. 앞으로 더욱 강화될 것이 분명하다.

■ 「건축기본법」의 제정 추진

2007년 초에는 「건축기본법」이 제정된다. 건축기술 기준만 다루는 「건축법」의 위상과 한계를 극복하기 위함이다. 건축은 그 시대상과 장소성이 담긴 건축물과 공간환경을 기획·설계하는 창조적 활동과 건설공사에 의한 그 실현물까지로 정의하면서 설계자의 창작활동을 최대한 보장하는 한편, 전문가의 책임과 도덕적인 우월성을 강조하고, 공공기관의 책무를 규정하고 있다.

2007년은 물론이고 당분간 2~5년은 법령·제도의 상당한 변화가 뒤 따를 전망이다. 국민의 의식 또한 높아질 것이다. 설계자등 전문가에 대한 책임은 가중될 수밖에 없을 것이다. '아는 것이 힘'이라는 말이 현실화되고 있다. 살아남을 것인가 도태될 것인가는 스스로 결정해야 하는 시대가 앞에서 기다리고 있다. -끝-

§ 셉테드C.P.T.E.D.란 무엇인가?

I장 개요

1. 셉테드 요약

◦ 사전적 정의: 셉테드C.P.T.E.D.는 Crime Prevention through Environmental Design의 약자로서 '환경설계를 통한 범죄예방' 혹은 '범죄예방을 위한 환경설계'를 의미한다. 편의상 '범죄예방건축설계'라고 부르도록 한다.
◦ 학문적 범위: 셉테드는 '경찰행정'에서 시작되어 '인간행태분석' 과 '건물영향분석'을 기쳐 '건축(환경)디자인' 그리고 '부품의 성능 시방'으로 마무리된다.
◦ 건축분야 적용: 계획 및 설계에 반영되어야 하되, 강제 규정이 아닌 가이드라인으로 제시되는 것이 적절하다.
◦ 셉테드와 사회경제: 건물차원에서는 필요한 장르에서 셉테드 인증이 예상되며, 건설자재 차원에서는 KS 인정시험이 예상된다.
◦ 셉테드란 다시 말해 잠재적인 범죄 의도자에게는 불편함을 주고, 반대로 잠재적인 피해 예상자에게는 안전함을 보장하기 위한 것이다.

2. 한국셉테드학회

■ 창립
◦ 행정안전부 산하단체로 2010년 3월 18일 창립되었다.
◦ 현 초대 회장은 이경훈교수(고려대 건축학과)이다.
■ 인적구성
◦ 인적구성은 크게 경찰행정분야, 연구분야, 건축 및 도시분야), 보안산업 분야로 구성되어 있다.
◦ 경찰행정: 김준영(경찰청 경감, CPTED 반장) 손원진(경찰교육원 CPTED 담당교수) 표창원(경찰대 교수, 부회장) 박현호(용인대 경찰행정학과 교수, 상임이사) 등
◦ 연구분야: 박경래(한국형사정책연구원 박사, 상임이사) 강은영(한국교육개발원 박사) 김수암(건설기술연구원 박사) 등
◦ 건축 및 도시: 이경훈(고려대 건축과 교수, 회장) 강부성(서울산업대 건축학부 교수) 성기호(일진건축사사무소, 상임이사) 이재선(연세대 도시공학과 교수)
◦ 보안산업: 강구호(삼성테크윈 수석, 상임이사) 신성균(에스원 상무) 정수영(고구려시스템 대표) 최진혁 부회장(한국기업보안협의회) 등
■ 현황
◦ 최근(2010.11)에 2차 학술대회가 고려대 안암캠퍼스 하나스퀘어에서 개최되었다.
◦ 참고자료: 행사 포스터

Ⅱ장 배경과 현황

1. 셉테드의 배경

1) 범죄와 환경(건물)과의 관계

자기가 설계한 건물에 구조적 하자로 인해 인명피해가 발생한 경우, 건축가는 그에 대한 법적, 도덕적 책임에서 자유로울 수 없다. 그런데 만일 그 건물에서 강도, 절도 혹은 성폭행 사건이 발생한 경우에는 어떨까? 건물 디자인은 범죄발생과 아무런 관계가 없고 아무 책임도 없는 것인가?

Kurt Lewin의 B=f(P,E)라는 고전적인 명제에서 표현되었듯이 행태는 인간과 환경간의 상호작용의 결과이며 따라서 인간과 환경간의 상호관계를 이해함으로써 그 결과인 행태를 예측하고 통제할 수 있다[1]. 이에 따라 범죄도 결국은 범인과 피해자가 건물이라는 환경을 매개로 하여 발생하는 행태라 할 수 있다.

2) 용어

셉테드란 용어는 20세기 중반 이래 발전해왔다. 1971년에 레이 제프리(C. Ray Jeffery)라는 사람이 처음으로 이 표현을 하였으며, 1970년대에 들어서서 "방어할 수 있는 공간(Defensible Space)"[2]이나 "상황적 범죄예방(Situational Crime Prevention)" 등의 용어로 확산되었고 2000년에 이르러 팀 크로(Tim Crowe)라는 사람이 책 이름으로 "환경설계를 통한 범죄예방(C.P.T.E.D.)"을 사용하면서 확산되었다.[3]

---

1) 이경훈, <주거단지에서의 범죄예방을 위한 디자인 가이드 라인>, 건축 0106
2) 거주자가 그 공간을 통제할 수 있도록 주거환경에 실제적, 상징적인 방어물, 영향력, 감시기회 등을 강조하여 구성한 공간을 말한다. 오스카 뉴먼(Oscar Newman)이 1973년에 제시하였다.
3) http://news.khan.co.kr/kh_news/khan_art_view.html?artid=200904151544575&code=900315

2. 국내외 셉테드 현황[4)]

1) 해외 동향

■ 싱가포르

◦ 국가범죄예방위원회의 <셉테드가이드북>에서는 셉테드의 기본 4원칙인 자연적 감시, 자연적 접근통제, 영역성 보강, 유지관리를 기반으로 시선, 조명, 은폐된 통행로, 함정공간, 고립 등의 10가지의 설계요소를 제시하였다.

■ 미국

◦ 미국 노스 캐롤라이나주의 공공교육부서에서는 <안전한 학교시설계획>을 통해 설계전문가들이 공립학교시설에 필요한 요구조건들을 만족시킬 수 있는 학교시설을 설계할 수 있도록 셉테드, 학교규모, 학생건강과 안전, 학교 주변 환경 등 다양한 설계 기준들을 개념적으로 제시하였다.

◦ 미국 법무부는 <학교에 있어서 보안기술의 유효적절한 사용>를 통해 일반적인 시설계획 뿐 아니라 비디오감시, 금속감지, 출입구 통제 등의 기계장치설계에 대한 정보를 제공한다.

◦ 미국 플로리다주 교육부는 <안전한 학교설계 가이드라인>을 통해 부지계획, 건물설계, 내부공간, 설비 및 장비 등에 대한 구체적인 기준을 제시하고 있다. 여기서 특이한 상황은 학교 출입인원을 행정실(교무실)에서 상시 감시할 수 있도록 창문이 바닥까지 내려와 있다는 점이다. 통상 1미터 이상 올라와 있는 국내 학교시설과는 차이가 난다.

미국 법무부(좌) 및 교육국 엠블럼

플로리다
안전한 학교 설계 가이드라인

■ 호주

◦ 호주 캔버라시는 <수도지역 범죄예방 및 도시설계자원 매뉴얼>을 통해 주민시설, 주차장, 자전거 도로, 버스 정류장 등 사회 인프라시설 전반에 걸쳐 셉테드 요소들을 제시하고 있다.

◦ 호주 뉴 사우스 웨일즈 주의 경찰청은 <주택 및 주거단지 평가>를 통해 체크리스트 뿐 아니라 창문의 잠금장치 등에 대한 요소별 기준을 제시하고 있다.

---

4) 박성철, 옥태범 등, <학교 및 학교주변 셉테드 효과성 분석>, 한국교육개발원 2010년 9월

■ 영국

◦ 영국의 전국경찰지휘관협의회는 <안전한 학교설계 2010>을 통해 두 가지 차원으로 접근하는데, 배치-디자인 부분에서는 공간계획 측면을 강조하고 물리적인 보안시방서 부분에서는 CCTV, 출입구, 잠금장치, 조명기구 등의 부분 요소에 대한 구체적인 기준을 제시하고 있다.

■ 전체적으로 볼 때 영국 등지에서는 셉테드가 활성화돼 있고, 미국 등지에서는 그다지 활성화되지 않은 상황으로 추정된다.

2) 국내 상황

■ 현황 사례

(조선일보 2010. 11. 16 자료)

용인대 경찰행정학과 박현호교수 인터뷰

"딱 30초면 방범창 뜯고 방 안에 침입할 수 있습니다. 저쪽 건 10초도 안 걸리겠는데요."

다세대주택이 밀집한 서울 구의동 골목을 둘러보던 박현호(39) 용인대 경찰행정학과 교수의 표정이 심각했다.

"허술한 창은 범인에게 보내는 초대장이나 다름없는데...."

지난 9월 이 동네에서는 반지하 방에 혼자 사는 30대 여성이 화장실 창문을 뜯고 침입한 이웃 주민에게 성폭행당하는 사건이 발생했다.

범인이 쉽게 부술 수 없는 안전한 방범창만 있어도 범죄를 절반 이상 막을 수 있다.

■ 연구분야

먼저 도시차원에서 살펴보자.

◦ 정부는 2003년부터 수도권 과밀 및 국토 불균형 문제를 해결하기 위하여 전국 10개 도시를 혁신도시로 지정하고 157개 공공기관을 지방 각 시도로 배치하고 있다. 이러한 혁신도시에는 범죄발생을 저감하기 위하여 지구단위계획 차원에서 다양한 시설에 대해 셉테드 설치지침을 적용하게 되는데, 총 71개의 학교시설[5]도 이에 해당된다. 학교시설에 대한 가이드라인에는 출입구- 조경- 조명- 건물 디자인- 승강기- 계단- 화장실- 옥상-경계부- 주민편의시설- 주차장- 방범시설 등으로 나누어 상세하게 기술하고 있다.

◦ 서울시 또한 2009년도 셉테드 가이드라인을 통해 학교 외부에 대한 기준들을 제시하고 있다. 이 기준들에는 보도- 건널목- 스쿨존- 지역주민시설- 보도경계석 등이 포함된다.

◦ 행정중심복합도시에서는 지구단위계획 상 환경분야에 셉테드 가이드라인을 포함시키고 있는데, 여기에서는 학교시설에 대해 특별한 기준 대신 모든 건물에 일반적을 적용할 수 있는 기준으로 건물외부- 주거공간- 엘리베이터- 계단- 주차장 등으로 나누어 적용하고 있다.

5) 국토해양부 공공기관 지방이전추진단 홈페이지 혁신도시별 현황에 의하면 유치원 22개, 초등학교 20개, 중학교 13개, 고등학교 16개가 설치될 예정이다.

건축 차원에서는 이제 태동기를 막 벗어난 단계로서, 각 시설에 관한 여러 가지 기준이 제정되고 있다.

◦ 연구의 시작은 사법 및 교육 연구단체에서 비롯되었다.

◦ 연구의 범위에는 디자인 가이드라인과 같은 원론차원부터 시설별 매뉴얼 내지 체크리스트와 같은 각론차원, 그리고 시설요소에 대한 시방기준에 이르기 까지 다양하다.

◦ 이러한 주제들은 건축 및 도시 분야에서 구체적인 실행기준을 필요로 하고 있으며 건축분야의 참여를 필요로 하고 있다.

■ 교육분야

◦ 현재 사회에 필요한 셉테드 표준전문가를 양성하기 위한 교육 커리큘럼이 작성 중이다.

■ 법제분야

◦ 2011년 4월 현재 최종간담회 단계로서 주거시설 범죄예방환경설계 가이드라인 KS A 8801 등이 KS[6]로 제작중이다.

KSKSKSKS
KSKSKSK
KSKSKS
KSKSK
KSKS
KSK
KS

KS A 8801

KS

주거시설 범죄예방환경설계(CPTED)
가이드라인
KS A 8801 : 2010

지식경제부 기술표준원

◦ 2011년 9월 현재 국계법에 반영되었다.[7]

◦ 체크리스트[8] 예시

영역구분/ 소분류	평가항목	내용
공적공간 (Public Space)		
주변환경	인접도로	보차분리도로 > 소로
	공지, 공원	은닉 가능성
	산책로	시야확보
	벤치	누울 수 없는 구조

6) 한국산업규격韓國産業規格, Korean Industrial Standard은 KS로 약칭하며, 1992년 12월 한국공업규격에서 현재 명칭으로 바뀌었다. 산업제품의 품질개선과 생산능률의 향상을 기하며, 거래의 단순화와 공정화를 도모하기 위하여 1961년 공포 ·시행된 공업표준화법에 따라서 제정된 규격이다. 이 규격에 도달한 제품에는 KS마크를 붙여 표시한다. [출처] 네이버 백과사전; KS는 강제적이 아니라 임의적인 사항이다. 단 하드웨어에 관한 KS 규정은 제품 생산시에 강제적으로 준수하도록 인용될 수 있다.

7) 시행령 15조 도시기본계획의 내용 중 5호 방재,안전 및 '범죄예방에 관한 사항'으로 반영되었다.

8) 박현호, KS_주거시설 범죄예방환경설계 가이드라인(KS A 8801)(안), 일부 편집

담장	사각지대	유무, 감시기능, 비상벨
	감시	투시형 > 시선차단형
	영역성	출입불가 > 가능 > 자유
	출입구의 위치	통행빈도
	조명	조도, 빈도
단지 주(부)출입구	감시	차량인식 및 감시시스템(장비)
		경비실
		CCTV
		주동 등으로부터의 가시성
	영역성	문주 혹은 상징물
		바닥마감재 구분
		차량차단기
	조명	출입구, 진입로의 조도, 빈도
단지 내부	사각지대	유무, 감시기능, 비상벨
반공적공간 (Semi-public Space)		
보행로	감시	사각지대 및 볼록거울 설치
	조명	조도, 빈도, 눈부심 방지장치
주동 1층 필로티	감시	필로티의 가시성
	조명	조도, 빈도, 동작센서 조명
주동 입구	감시	내외부 투시정도(투시되어야 우수)
		CCTV
		세대별 비디오폰
		인접 아파트 주호에서의 가시성
		은닉장소
	영역성	문주
	조명	조도, 빈도
	출입문	출입통제설비
		강화유리(방범필름) 및 충격센서/ 비상벨
운동시설	감시	자연감시 정도 혹은 CCTV
	조명	조도, 빈도
휴게시설	감시	자연감시 정도 혹은 CCTV
	조명	조도, 빈도
어린이 놀이터	감시	자연감시 정도 혹은 CCTV
	조명	조도, 빈도
쓰레기장	감시	자연감시 정도 혹은 CCTV(쓰레기는 비노출)
	조명	조도, 빈도
상가	출입구 및 주차장	아파트와 분리되어야 우수
	감시	내외부로부터의 가시성
	조명	조도, 빈도
보육시설	출입구	단지 내부에서 통행해야 우수(옥: 반대)
	주차장	아파트와 분리되어야 우수(옥)
	감시	내외부로부터의 가시성
	조명	조도, 빈도
경로당	출입구	단지 내부에서 통행해야 우수
	감시	내외부로부터의 가시성
	조명	조도, 빈도
조경	가시성	관목은 수고 1m 이내
		교목은 이격 식재 및 가지아래높이 1.5m 이상
		군집 조경시 은닉장소 방지
	영역성	보행로 양옆 보행유도 관목(50cm이하)
	1층 세대 발코니 정원	가시성 유지(영역성과 상충)
지하주차장	감시	승강기홀과 계단 출입구(지상층, 지하층)의 자연감시 혹은 CCTV
		승강기와 계단실 내부의 자연감시 혹은 CCTV
		주차장 시야확보(평면 형태)
		적외선 CCTV(사각지대 별 설치)

		자연채광(천창 혹은 선큰)
	동선 안내	차량 진출입구
		보행자 동선
	조명	조도, 빈도, 눈부심 방지장치
		내부마감색상의 명도(밝을수록 우수)
	시방	비상벨(25m 마다 설치)
자전거 주차장	감시	자연감시 혹은 CCTV
	시방	잠금용 거치대
반사적공간 (Semi-private Space)		
승강기(홀 및 카)	감시	승강기홀의 자연감시 혹은 CCTV
		투시형 승강기(누드 엘리베이터)
		승강기 내 CCTV
	조명	조도
		비상조명
	시방	17인승이상 규모 조작 장치 2개소 이상
		인터폰 등 어린이 이용높이(1.5m) 이하
홀, 복도, 계단	감시	주호로부터의 가시성 정도
		복도내 시야확보
		내외부 간 관찰창 설치 여부
		저층(3층)부 CCTV
		옥상출입문 CCTV
	동선 안내	승강기홀, 층별 싸인, 비상벨 표시
	조명	조도, 빈도
		동작센서 조명
	시방	비상벨 설치빈도
옥외 배관	시방	불법접근수단 방지장치
주동	시방	도어체인 혹은 도어가드
		신문투입구 여부(없어야 우수)
사적공간 Private Space)		
주호	감시	세대현관문에 감시창 혹은 비디오폰
	영역성	저층-외부로부터의 불법침입 방지설비
		복도식-창문으로부터의 불법침입 방지설비
		기타 공용공간으로부터의 불법접근 방지설비
		외부로부터의 노출정도 및 가시성(육 추가)
	시방	단위주거 내 인터폰, 비상벨
시방 (Specification)		
감시카메라(CCTV)	설치대수, 빈도	사각지대 정도
	해상도	100만화소 이상이 최상
	조도	?
	설치 표지판 및 경고문구	*경찰 마네킨 내지 보드 설치 유효할 듯*

표 주거시설체크리스트

■ 인증분야

◦ 최근(2010년 11월)에 국내 최초로 셉테드 인증을 받은 메이저 건설회사가 아파트 분양시 홍보수단으로 활용했다.[9)]

3. 셉테드의 이론 및 적용

1) 셉테드의 기본 원리[10)]

9) 동부건설 인천 계양센트레빌 2010년 11월 분양

10) 박현호, KS_주거시설 범죄예방환경설계 가이드라인(KS A 8801)(안), 일부 편집.

이러한 원리들은 사실은 서로 상충될 수 있다. 예컨대 접근통제를 통해 내부 사용자를 줄이면 영역성은 증가하나

<계획단계>

■ 자연적 감시(Natural Surveillance)

◦ 일상적인 가시성(봄) 및 피가시성(보임)이 큰 곳이 안전하다.

◦ 시야가 개방되었더라도 노출정도를 조절하여 프라이버시를 확보할 수 있어야 안전하다.

◦ 경비실 등 인위적인 감시성이 큰 곳이 안전하다.

◦ CCTV와 같은 기계적인 감시 장치는 안전성을 높이는데 유용하다.

◦ 조도가 높을수록 즉 밝을수록 유리하다.

■ 영역성(Territoriality)

◦ 실질적 혹은 가상적 경계에 의해 영역성이 확보되면 안전하다.

■ 접근통제(Access Control)

◦ 차량에 대한 접근 통제는 절도 예방 등에 유리하다.

◦ 보행자에 대한 접근 통제는 절도, 강도 예방 등에 유리하다.

◦ 시각적으로는 연결되더라도 공간적으로는 접근성을 조절할 수 있어야 한다.

<운용단계>

■ 활동성 강화(활동 지원, Activity Support)

◦ 활동이 활발하게 이루어지는 곳, 즉 외지지 않은 곳이 안전하다.

■ 유지 관리(Maintenance and Management)

◦ 시설이 황폐해지지 않도록 유지하는 것이 안전하다. 슬럼가를 연상하면 쉽게 이해된다.

<하드웨어>

■ 부품의 성능 시방(Performance Specification)

◦ 최종적으로 사용되는 각 건설 자재(부품)이 방범성능을 유지해야 한다.

◦ 문, 창문 등의 잠금장치, 망입유리 등은 범죄자의 시도를 저지할 수 있어야 한다.

자연적 감시기능은 줄게 될 것이다. 따라서 설계자는 이 요소들의 성능을 맹신하지 말고 프로젝트에 따라 유효적절하게 운용해야 할 것이다.

■ 주거시설 예시) 일본 구마모토 신치 시영아파트 단지(新地團地) C동

1층을 필로티로 오픈하여 개방성을 증대시키고 자연적 감시기능을 유도하고 있다.

복층형 계단식 주거단위의 발코니를 계단실로 노출시켜 자연적 감시기능을 높인다

계단식과 복도식을 혼용하여 통행빈도를 증가시켜 자연적 감시기능을 높인다.

2) 셉테드 연구 사례

■ <학교 및 학교주변 셉테드 효과성 분석>
◦ 2010년 9월, 한국교육개발원
◦ 연구책임자: 박성철(한국교육개발원); 공동연구자: 조동현(한국교육개발원), 이민식(경기대학교), 옥태범(명지대학교), 유석범(서울시교육청), 등
◦ 목차: 서론- 문헌분석- 사례조사- 학교시설 셉테드 효과 분석- 결론
◦ 결론 요약:
첫째, 효과적인 안전을 위해서는 학교(영역) 출입구보다 건물 출입구에 대한 보안이 필요하다.
둘째, 교내발생 범죄에 대비하여 교실 내 대책-긴급전화기 등-이 필요하다.
셋째, 시설에 대해서는 셉테드 인증 차원의 관리가 필요하다.
넷째, 관리에 대해서는 매뉴얼 개발에 의한 지속적인 셉테드 교육이 필요하다.

3) 셉테드 인증 사례

동부건설 센트레빌 CENTREVILLE

Safe Stream

■ 동부건설 인천 '계양 센트레빌' 1차 715가구 분양 광고(2010-11-18)
◦ 동부건설은 이달 인천 계양구 귤현동 306-1번지 일대에 '계양 센트레빌' 1차 715가구를 분양한다.
◦ 이번 분양의 특징은 본 아파트 단지가 '주거환경 관련인증 그랜드슬램'을 달성한 프리미엄 아파트라는 점이다. 즉, ① 국내 최초로 '범죄예방 디자인(CPTED)' 인증을 받은 데 이어 ② 공동주택 최초로 '장애물 없는 생활환경(Barrier-free) 1등급 예비인증' 심의도 통과했다. 또한 ③ '건물에너지효율 1등급 예비인증과 ④'친환경건축물 우수등급 예비인증'도 획득했다. ......
◦ 광고 카피: 국내 최초 범죄예방설계 인증 아파트!
동부건설은 한국셉테드학회로부터 국내 최초로 '범죄예방환경설계(CPTED) 디자인 인증'을 받았다. 셉테드 인증은 행정안전부 산하 ...학회 주관으로 올해(2010년) 처음 도입됐으며 주거단지에서 범죄 사전예방조건에 관한 150여개의 항목에 대한 심사를 거쳐 인증하는 제도이다. ......

안전한 환경을 위한 신개념 보안시스템

국내 최초 범죄예방 디자인 인증 아파트

'범죄예방 디자인인증' 이란?

공용부,단지환경,보안시스템등 범죄예방을 위한 150여 가지의 심사항목을 통과한 안전한 주거단지에만 수여되는 디자인 인증제도입니다

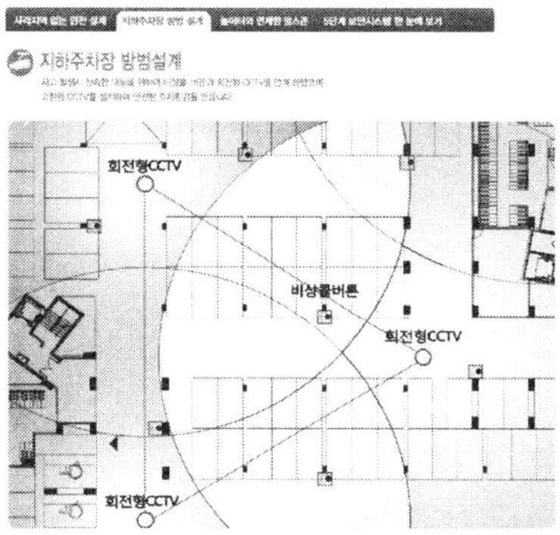

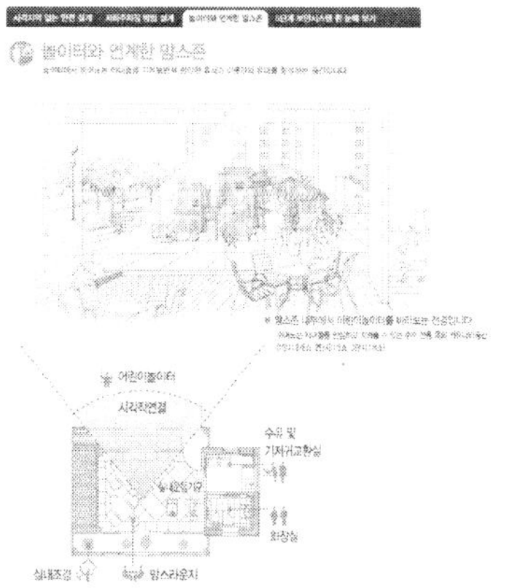

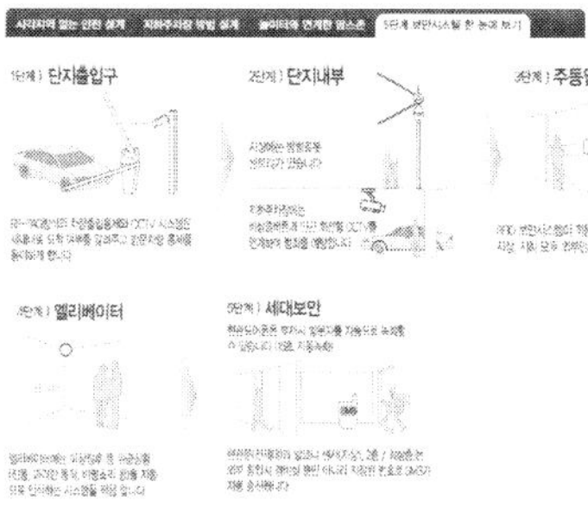

4) 타 원칙과의 상충

◦ 셉테드에서 유용하게 선택되는 방법들이 타 분야 법규에 상충되거나 공간이용상 효율성을 저하시킨다. 예컨대,

◦ 계단의 가시성 및 감시기능을 확보하기 위한 계단의 투시창문은 소방법상 특별피난계단의 갑종방화문 성능에 위배된다.

◦ 교실의 투시창문은 수업 중인 교실의 면학분위기를 해칠 수 있다.

넷째, 관리에 대해서는 매뉴얼 개발에 의한 지속적인 셉테드 교육이 필요하다.

Ⅲ. 결론

■ 셉테드는 건축설계에 있어 필수적으로 고려해야 할 요소이며 기본 원리의 숙지로 충분히 적용할 수 있다.

■ 가이드라인 수준은 도움이 되나 지나치게 세부적인 매뉴얼에 의한 규제는 오히려 장애로 작용할 수 있다.

■ 시설 장르상 유초년 대상 교육시설(초등학교, 중학교 등)과 주거시설(아파트 등)에는 상당히 유효하나 다중이용시설에는 상대적으로 적용상의 유효성이 저감된다.

■ 건축가의 역량은 설계철학, 기능, 에너지절약, 지속가능, 경제논리 등과 같은 여러 가지 원칙 중에서 우선 순위를 정하는 데에서 발휘될 것이다.

제8장 실시 설계와 감리 용역
Design-Construction Services

§ 법의 적용

■ 법규체크 리스트 사례

00대학교 기숙사 증축공사에 대한 법규 검토
(사용승인 조사 및 검사조서 항목을 중심으로) [2010.09.15]

구분	주요 항목	건축법 (용인시 조례)	요약(상세내용은 별첨 관련법령 목록참조)	비고
대지 및 도로	대지의 안전조치 등	제40조	대지의 안전을 위한 조성조치 등	
	토지굴착 부분에 대한 조치 등	제41조	성. 절토부위에 대한 안전조치 등	
	대지안의 조경	시조례	자연녹지지역	
	건축선 지정	제46조	-	
	건축선에 의한 건축제한	제47조	-	
피난시설	직통계단의 설치	제49조	2개소 이상의 직통계단 설치 등	
	피난·특별피난.옥외피난계단 설치	제49조	피난계단 설치 등	
	관람석 등으로부터의 출구설치	제49조	문화 및 집회. 위락시설, 장례식장 대상	
	건축물 바깥쪽으로의 출구설치	제49조	건축물의 피난층 또는 피난층의 승강장으로부터 건축물의 바깥쪽에 이르는 통로에는 경사로(1/8이상) 설치	
	옥상광장의 설치	제50조	2층 이상 층 노대 이와 유사한 것 주위에 높이 1.2m 이상 난간설치, 5층 이상 특정용도에 쓰 이는 경우 옥상광장 설치(승강기설치 건물)	
	방화구획	제49조	지하층적용, 3층 이상 적용되나 1,2층 바닥면적 합계가 1000㎡ 이상 되므로 모든 층별 적용	
	계단설치기준 및 구조	제49조	3m 마다 계단참 설치, 난간 설치 규정 폭 1.2m 이상 적용, 계단손잡이 규정적용	
	거실의 반자·채광·환기	제49조	일반용도의 거실 반자높이 2.1m 이상 확보 규정에 적합한 채광 및 환기용 창 설치	
	거실의 바닥	제49조	적합함	
	경계 및 칸막이벽 구조	제49조	조적조로 두께 19cm이상, 상부 스라브까지 벽체를 올림	
	건축물에 설치하는 굴뚝	제49조	-	
내화구조	건축물의 내화구조	제50조	주요구조부 R.C조, 조적조등 내화구조 적용	
	대규모건축물의 방화벽 등	제50조	-	
건축재료	건축물의 내장재료	제53조	벽 및 반자의 실내에 접하는 부분(반자돌림대.창대 제외)의 마감관련 거실에 난연재. 복도. 계단. 통로에 준불연재 이상 재료 적용	
지하	지하층 구조	제54조	피난층으로 통하는 2개소 이상의 직통계단	

층			설치, 식수공급을 위한 급수전 설치	
용도 제한	용도지역. 지구 안에서 건축제한 등	국계법 제76조	적합	
규모 제한	건폐율	시조례	자연녹지 지역 건폐율20% 이내 적용	
	용적률	시조례	자연녹지 지역 용적률 100% 이내 적용	
대지 안의 공지	건축선으로부터 이격거리	제58조	적합	
	인접대지경계선으로부터 이격거리	제58조	(상동)	
높이 제한	가로구역 및 도로에 의한 높이제한	제60조	-	
	일조확보를 위한 높이제한	제61조	-	
건축 설비	승용승강기의 설치	제64조	적용대상 아님	
	승용승강기의 구조	제64조	적합	
	비상용승강기의 설치	제64조	-	
	비상용승강기의 승강장 및 구조	제64조	-	
	배연설비의 설치	제62조	-	
	난방설비의 적합여부	제62조	적합	
	열손실방지 조치	제66조	적합	
	에너지절약계획서 이행 여부	제66조	-	
도시 설계	지구단위계획에의 적합여부	국계법 제49조	-	
	공개공지의 확보		-	
기타	장애인 편의시설		적합(별도자료참조)	
	주차장			

§ 납품도서

먼저 납품도서의 실체를 지접 보도록 하자.
아래는 2006년도에 납품된 00대학교 차세대과학관의 도면(A4반책) 전체와 도서목록이다.

납품도서 Full Set(A4반책 기준)

2010-04-26 10:04 AM 100302_구미경_제본리스트 차세대관 도서별목록 1/1

차세대이공관 신축공사 납품도서목록

(법규상 증축, 성격상 신축)

1. 도면

도면-건축,구조
도면-기계
도면-전기
도면-통신(전기에 속함)
도면-소방(기계,전기 둘다 해당)
도면-소화설비(기계에 속함)
도면-토목
도면-조경(건축에 합체했음)

2. 시방서(도면의 부족부분을 글로, 도면에 우선)

시방서-건축(구조 즉 골조 포함)
시방서-기계/기계소방
시방서-전기/통신/전기소방
시방서-통신
시방서-소방,전기(중복?)
시방서-토목
시방서-조경

3. 계산서

계산서-구조
계산서-기계
계산서-전기
계산서-토목

4. 내역서(수량산출서 포함)

내역서-건축
내역서-수량산출서-건축골조
내역서-기계
내역서-수량산출서-기계
내역서-전기
내역서-통신
내역서-소방
내역서-토목
내역서-수량산출서-토목
내역서-조경

납품도서 목록_위가 도면, 아래가 서류

각 도면과 서류의 특성은 다음과 같다.

■ 도서-도면과 서류-의 종류

◦ 도면과 서류의 각 분야별 구분은 다음의 약자로 한다.

건축(A) 구조(S) 기계(M)/소방(MF) 전기(E)/소방EF) 통신(T) 토목(C) 조경(L) 인테리어(I) 등

◦ 서류의 종류에는 시방서, 계산서, 내역서가 있다.

시방서는 도면에 우선하며, 대표적인 예로는 미국 CSI MasterFormat[1]을 들 수 있다.
계산서에는 구조계산서, 기계 및 전기 장비계산서, 토목계산서 등이 있다.
내역서는 각 공종별, 공정별로 물량을 산출하고 가격을 대입한 것이다

---

1) 2004이전에는 16디비전(1. 일반사항 2. 대지 3. 콘크리트 4. 조적 5. 금속 6. 목재, 플라스틱 7.단열, 방수 8. 창호 9. 마감 10. Specialties (파티션 등) 11. Equipment (보안장비 등) 12. Furnishings (가구 등) 13. Special Constructions (태양열장비) 14. 운송장비 (엘리베이터 등) 15. 기계설비 16. 전기설비)이었으며 2004부터 34(공란 포함시 50)디비전으로 추가되었다.

1) 건축도면

■ 도면작업은 팀플레이이다.
팀장의 업무는 첫째, 주어진 일정과 인력을 고려하여 납품할 도면의 규격과 축척을 결정함으로써 총량을 적정수준에서 최소화하는 것이다. 누락된 사항은 추가하면 되지만 상이한 사항에 대해서는 그 원인을 살펴서 수정해야 하므로 더 많은 노력이 필요하다. 둘째, 각 도면의 목적을 정확하게 이해하여 필요한 내용만 기입한다는 원칙을 모든 팀원에게 충분히 인식시켜야 한다. 무조건 많은 내용을 포함하는 것이 능사가 아니다. 즉, 기본도면, 확대도면, 상세도, 재료마감표 간에 중복 표기를 지양한다. 마지막으로 도면의 정확성은 작도 시점에 정해지므로 각 팀원이 작업할 때 정확하게 이해하고 그려야 한다는 점을 인식시켜야 한다. 뛰어난 팀장이라도 모든 오류를 감별해 내지는 못한다.
어느 3D 모델링 검토에서 나타난 부실도면 사례를 보면 도면상이(57%) > 누락(28%) > 오류(15%)로 나타났다.

■ 단계별 도면표현

◦ 계획설계 도면은 설계자의 의도를 표현하여 동료나 클라이언트 등에게 설명하는 단계이다. 작도상의 특별한 제약은 없으며 가급적 단순명쾌하게 표현하는 것이 유리하다.
◦ 기본설계 도면은 결정된 계획설계를 구체화시키는 단계이다. 평면, 단면에 치수를 기입하여 면적과 볼륨을 확정하고 법규검토를 거쳐 구조, 기계, 전기설비의 기본방침이 정해진다. 주요 내외장 재료도 이 단계에서 정해진다.
◦ 실시설계 도면은 한마디로 공사를 위한 도면이다. 기본도면[2]만으로는 충분치 못한 각 부위를 확대하여 상세하게 표현한다. 특히 실시설계단계에는 도면 외에 서류가 필수적으로 포함된다.

■ 공통사항
◦ 실시설계로 갈수록 그림보다 글자 및 숫자가 우선한다.
칫수는 설계자의 의도한 바를 표현하면 된다. 즉, 평면은 중심선, 단면은 마감선을 기준으로 하며, 개구부 치수는 골조보다 건축 치수를 기준으로 하면 오류가 없다.
◦ 부분적인 치수나 재료명에서는 기본도면보다 상세도면이 우선한다. 그러나 전체 치수 등은 기본도면이 기준이 된다.
◦ 축번호(버블)는 가급적 내용이 잘 보이도록 한다.
예시) 'X_{01}-Y_{01}'보다는 'X01-Y01'로 표현하는 게 낫고, X-Y로 표현하기 보다는 'A,B,C,D,...-1,2,3,4... 체계가 낫다.
◦ 선종류Line Type-이점쇄선(대지경계선), 일점쇄선(중심선) 등-는 가급적 통일해서 사용한다.
◦ 레이어의 명칭/ 색상/ 선두께는 가급적 통일해서 사용한다.

■ 도곽(圖廓, 타이틀 블록)

2) 개요, 배치도, 평면도, 입면도, 단면도 등 건물의 뼈대를 보여주는 도면이다. 설계자의 의도를 확실히 표현하기 위해 주요부의 평입단 확대도면이 추가될 수도 있다.

◦ 도면의 크기에 따른 축척 표기는 '1:100[A1]'의 형식으로 한다.
◦ 도면번호는 'A(건축)-0(대분류: 평면류...)-00(분류내 일련번호)'의 형식으로 한다.
전체일련번호는 최종단계에서 기입한다.
◦ 날짜표기는 납품일 기준으로 표기하되 납품 후 수정시에는 별도로 표기한다.

■ 설계개요
◦ 건축, 구조, 기계 및 전기설비 등의 제반사항을 간략하게 표기한다. 클라이언트에 대한 설명 및 인허가에 있어 가장 중요한 도면 중 하나이다.
◦ 면적개요에서는 특히 각 기준에 따라 다르게 산정되는 차이에 유의한다. 설계면적은 클라이언트와 설계자, 시공자에게 중요하지만 행정청은 법규면적을 기준으로 한다.

설계 개요

구분	항목	내용
대지개요	위 치	
	면 적	㎡ (평)
	지역/지구	
	현황/ 도로	/ 전면 m
건물개요	용 도	
	종 별	신축 증축 용도변경/
	구 조	철근콘크리트조 철골조 기타(
	층 수	지하 층 + 지상 층, 옥탑
	건축면적/ 건폐율	㎡ (평)/ % < 법정 %
	연면적	㎡ (평)
	지상연면적/ 용적율	㎡ (평)/ % < 법정 %
	외장재	벽: 유리: 지붕:
설비개요	주 차	자주식카리프트 포함 대 기계식 대 합계 대 > 법정 대
	조 경	㎡ (평)/ % > 법정 {5 10 15}%
	냉방/ 난방	근생: EHP냉난방; 주택: 판넬히팅+천정매입에어컨
	승강기	승 용: 메이커 / 인승/ 분속 m
	카리프트	메이커 / 대 중 소형/ 분속 m
	정화조	{분뇨 오수}정화조
	장애자시설	주차장 승강기 진입로 화장실 기타

구분	층별/ 면적별	법규면적(㎡/평)	소 계	주차면적(㎡/평)
면적개요	지하 2층			
	1층			
	지상 1층			
	2층			
	3층			
	4층			
	5층			
	6층			
	옥탑(층)			
	합 계	-		

* 면적개요에서 옥탑명적이 건축면적의 1/8보다 큰 경우 면적에 산입된다.

■ 실내재료마감표
◦ 바닥/ 걸레받이/ 벽/ 천정 등 각 마감의 기준이 된다.(내역작업의 기준)
◦ 약자 대신 전체용어을 풀어서 기입한다.

사례) W.P.→ 수성페인트
◦ 단순히 재료만 표기하는 것 보다 용도를 표기하는 것이 효과적이다.
사례) 시멘트몰탈→ 보호몰탈
◦ 필요시 단열범위도, 방수범위도 등의 안내도를 작성하기도 한다.
◦ 재료와 구법 지정시 유의사항
모든 재료와 구법에는 고유한 특성이 있으므로 그 장단점을 충분히 이해하여 적재적소에 구분 적용해야 한다.
예시) 단열재의 경우 유리섬유단열재는 실내에, 스치로폼은 외부에 적용하는 것이 방수 및 방화 특성상 유리하다.
예시) 방수의 경우 단순한 옥상에는 쉬트방수, 복잡한 경우에는 도막방수가 적합하고, 시멘트액체방수는 실내와 지하에 적합하다.

■ 배치도
◦ 배치도 표현상의 우선순위는 다음과 같다.
내 땅과 남의 땅, 도로를 구분한다.
땅과 건물을 구분한다.
건물의 층수를 구분한다.
◦ 배치도에서는 지나치게 자세한 층별 표현을 지양하고, 대지 위의 점유부분을 단순하게 표현하는 것이 좋다. 각 층의 상세한 표현은 해당 층 평면에서 표현한다.
◦ 건물의 수평 기준점(X, Y 좌표)은 대지 밖의 지형지물에서 인출하여 지정한다.
◦ 건물의 수직 기준점(Z 좌표, GL±0=EL 000)은 주출입구 근처에서 지정하되, 지형의 변화가 없는 대지 밖 지점으로 설정한다. GL은 오직 하나만 존재하되, GL1, GL2=GL1+000의 형식도 가능하다.
◦ 방위, 축척(Bar Scale을 병기)을 표현한다.

■ 평면도
◦ 중심선을 확실히 표현한다. 여러분의 단순한 스케치에서 표현된 바로 그 라인이 중심선이고 이 선이 현장에서는 먹줄로 표현된다.
◦ 축번호와 치수는 무조건 중심선을 기준으로 한다.
◦ 마감선은 가장 얇은 마감선까지 보이는 축척에서 표현한다.
◦ 3번 이상 Zoom-in해서 자세하게 작도하는 것은 지양한다. 그럴 경우 추가도면 을 작성하고 원 도면에서는 인덱스로 표현한다. 이를 통해 추가로 필요한 도면에 대한 목록을 작성할 수 있다.
◦ 실명 표기는 이질재료가 예상되는 모든 부분에 각각 기입하는 것이 재료마감표에서 편리하다.
◦ 평면도가 기본도면 수준으로 확정되면 'Save as 구조평면'으로 저장한다.

■ 단면도
◦ 높이의 기준은 마감레벨로 한다. 구체를 기준으로 하는 경우 수평 증축 시 불리하다.
◦ 1층 레벨을 배치도의 기준 레벨에 의하여 표현한다. 즉, '1FFL±0=GL+000'의 형식으로 표현한다. 나머지 모든 층은 1층을 기준으로 하여 표현한다.

◦ 실시설계에서의 단면은 입면을 표기할 필요 없다. 보 입면 대신 천장 단면을 표현하라.

■ 입면도

◦ 입면도는 투시도에 대비되어 글로써 재료를 표현한 도면이다.
따라서 전체적인 윤곽을 알려주는 축선 번호와 층 레벨 표현으로 충분하다.
(모든 공사는 평면과 단면으로 진행된다.)

■ 확대도(1/50)

◦ 마감과 구조레벨을 분리하여 표현한다. 모든 마감선이 마감선과 만나야 제대로 표현된 것이다.

■ 기타 도면

◦ 안내도: 단열범위도, 방수범위도 등
◦ 실내재료마감표: 내역(견적) 작업시 재료의 기준이 된다.(도면에 우선)
◦ 화장실전개도: 타일온장의 기준 표현

2) 구조도면

■ 구성: 개요, 일반사항, 주심도, 구조평면도, 부재 리스트 등
■ 주심도(柱心圖)
◦ 축선의 기준이 되는 기둥의 편심을 보이는 도면으로, 큰 스케일로 눈에 띄게 표현한다.
■ 구조평면도(프레임도, 보伏圖)
◦ 구조평면은 건축평면보다 자세하게 표현되므로 건축평면도보다 큰 스케일이 유리하다.
◦ 건물의 주요한 구조부[3]라 할 수 있는 기초, 기둥, 보, 옹벽, 스라브, 계단 등의 부호, 칫수, 레벨이 표현된다.
■ 구조입면도(주로 철골도면)
■ 구조일람표(리스트): 구조평면도에서 표현된 각 부재-기초, 기둥, 보, 옹벽, 스라브, 계단-의 규격과 배근을 표현한다. 표나 말보다 그림을 통해 구체적으로 표현하는 것이 작도, 감리, 공사에 유리하다. 참고로 계단은 옹벽이 아니라 스라브로 취급된다.
■ 잡배근도

3) 기계, 전기 설비 도면

◦ 설비 사항은 각 설비 사무소에서 계산 뿐 아니라 작도 및 내역까지 작성한다. 따라서 건축사사무소에서의 주 업무 건축도면과의 간섭을 검토하는 정도이다.
◦ 최근에는 B.I.M.을 통해 간섭을 입체적으로 파악할 수 있다.

3) 건축법에서 규정하는 주요구조부는 내력벽, 기둥, 바닥, 보(Girder), 지붕틀 및 주계단으로서 기초는 포함되지 않는다. 그러나 기초는 주요구조부 못지 않게 중요한 부재이다.

§ 실시설계도서_시방서

시공을 위한 도면과 서류로서의 실시설계도서에서 시방서는 중요한 역할을 한다. 시방서가 도면보다 우선권을 가질 수 있는 근거는, 시방내용이 도면에서 반복되어 표현되면서 발생될 수 있는 모순과 상호간의 오류를 방지하기 위해 도면과 구분되어 작성하기 시작했다는 것이다.
시방서의 과도할 정도의 세밀함과 전문성은 첫째, 공사의 정확한 시공에 필수적인 지침으로 사용되어야 할 뿐 아니라 둘째, 혹시라도 추후에 발생할 수 있는 송사의 근거자료가 되기 때문이다. 시방서 작성은 오랜 Know-how가 필요한 작업이다.

■ 시방서SPECIFICATION의 체계

◦ 국내 설계사무소의 시방서[4] 기준

시방서의 구성

과거		현재
표준시방서	기준	표준시방서 (국토해양부, 최상위 기준) 전문시방서 (서울시, 표준시방서에 의한 중간단계)
일반시방서(표준시방서 편집) + 특기시방서(특정재료)	실제 구성	공사시방서 (특정 공사용 맞춤 시방서)

◦ 국내 건설기업의 분류체계
국내에서는 건축사사무소 뿐 아니라 각 건설회사도 저마다의 시방서 분류체계를 사용하며, 국토해양부에서 제정한 표준시방서가 현실적으로는 표준적으로 통용되지 못하고 있다. 이 표준은 건축사사무소-건설회사간 표준, 국내 표준의 차원을 넘어서서 국제적인 표준에 적합해야 하는데 국내 사정은 여기에 크게 미흡한 상황이다.

4) 국토해양부 고시에 의한 설계도서 작성기준의 정의에 의하면, '공사시방서'에는 중간설계 및 실시설계도면에 구체적으로 표시할 수 없는 내용과 공사수행을 위한 시공 방법, 자재의 성능.규격 및 공법, 품질시험 및 검사 등 품질관리, 안전관리, 환경관리 등에 관한 사항을 기술하도록 되어있으며, '표준시방서' 및 '전문시방서'를 기본으로 하여 작성하되, 공사의 특수성.지역여건.공사방법 등을 고려하여 작성하도록 되어있다.

국내 각 건설회사의 시방서 비교

내 용	A사	B사	C사	D사	E사
발간년도	1997	1991	1996	1994	1996
표준범위	기업체	기업체	기업체	기업체	기업체
건설물 종류	건축, 토목, 플랜트	건축, 토목, 플랜트	건축, 토목, 플랜트	건축	건축, 토목, 플랜트
분류관점 (ISO)	공종, 자재, 장비	시설물, 공종, 자재, 장비, 관리	공종, 자재, 장비	공종, 자재, 장비	시설물, 공종, 자재, 장비
건설업무 기능	견적/원가/자재 관리	견적/원가/자재/문헌 관리	견적/원가/자재 관리	견적/원가/자재/문헌 관리	견적/원가/자재/문헌 관리
분류체계 활용도	활발	미흡	미흡	미흡	미흡
분류체계 재작성	예정 없음	98년 수정	98년 재작성	98년 재작성	98년 수정
정보시스템 재구축	작업중	마스터플랜 작성완료	작업중	작업중	재구축 예정
공사관리 개선작업	작업완료, 공정관리보완	작업중	작업중	작업중	미정

◦ 국내외 분류체계 비교

국내 표준이 되어야 할 건교부(현 국토해양부) 시방서, 정부출연 연구기관인 건설기술연구원[5] 시방서, 미국 마스터포맷 시방서, 유럽 유니클래스 시방서의 체계를 국제표준화기구의 건설정보 분류기준의 관점에서 비교하였다.

국내외 시방서 체계 비교

관 점		건교부	건설기술연구원	마스터포맷(미국)	유니클래스(유럽)
발간년도 (초판)		1996 현재	1996 현재	since 1963	since 1997
표준 범위		국가	국가	국가/국제	국가/국제
건설물 종류		건축, 토목, 플랜트	건축, 토목	건축	건축, 토목
ISO 8가지 건설정보 분류기준	시설물		시설물	-	시설물
	공간	-	공간	-	공간
	부위	-	부위	-	부위
	공종	공종	공종	공종	공종
	자재	-	자재	자재	자재
	장비	-	장비	장비	장비
	관리	-	-	(관리)	관리
	속성	-	-	(속성)	속성
건설업무기능	설계관리	-	설계관리	설계관리	설계관리
	견적관리	견적관리	견적관리	견적관리	견적관리
	원가관리	원가관리	원가관리	원가관리	원가관리
	자재관리	-	자재관리	자재관리	자재관리
	문헌관리	-	문헌관리	-	문헌관리
사용자		발주자, 시공자	전체	전체	전체

5) 한국건설기술연구원은 과학기술분야의 정부출연 연구기관으로서, 건설기술 선진화, 안전한 SOC 구축, 환경친화적 건설을 위해 1983년에 개원하고, 1999년에 국립건설시험소와 통합되었으며, 2008 현재 지식경제부 산하 산업기술연구회 소관의 연구기관이다.

■ 건설정보 분류체계

분류에 있어 가장 중요한 것은 분류기준인데, 국제표준화기구의 관점을 살펴 보도록 한다.

최상위 분류체계 관점

관 점	요 소	비 고
표준 범위	프로젝트, 기업, 국가, 국제	
건설물 종류	건축, 토목, 플랜트	
분류 기준	시설물, 공간, 부위, 공종, 자재, 장비, 관리, 속성	ISO 채택
건설업무 기능	설계, 견적관리, 원가관리, 자재관리, 문헌관리	
사용자	정부, 발주자, 개발자, 설계자, 자재공급자, 시공자, 시설관리자	

ISO의 관점_분류 기준 8가지

분류	정의	분류의 예	사용의 예	마스터포맷	유니클래스
1 시설물 Facilities	용도 관점의 물리적 시설물	공장, 병원, 주택 등	건축법규, 설계요건 등	-	○
2 공간 Spaces	실체 또는 이론적인 공간	사무공간, 주거공간 등	설계요건 등	-	○
3 부위 Elements	기능 관점의 시설물 구성요소	기초, 기둥, 보 등	도면번호, 설계자료, 시방서 등	-	○
4 공종 Work Sections	결과물 관점의 작업	토공사, 철근콘크리트공사 등	시방서, 견적서, 원가관리 등	○	○
5 자재 Construction Products	시설물을 구성하는 원재료	목재, 콘크리트 등	설계자료, 시방서, 물가정보, 구매관리 등	○	○
6 장비 Construction Aids	시설물의 구성요소가 아닌 도구	거푸집, 건설기계 등	장비자료, 물가자료, 구매관리 등	○	○
7 관리 Management	활동주체 관점에 의한 관리	기획, 설계, 건설관리 등	건축법규, 계약서 등	△	○
8 속성 Attributes	물리적 개체의 특성	형태, 규격, 열효율 등	시방서, 제품정보 등	△	○

■ 마스터포맷과 유니클래스

◦ 마스터포맷MasterFormat

마스터포맷은 미국 공사시방서협회The Construction Specifications Institute, C.S.I.에서 작성하여 북미지역에서 수십 년간 유용하게 사용되어 온 시방서 체계로서, 2004년부터는 기존의 16디비전을 확충한 34디비전(+유보항목 16= 총 50디비전)의 시방서를 선보이고 있다. 국제표준화기구I.S.O., International Standard Organization의 8가지 건설정보 분류기준 중 대략 반 정도에 부합된다.

마스터포맷: 16디비전 vs 50디비전

2004년 이전
16 디비전

대분류	디비전
총칙	00 000 Bidding Requirements, Contract Forms and Conditions of the Contract 입찰, 계약서 및 계약조건 01 000 General Requirements 일반사항
대지	02 000 Site Work 토공사
구조체	03 000 Concrete 콘크리트 04 000 Masonry 조적 05 000 Metals 철골 06 000 Wood and Plastics 목재와 플라스틱
보호	07 000 Thermal and Moisture Protection 단열방수 08 000 Doors and Windows 창호
마감	09 000 Finishes 마감
설치물	10 000 Specialties 설치물 칠판, 싸인물, 벽난로, 국기계양대, 게시판, 로커 등 11 000 Equipmen 장비 도난방지시설, 자판기, 영사기, 세차설비 등 12 000 Furnishings 비품 벽장식, 조각품, 진열대, 장식장, 서가, 일반가구 등 13 000 Special Constriction 특수공사[11보다 헤비] 클린룸, 냉장실, 사우나, 방음방진설비, 소각로 등
	02 000 Site Work 토공사
기계 및 전기설비	14 000 Conveying Systems 운송설비 15 000 Mechanical 기계설비 16 000 Electrical 전기설비

2004년 이후
34(+유보16=총50) 디비전

그룹	서브그룹	대분류	디비전
조달과 계약조건		총칙	00 00 00 Procurement and Contracting Requirements 조달과 계약조건
	일반요구조건		01 00 00 General Requirements 일반사항
시방그룹	시설물 건설	대지	02 00 00 Existing Conditions 기존상황
		구조체	03 00 00 Concrete 콘크리트 04 00 00 Masonry 조적 05 00 00 Metals 금속 06 00 00 Wood, Plastics and Composites 목재, 플라스틱, 복합물
		보호	07 00 00 Thermal and Moisture Protection 단열과 방수 08 00 00 Openings 개구부
		마감	09 00 00 Finishes 마감
		설치물	10 00 00 Specialties 설치물공사 11 00 00 Equipmen 장비공사 12 00 00 Furnishings 비품공사 13 00 00 Special Constriction 특수공사
			-
		설비	14 00 00 Conveying Systems 운송설비
	시설물 서비스	설비	15 ~ 20 유보 21 00 00 Fire Suppression 방화 22 00 00 Plumbing 배관 23 00 00 Heating, Ventilating and Air Conditioning 냉난방공조 24 유보 25 00 00 Integrated Automation 통합자동화 26 00 00 Electrical 전기 27 00 00 Communications 통신 28 00 00 Electronic Safety and Security 전자보안 29 ~ 30 유보
	부지와 기간시설	대지	31 00 00 Earthwork 토공 32 00 00 Exterior Improvement 외부개량 33 00 00 Utilities 수도전기가스설비 34 00 00 Transportation 수송설비 35 00 00 Waterway and Marine Construction 수로와 해양건설 36 ~ 39 유보
	프로세스 장비	설비	40 00 00 Process Integration 프로세스 통합 41 00 00 Material Processing and Handling Equipment 프로세스처리 및 조작장비 42 00 00 Process Heating, Cooling and Drying 프로세스 난방, 냉방, 건조장비 43 00 00 Process Gas and Liquid Handling, Purification and Storage Equipment 프로세스 가스 및 액체조작, 정화, 보관장비 44 00 00 Pollution Control Equipment 공해제어장비 45 00 00 Industry-Specific Manufacturing Equipment 산업특화제조장비 48 00 00 Electrical Power Generation 전력생산 49 ~ 50 유보

◦ 유니클래스(Uniclass, Unified Classification for the Construction Industry)

유니클래스는 마스터포맷에 대항하여 범유럽표준으로 작용하도록 처음부터 ISO의 8가지 건설정보 분류체계에 적합하도록 제작되었다. 그러나 아직 마스터포맷 만큼 활용되지는 않는 듯하다.

유니클래스의 전체항목

목록	성격	주요 사용부분
A Form of information	정보의 형태	정보의 표현형식 · 성격 · 저장매체구분
B Subject disciplines	주제분야(학문)분류	참고자료(도서)의 분야구분
C management	관리분야 정보 분류	공사관리분야 정보의 분류
D Facilities	시설분류(토목 · 건축분야)	공사분할체계(대공종 분류)
E Construction Entities	공간분류(토목분야)	공사분할체계(중공종 분류)
F Spaces	공간분류(건축분야)	공사분할체계(중공종 분류)
G Element for building	부위분류(건축분야)	공사분할체계(소공종 분류)
H Element for civil engineering works	부위분류(토목분야)	
J Work section for building	공종분류(건축분야)=CAWS	공사분할체계(세공종분류)
K Work section for civil engineering works	공종분류(토목분야)=CESMM3의 대분류항	공사분할체계(세공종분류)
L Construction produduct	건설생산품 분류=EPIC	공사완성물에 포함되는 각종부품, 비품분류
M Construction aids	장비, 가설재 분류	제품설명서, 가격정보지 등의 분류
N Properties and characteristics	상품, 공종, 부위, 구조물등의 속성 및 특성	건설생산품, 공종분류항 등의 속성별 분류
P Material	건설재료의 분류	건설자재 분류
Q Universal Decimal Classfication	UDC에 의한부가 정보분류	Uniclass 적용불가 부분의 분류

◦ 마스터포맷과 유니클래스의 관련 항목 비교

ISO의 분류기준 8가지를 전부 충족하는 유니클래스와 분류기준 중 반 정도를 충족하는 마스터포맷의 관련 항목끼리 비교하였다.

마스터포맷과 유니클래스 비교

마스터포맷 2004			유니클래스 1997		
01 00 00	General Requirements	일반조건	J!	Preliminaries/ General conditions	일반조건
			JB	Complete buildings/ structures/units	완공빌딩/ 구조/유닛
02 00 00	Existing Conditions	기존 상황	JC	Existing site/ buildings/services	기존부지/ 건물/서비스
02 50 00	Site Remediation	토지개선	JD	Groundwork	지반공사
03 00 00	Concrete	콘크리트	JE	In situ concrete/ Large precast	현장콘크리트/ 프리캐스트콘크리

04 00 00	Masonry	조적
05 00 00	Metals	금속
06 00 00	Wood, Plastics, and Composites	목재, 플라스틱, 복합물
09 00 00	Finishes	마감
07 00 00	Thermal and Moisture Protection	단열과 방수
26 00 00	Electrical	전기
08 00 00	Openings	개구부
09 90 00	Painting and Coating	도장 및 코팅
12 00 00	Furnishings	가구공사
32 00 00	Exterior Improvements	외부개량
33 10 00	Water Utilities	배수설비
22 00 00	Plumbing	배관
42 00 00	Process Heating, Cooling, and Drying Equipment	냉난방
23 00 00	Heating, Ventilating, and Air-Conditioning	냉난방, 공조
48 00 00	Electrical Power Generation	전력
27 00 00	Communications	통신
34 10 00	Transportation	수송설비

	concrete	트
JF	Masonry	조적
JG	Structural/ Carcassing metal/timber	구조/ 골조용 금속/목재
JH	Cladding/covering	피복
JJ	Waterproofing	방수
JK	Linings/Sheathing	라이닝/쉬딩
JL	Windows/Doors/Staris	창문/문/계단
JM	Surface finishes	표면마감
JN	Furniture/Equipment	가구/장비
JP	Building fabric sundries	건물 직물 잡화
JQ	Paving/Planting/ Fencing/Site furniture	포장/식재/ 담장/ 부지가구
JR	Disposal systems	처리장치
JS	Piped supply system	배관공급 시스템
JT	Mechanical heating/ Cooling/Refrigeration system	기계 난방/ 냉방/냉방시스템
JU	Ventilation/ Air conditioning	환기/공조
JV	Electrical supply/ power/lighting systems	전기공급/전력/조명시스템
JW	Communications/ Security/Control systems	통신/ 보완/제어시스템
JX	Transport systems	운송시스템
JY	Services reference specification	서비스 참조 시방
JZ	Building fabric reference specification	건물 직물 참조 시방

■ 적용 양식

◦ 잠정적 결론: 마스터포맷(16 디비전)

다소 구식이고 ISO 기준에 미흡한 면은 있지만 간단한 대분류와 자세한 소분류 방식을 적용하여 매우 간단하고 실용적이다. 국내 표준시방서나 서울시 전문시방서 비교해 보면, 그 차이를 알 수 있다.

국내 시방서와 비교된 마스터포맷(16디비전)

마스터포맷(16 디비전, 2004 이전) 대분류	디비전	한국 표준시방서 (1999)	서울시 전문시방서 (2006)
총칙	00 000 Bidding Requirements, Contract Forms and Conditions of the Contract 입찰, 계약서 및 계약조건 01 000 General Requirements 일반사항	01000 총칙	G 총칙 G01000 공사일반 G02000 관리 및 행정 G03000 자재관리 G04000 품질관리 G05000 인전및보건관리 G06000 환경관리 G07000 가설공사 G08000 준공 A 건축공사 A01000 건축공사일반
대지	02 000 Site Work 토공사	02000 가설공사 03000 토공사 04000 지정 및 기초공사	A02000 토 공 사 A03000 지정 및 기초공사
구조체	03 000 Concrete 콘크리트공사 04 000 Masonry 조적공사 05 000 Metals 철골공사 06 000 Wood and Plastics 목공사	05000 철근콘크리트공사 06000 ALC블록 및 패널공사 07000 프리캐스트철근콘크리트공사 08000 철골공사09000 벽돌공사 10000 블록공사	A04000 철근콘크리트공사 A05000 철 골 공 사 A06000 조 적 공 사
보호	07 000 Thermal and Moisture Protection 단열방수공사 08 000 Doors and Windows 창호공사	11000 돌공사 12000 타일 및 테라코타공사 13000 목공사 14000 방수방습공사 15000 지붕 및 홈통공사 16000 금속공사 17000 커튼월공사 18000 미장공사 19000 온돌공사 20000 창호공사 21000 유리공사 22000 플라스틱공사 23000 도장공사 24000 수장공사	A07000 미 장 공 사 A08000 방 수 공 사 A09000 목 공 사 A10000 금 속 공 사 A11000 지붕 및 홈통공사 A12000 창호 및 유리공사 A13000 타일 및 돌공사 A14000 도 장 공 사 A15000 수 장 공 사 A16000 건축물 부대공사
마감	09 000 Finishes 마감공사		
설치물	10 000 Specialties 설치물공사 칠판, 싸인물, 벽난로, 국기계양대, 게시판, 로커, 우편물수취함 11 000 Equipment 장비공사 도난방지시설, 자판기, 영사기, 세차설비, 주차제어장치, 주방설비 12 000 Furnishings 비품공사 벽장식, 조각품, 진열대, 장식장, 서가, 일반가구, 파티션가구, 관람석의자 13 000 Special Constriction 특수공사[11보다 헤비] 클린룸, 냉장실, 사우나, 방음방진설비, 소각로, 유류가스탱크, 태양열설비		
	(02 000 Site Work 토공사 참조)	25000 조경공사	A17000 조경공사
기계 및 전기설비	14 000 Conveying Systems 승강설비공사 15 000 Mechanical 기계설비공사 16 000 Electrical 전기설비공사		<서울시전문시방서의 전체공종(일반, 토목, 건축, 산업설비, 조경, 지하철) 중 일반, 건축부분만 발췌>

◦ 참조용: 마스터포맷(34/50디비전)

국내 시방서와 비교된 마스터포맷(34/50디비전)

마스터포맷(사용34+유보16=총50디비전, 2004년 이후)				한국 표준시방서 (1999)	서울시 전문시방서 (2006)
그룹	서브 그룹	대 분류	디비전(이전과 동일; 유사; 신설)		
조달과 계약조건		총칙	00 00 00 Procurement and Contracting Requirements 조달과 계약조건	01000 총칙	G 총칙 G01000 공사일반 G02000 관리 및 행정 G03000 자재관리 G04000 품질관리 G05000 안전 및 보건관리 G06000 환경관리 G07000 가설공사 G08000 준공
시방 그룹	일반 요구 조건		01 00 00 General Requirements 일반사항		A 건축공사 A01000 건축공사일반
	시설물 건설	대지	02 00 00 Existing Conditions 기존상황	02000 가설공사 03000 토공사 04000 지정 및 기초공사	A02000 토 공 사 A03000 지정 및 기초공사
		구조체	03 00 00 Concrete 콘크리트 04 00 00 Masonry 조적 05 00 00 Metals 금속 06 00 00 Wood, Plastics and Composites 목재, 플라스틱, 복합물	05000 철근콘크리트공사 06000 ALC블록 및 패널공사 07000 프리캐스트철근콘크리트공사 08000 철골공사 09000 벽돌공사 10000 블록공사	A04000 철근콘크리트공사 A05000 철 골 공 사 A06000 조 적 공 사
		보호	07 00 00 Thermal and Moisture Protection 단열과 방수 08 00 00 Openings 개구부	11000 돌공사 12000 타일 및 테라코타공사 13000 목공사 14000 방수방습공사 15000 지붕 및 홈통공사 16000 금속공사 17000 커튼월공사 18000 미장공사 19000 온돌공사 20000 창호공사 21000 유리공사 22000 플라스틱공사 23000 도장공사 24000 수장공사	A07000 미 장 공 사 A08000 방 수 공 사 A09000 목 공 사 A10000 금 속 공 사 A11000 지붕 및 홈통공사 A12000 창호 및 유리공사 A13000 타일 및 돌공사 A14000 도 장 공 사 A15000 수 장 공 사 A16000 건축물 부대공사
		마감	09 00 00 Finishes 마감		
		설치물	10 00 00 Specialties 설치물공사 11 00 00 Equipment 장비공사 12 00 00 Furnishings 비품공사 13 00 00 Special Constriction 특수공사		
			(02 000 Site Work 토공사 참조)	25000 조경공사	A17000 조경공사
		설비	14 00 00 Conveying Systems 운송설비		
	시설물 서비스	설비	21 00 00 Fire Suppression 방화 22 00 00 Plumbing 배관 23 00 00 Heating, Ventilating and Air Conditioning 냉난방공조 25 00 00 Integrated Automation 통합자동화 26 00 00 Electrical 전기 27 00 00 Communications 통신 28 00 00 Electronic Safety and Security 전자보안		
	부지와 기간시설	대지	31 00 00 Earthwork 토공 32 00 00 Exterior Improvement 외부개량 33 00 00 Utilities 수도전기가스설비 34 00 00 Transportation 수송설비 35 00 00 Waterway and Marine Construction 수로와 해양건설	-	-
	프로세스 장비	설비	40 00 00 Process Integration 프로세스 통합 41 00 00 Material Processing and Handling Equipment 프로세스처리 및 조작장비 42 00 00 Process Heating, Cooling and Drying		

프로세스 난방, 냉방, 건조장비 43 00 00 Process Gas and Liquid Handling, Purification and Storage Equipment 프로세스 가스 및 액체조작, 정화, 보관장비 44 00 00 Pollution Control Equipment 공해제어장비 45 00 00 Industry-Specific Manufacturing Equipment 산업특화제조장비 48 00 00 Electrical Power Generation 전력생산	<서울시전문시방서의 전체공종(일반, 토목, 건축, 산업설비, 조경, 지하철) 중 일반, 건축부분만 발췌>

§ 공사비의 구성

■ 산출내역서

다음은 산출내역서에서 다루고 있는 공사비 구성에 관한 주요 내용이다.
공사비는 사업의 단계별로 아래와 불린다.
견적단계에서의 공사비는 Estimated items
실행예산에서의 공사비는 Budget
집행단계에서의 공사비는 Cost

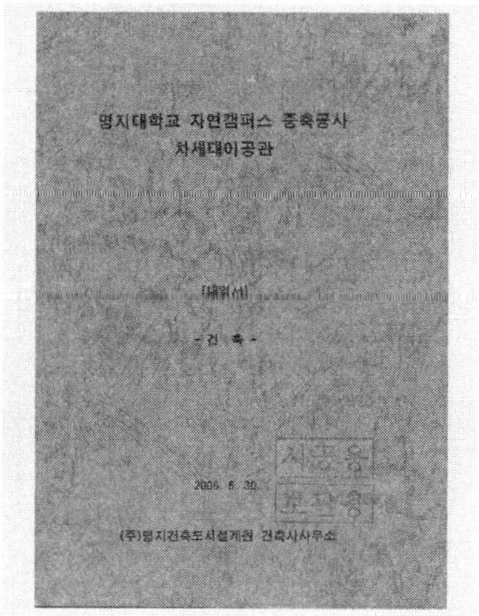
명지대학교 자연캠퍼스 증축공사
차세대이공관
[내역서]
- 건 축 -
시공용
보관용
2006. 6. 30.
(주)명지건축도시설계원 건축사사무소

내역서 표지

아래 표는 건축분야의 각 공사별 내역서를 취합하여 집계한 결과이다. '품명'이라고 표현된 부분이 시방서에서 표준적으로 규정해야할 항목이다.

공 종 별 집 계 표

공 사 명 [명지대학교 자연캠퍼스 차세대이공관 증축공사] [건 축 공 사]　　2 Page

품 명	규 격	단위	수량	재료비 단 가	재료비 금 액	노무비 단 가	노무비 금 액	경비 단 가	경비 금 액	합계 단 가	합계 금 액	비고
01 공통 가설 공사		식	1		5,172,468		37,694,855		67,190,718		110,058,041	
02 가 설 공 사		식	1		26,116,646		264,323,151				290,439,797	
03 토 및 지정공사		식	1		23,687,826		37,234,269		12,346,918		73,269,013	
04 철근콘크리트공사		식	1		657,666,180		579,087,111		20,981,347		1,257,734,638	
05 [illegible] 데크 공사		식	1		175,903,700		44,547,500				220,451,200	
06 철 골 공 사		식	1		34,875,043		26,666,705				61,541,748	
07 조 적 공 사		식	1		307,138,327		3,444,361				310,582,688	
08 석 공 사		식	1		3,147,680		3,712,864				6,860,544	
09 타 일 공 사		식	1		9,816,585		19,555,000				29,371,585	
10 방 수 공 사		식	1		69,989,552		77,285,656		480,554		147,755,762	
11 금 속 공 사		식	1		62,523,329		100,937,621		177,139		163,638,089	
12 미 장 공 사		식	1		77,843,174		143,619,311		215,116		221,677,601	
13 창 호 공 사		식	1		672,645,212		1,420,069				674,065,281	
14 유 리 공 사		식	1		120,547,371		23,297,522				143,844,893	
15 도 장 공 사		식	1		49,236,429		170,544,615				219,781,044	
16 수 장 공 사		식	1		307,455,852		64,274,112		32,438		371,762,402	
17 기 타 공 사		식	1		356,780,512		6,361,415				363,141,927	
18 주 요 자 재 비		식	1		34,305,250						34,305,250	
합 계					2,994,851,136		1,604,006,137		101,424,230		4,700,281,503	

건축분야 내 공종별집계표

이 건축공사비는 기계설비, 전기설비, 토목, 조경 등 다른 공종별 공사비와 취합되어 전체 공종별집계표로 표현된다.

공 종 별 집 계 표

공 사 명 [명지대학교 자연캠퍼스 차세대이공관 증축공사] 1 Page

품명	규격	단위	수량	재료비 단가	재료비 금액	노무비 단가	노무비 금액	경비 단가	경비 금액	합계 단가	합계 금액	비고
0101 건 축 공 사		식	1		2,994,851,136		1,604,005,137		101,424,230		4,700,281,503	
0102 토 목 공 사		식	1		233,368,649		235,986,781		108,745,259		578,100,689	
0103 전기 설비 공사		식	1		991,854,090		687,686,357				1,679,540,447	
0104 기계 설비 공사		식	1		1,883,675,083		832,161,336		51,634		2,715,888,053	
0105 조 경 공 사		식	1		206,973,251		42,647,374		450,137		250,070,762	
합 계					6,310,722,209		3,402,487,965		210,671,260		9,923,881,454	

전체 공종별집계표

위의 전체 공종별집계표에서는 각 공종별 공사비의 합산(순공사비)을 보이고 있다. 위에서는 대략 건축이 50%를 차지하고 나머지를 기계설비, 전기설비, 토목, 조경 순서로 차지하고 있음을 알 수 있다.

공 사 원 가 계 산 서

공사명 [명지대학교 자연캠퍼스 차세대이공관 증축공사] 금액 : 일백삼십팔억사천오백만원정(₩13,845,000,000 원)

비목			금액	구성비	비고
순공사원가	재료비	직접재료비	6,310,722,209		
		간접재료비			
		작업설, 부산물(△)			
		[소 계]	6,310,722,209		
	노무비	직접노무비	3,402,487,965		
		간접노무비	336,846,310	직접노무비 * 9.9%	
		[소 계]	3,739,334,295		
	경비	운반비			
		기계경비	210,671,260		
		산재보험료	127,137,366	노무비 * 3.4%	
		고용보험료	43,750,211	노무비 * 1.17%	
		퇴직공제부금비	48,995,826	직접노무비 * 1.44%	
		안전관리비	182,608,351	(재료비+직노+관급자재비) * 1.88%	
		기타경비	603,003,390	(재료비+노무비) * 6.0%	
		환경보전비	49,619,407	(재료비+직노+기계경비) * 0.5%	
		[소 계]	1,394,938,572		
계			11,444,995,076		
일반관리비			469,244,798	계 * 4.1%	
이윤			672,123,763	(노무비+경비+일반관리비) * 12.0%	
공급가액			12,586,363,637		
부가가치세			1,258,636,363	공급가액 * 10%	
도급액			13,845,000,000		
총공사비			13,845,000,000		

공사원가계산서

■ 공사비 집계 절차
위의 내용을 정리하여 순서에 따라 설명하면 다음과 같다.

◦ 물량산출서(= 수량산출서, 산출조서): 산출된 물량의 내역서

◦ 일위대가: 단위당 가격. 해당 품목에 소요되는 재료비와 노무비로 구성된다.
. 벽지 $1m^2$ 도배의 시공비: 재료비(벽지, 풀)+ 도배공의 품값+ 경비(붓, 자)

◦ 내역서內譯書, B.Q., Bill of Quantity: 물량x 일위대가= 항목별 금액 집계
. 공내역서空內譯書, B.M., Bill of Material: 내역서의 금액이 공란

◦ 공종별로 내역서 합산: 건축, 기계, 전기, 토목, 조경 등

◦ 각 공종 공사비 합산= 순공사비

◦ 순공사비+ 간접경비 추가= 순공사원가
즉, 순공사비에 현장 경비를 추가하면 현장차원의 원가가 되고,
여기에 본사 경비를 추가하면 본사차원의 원가가 된다.

◦ 순공사원가+ 일반관리비+ 이윤= 공급가액

◦ 공급가+ 부가세= 총공사비(도급액)

■ 적산과 견적 일반사항
◦ 적산積算, Quantity Survey이란 건물을 구성하는 각 부재의 물량을 산출하는 것이고,
◦ 견적見積, Cost Estimation이란 산출된 물량에 단가를 적용하는 것이다.
◦ 관공사의 공사비에는 부가세가 포함된다.
◦ 민간공사의 공사비에서는 부가세 별도이다.
. 설계사무소의 견적금액은 '소비자권장가' 수준이다.
. 건설회사의 실행견적은 각 회사별로 자체실행이 가능한 최소금액에 전략적으로 책정된 간접비에를 가산한 것으로서 통상 설계사무소 견적의 80~90% 수준에 상당한다.

■ 예산 초과분에 대한 조정
공사비에 대한 정보는 통상 설계 초기에 정해지는데 종종 클라이언트의 무계획성이나 허세에 의해서, 혹은 더욱 흔하게 건축가의 오버 디자인에 의해서 공사비는 원래의 한도를 초과하곤 한다.
하지만 설계가 종료되고, 면적과 형태와 재료와 구조 및 냉난방 방식이 정해진 이상 공사비는 이미 결정됐다고 해도 지나친 말이 아니다. 소소한 마감재 변경으로는 공사비를 줄일 수 없다는 점을 명심해야 한다.

다음 사례를 통해 마감재가 전체 공사비에 미치는 영향을 살펴보자.

왼쪽 내역서는 납품상태의 내역서로서 외벽의 주마감재는 외단열마감재이다. 오른쪽 내역서는 납품후 외벽재료를 화강석으로 업그레이드했을 때의 공사비 증감을 살펴본 것이다.
관련 공정만 따졌을 때에는 변경전 3.9억원에서 변경후 8.4억원으로 무려 215% 가량 증가됐지만 총공사비(부가세 포함) 차원에서의 증액은 고작 3~4%에 불과하다.
거꾸로 견적금액이 예산을 초과해서 외벽재료를 다운그레이드 하더라도 그 감액은 미미하다는 것을 의미한다.
또 하나 유의할 것은 거의 모든 공사의 결산금액은 실행예산금액을 초과한다는 사실이다. 자료에 의하면 아래 공사에서도 최종공사비는 당초 예산 대비 10.2%가 초과되었다.

차세대관공사비내역서_090508 차세대관1

예상공사비 내역서

공사명 : 차세대관 신축공사

[단위 : 원 V.A.T 별도]

공종명	단위	수량	재료비	노무비	경비	공사비	공종보할	총공사비보할
*건축공사								
공통 가설 공사	식	1				110,058,041	2%	1%
가설공사	식	1				290,439,797	6%	3%
토 및 지정공사	식	1				73,269,013	2%	1%
철근콘크리트공사	식	1				1,257,734,638	27%	13%
페로데크 공사	식	1				220,451,200	5%	2%
철골공사	식	1				61,541,748	1%	1%
조적공사	식	1				310,582,688	7%	3%
석 공 사	식	1				6,880,544	0%	0%
타일공사	식	1				29,371,585	1%	0%
방수공사	식	1				147,755,762	3%	1%
금속공사	식	1				163,638,089	4%	2%
미장공사	식	1				221,677,601	5%	2%
창호공사	식	1				674,065,281	14%	7%
유리공사	식	1				143,844,893	3%	1%
도장공사	식	1				219,781,044	5%	2%
수장공사	식	1				371,782,402	8%	4%
기타공사	식	1				383,141,927	8%	4%
주요자재비	식	1				34,305,250	1%	0%
건축공사 소계	식	1	[illegible]	[illegible]	[illegible]	4,700,281,503	100%	47%
			64%	34%	2%			
*토목공사	식	1	[illegible]	[illegible]	[illegible]	578,100,689		6%
			40%	41%	19%			
*기계공사	식	1	[illegible]	[illegible]	[illegible]	2,715,888,053		27%
			69%	31%	0%			
*전기공사	식	1	[illegible]	[illegible]	-	1,679,540,447		17%
			59%	41%	0%			
*조경공사	식	1	[illegible]	[illegible]	[illegible]	250,070,762		3%
			83%	17%	0%			
기타공사 소계			[illegible]	[illegible]	[illegible]	5,223,599,961		53%
순공사비 총계			[illegible]	[illegible]	[illegible]	9,923,881,454		100%
순공사원가 (순공사비+경비일부)			직접, 간접 재료비	직접, 간접 노무비	기계경비, 산재보험료, 고	11,444,996,078	현장 간접비	
			[illegible]	[illegible]	[illegible]			
일반관리비			순공사원가×4.1%			469,244,798	본사 간접비	
이윤			(노무비+경비+일반관리비)×12%			672,422,120		
공급가액			순공사원가+일반관리비+이윤			12,586,661,994		
부가가치세			10%			1,258,666,199		
총공사비(도급액)						13,845,328,193		

공사비 내역서-1

예상공사비 내역서-2

공사명 : 차세대관 신축공사

* 외벽 드라이비트(수장)를 고흥석으로 변경

[단위 : 원 V.A.T 별도]

공종명	공사비(변경전)	공사비(변경후)	공종보할	총공사비보할	
*건축공사					
공통 가설 공사		110,058,041	2%	1%	
가설공사		290,439,797	6%	3%	
토 및 지정공사		73,269,013	1%	1%	
철근콘크리트공사		1,257,734,638	25%	12%	
페로데크 공사		220,451,200	4%	2%	
철골공사		61,541,748	1%	1%	
조적공사		310,582,688	6%	3%	
석 공 사		696,000,000	14%	7%	증가
타일공사		29,371,585	1%	0%	
방수공사		147,755,762	3%	1%	
금속공사		163,638,089	3%	2%	
미장공사		221,677,601	4%	2%	
창호공사		674,065,281	13%	7%	
유리공사		143,844,893	3%	1%	
도장공사		219,781,044	4%	2%	
수장공사		37,000,000	1%	0%	감소
기타공사		383,141,927	7%	4%	
주요자재비		34,305,250	1%	0%	

외벽변경에 의한 공사비 분석
변경전(드라이비트)
변경후(고흥석)
증감 440,000,000원(부가세포함) 증액 – 당초 공사비 대비 3.7% 증가

착공–준공 전체변경 공사비 분석
변경전
변경후
증감 – 당초 공사비 대비 10.2% 증가

공사비 내역서-2

§ 감리Supervision

공사관리자로서의 건축가는 시공과정에서 현장설계 내지 감리의 역할을 담당하게 된다. 여기서는 국내에서의 감리의 종류에 대해 살펴보도록 한다.
감리관련 규정을 살펴보면 감리의 구분 표와 같이 그 대상에 따라 건설공사, 설비공사, 설계에 대한 감리로 나눌 수 있다.

감리의 구분[6]

구분			감리 대상	감리 주체	감리 배치형태	관련법
건설공사	민간 공사	일반 건축물	허가대상 등	건축사	일반감리	건축법, 건축사법
			바닥 5,000m^2 이상인 건축공사 등	건축사보/ 감리전문회사소속 유자격자	상주감리 (공사분야별 건축사보)	건축법, 건축사법, 건설기술관리법
			다중이용 건축물	감리전문회사 또는 건축사	상주감리 (건기법 기준 배치)	
		공동 주택	아파트	건축사보/ 감리전문회사소속 유자격자	상주감리 (공사분야별 건축사보)	
			사업계획승인대상 300세대 미만	감리전문회사/ 건축사	상주감리 (총괄감리원/ 공사분야별감리원)	주택법, 건축사법, 건설기술관리법
			사업계획승인대상 300세대 이상	감리전문회사		
			기타 공동주택	일반 건축물 규정 적용		건축법, 건축사법
	공공 공사		200억 이상의 22개 공종	감리전문회사	전면책임감리	건설기술관리법
			전면책임감리 비대상 ...	감리전문회사	부분책임감리	
			책임감리 비대상 ...	감리전문회사	검측감리, 시공감리	
			전면책임감리 대상공사 이외의 공사 ...			
설비공사	전력시설공사		총공사비 5천만원 이상	전기분야 기술자격자 및 학경력자	상주감리 (책임감리원/ 보조감리원)	전력기술관리법
	정보통신공사		6층 이상 또는 연면적 5,000m^2 이상	방송통신위원회 인정 감리원	상주감리	정보통신공사업법
	소방시설공사		연면적 30,000m^2 이상, 지하포함 16층 이상 ...	소방공사감리업 소속 감리원	상주감리	소방시설공사업법
			비상주 소방시설공사로서 연면적 1,000m^2 이상 ...		상주감리	
설계	건설공사		공공공사 중 시설물의안전관리에관한특별법에 의한 1.2종 시설물의 실시설계 등	설계감리업 소속 감리원	-	건설기술관리법
	전력시설공사		21층 이상 ...	종합설계업 등록자/ 설계감리자	-	전력기술관리법

일반적으로 감리해당 업무는 감리방식별 업무범위 표와 같이 범위에 따라 건축사법에 의한 감리와 건설기술관리법에 의한 책임감리, 시공감리, 검측감리, 설계감리로 구분할 수 있다.

6) 김기수+김양곤, 건축물 감리제도의 개선방향, 건축사 통권500호, 82~83쪽, 2010.12

감리방식별 업무범위[7]

<table>
<tr><th colspan="3">구분</th><th>감리 업무 범위</th></tr>
<tr><td rowspan="8">건설감리</td><td rowspan="2">건축법</td><td>일반 감리</td><td rowspan="2">1 공사시공자가 설계도서에 따라 적합하게 시공하는 지 여부의 확인
2 공사시공자가 사용하는 건축자재가 관계 법령에 따른 기준에 적합한 지 여부의 확인
3 건축물 및 대지가 관계법령에 적합하도록 공사시공자 및 건축주를 지도
4 공사현장에서의 안전관리의 지도
5 공정표의 검토
6 상세시공도면의 검토 및 확인
7 구조물의 위치와 규격의 적정여부의 검토 및 확인
8 설계변경의 적정여부의 검토 및 확인
9 기타 공사감리계약으로 정하는 사항</td></tr>
<tr><td>상주 감리</td></tr>
<tr><td rowspan="4">건설기술
관리법</td><td>책임 감리</td><td>1 시공계획의 검토
2 공정표의 검토
3 건설럽자 또는 주택건설등록업자가 작성한 시공상세도면의 검토 및 확인
4 시공이 설계도면 및 시방서으 ㅣ내용에 적합하게 행하여지고 있는지에 대한 인
5 구조물규격에 관한 검토 및 확인
6 사용자재의 적합성에 관한 검토 및 확인
7 건설업자 또는 주택건설등록업자가 수립한 품질관ㄹ기계획에 대한 확인 등
8 재해예방대책, 전관리 및 환경관리의 확인
9 설계변경에 관한 사항의 검토 및 확인
10 공사진척부분에 대한 조사 및 검사
11 완공도면의검토 및 준공검사
12 하도급에 대한 타당성 검토
13 설계내용의 현장조건 부합 및 실제 시공가능여부 등의 사전검토
14 기타 공사의 질적 향상을 위하여 필요한 사항 등</td></tr>
<tr><td>시공 감리</td><td rowspan="2">건설기술법 시행령 제52조(감리원의 업무범위 및 배치기준) 참조</td></tr>
<tr><td>검측 감리</td></tr>
<tr><td>설계 감리</td><td>건설기술법 시행령 제39조의2(설계감리의 업무범위 등) 참조</td></tr>
<tr><td>전력기술
관리법</td><td>전력시설 감리</td><td>전력기술관리법 시행령 제23조(감리원의 업무) 참조</td></tr>
<tr><td>정보통신
공사업법</td><td>정보통신 감리</td><td>정보통신공사업법 시행령 제12조(감리원의 업무) 참조</td></tr>
<tr><td>건설사업
관리</td><td>건설기술
관리법</td><td>건설사업 관리자</td><td>1 건설공사의 기본구상 및 타당성조사 관리
2 건설공사의 계약관리
3 건설공사의 설계관리
4 건설공사의 사업비 관리
5 건설공사의 공정관리
6 건설공사의 품질관리
7 건설공사의 안전관리
8 건설공사의 사업정보관리
9 건설공사의 준공 후 사후관리
10 그 밖에 당해 건설사업관리용역 계약에서 정하는 사항</td></tr>
</table>

7) 김기수+김양곤, 건축물 감리제도의 개선방향, 건축사 통권500호, 82~83쪽, 2010.12

§ 역사보존 용역Historic Preservation Services

역사보존 용역에는 다음과 같은 것들이 있다. 앞의 것일수록 원형에 가깝고, 뒤로 갈수록 덧댐 작업이 많다고 할 수 있다.

◦ 보존Preservation은 교체나 새로운 축조보다는 역사적 형태 및 재료의 지속적 관리와 보수에 초점을 맞추는 작업이다.

◦ 복원(Restoration)은 특정시기의 건물모습을 정확히 묘사하기 위해 부적절한 덧댐 부위는 제거하고 사라진 형상을 재구축하는 작업이다.

◦ 복구(Rehabilitation)는 실제사용을 위한 보수, 교체, 추가에 초점을 맞추는 작업이다.

◦ 재건(Reconstruction)은 망실된 역사적 건축물을 특정한 시기의 모습대로 본래의 위치에 재현하는 작업이다.

이 외에도 conservation and consolidation, reconstitution, adaptive reuse 등의 용어가 혼용되고 있다.

§ 운영 및 유지Operation-Maintenance Services

▪ 시설관리Facility Management

시설물 유지관리업이란 시설물의 완공 이후 그 기능을 보전하고 이용자의 편의와 안전을 높이기 위하여 시설물에 대해 일상적으로 점검, 정비, 개량, 보수, 보강하는 일체의 사업을 말한다.

국내에서 시설관리는 건축물의 신축 이후 일상적으로 진행되던 사안이었으나, 성수대교 붕괴(1994년 10월) 이후 '시설물의 안전관리에 관한 특별법'이 1995년 1월 5일부로 제정되었고 계속해서 삼풍백화점 붕괴(1995년 6월)를 겪으면서 시설물 유지관리업이 하나의 독립된 업종으로 자리 잡게 되었다.

그러나 건물의 유지 및 관리는 입주후 평가와 더불어 건축물이 완공된 이후 건축가가 주목해야 할 주요 업무 중의 하나이다.

▪ 입주 후 평가Post-Occupancy Evaluation

입주 후 평가는 모든 건축물에 유효하다. 특히 학교와 같이 연속적으로 발주되고 이후 시설관리까지 담당해야하는 사용자를 겸한 발주자에게 필수적인 요소이다. 대부분의 지속적 발주자는 이와 관련된 업무를 담당하기 위해 담당자 내지 독립된 부서를 두고 있다. 입주 후 평가는 자체적으로 시행될 수도 있지만 주로 건축사사무소와 같은 외부기관에 의뢰되기도 한다. 건축가는 입주 후 평가 자료를 이후의 유사한 프로젝트의 초기 작업에 효과적으로 반영할 수 있다.

§ 설계도서 작성기준

국토해양부 고시 제2009-906호 [2009.9.21]

■ 용어의 정리

◦ 설계도서

설계도서라 함은 건축물의 건축 등에 관한 공사용의 도면과 구조계산서 및 시방서 기타 다음 각 호의 서류를 말한다.
. 건축설비계산 관계서류
. 토질 및 지질 관계서류
. 기타 공사에 필요한 서류

◦ 기획업무

기획업무라 함은 건축물의 규모검토, 현장조사, 설계지침 등 건축설계 발주에 필요하여 건축주가 사전에 요구하는 설계업무를 말한다.

◦ 건축설계업무

건축설계업무라 함은 건축주의 요구를 받아 수행하는 건축물의 계획(설계목표, 디자인 개념의 설정), 연관분야의 다각적 검토(인,허가 관련 사항 포함), 계약 및 공사에 필요한 도서의 작성 등의 업무를 말하며, "계획설계", "중간설계", "실시설계"로 구분된다.

◦ 계획설계

계획설계라 함은 건축사가 건축주로부터 제공된 자료와 기획업무 내용을 참작하여 건축물의 규모, 예산, 기능, 질, 미관 및 경관적 측면에서 설계목표를 정하고 그에 대한 가능한 계획을 제시하는 단계로서, 디자인 개념의 설정 및 연관분야(구조, 기계, 전기, 토목, 조경 등을 말한다. 이하 같다)의 기본시스템이 검토된 계획안을 건축주에게 제안하여 승인을 받는 단계이다.

◦ 중간설계[1)]

중간설계(건축법 제8조제3항에 의한 기본설계도서를 포함한다. 이하 같다)라 함은 계획설계 내용을 구체화하여 발전된 안을 정하고, 실시설계 단계에서의 변경 가능성을 최소화하기 위해 다각적인 검토가 이루어지는 단계로서, 연관분야의 시스템 확정에 따른 각종 자재, 장비의 규모, 용량이 구체화된 설계도서를 작성하여 건축주로부터 승인을 받는 단계이다.

---

1) 여기서 사용하는 중간설계란 일반적 의미의 기본설계와 동일한 의미로 생각할 수 있다.

◦ 실시설계
실시설계라 함은 중간설계를 바탕으로 하여 입찰, 계약 및 공사에 필요한 설계도서를 작성하는 단계로서, 공사의 범위, 양, 질, 치수, 위치, 재질, 질감, 색상 등을 결정하여 설계도서를 작성하며, 시공중 조정에 대해서는 사후설계관리업무 단계에서 수행방법 등을 명시한다.

◦ 사후설계관리업무[2)]
사후설계관리업무라 함은 건축설계가 완료된 후 공사시공 과정에서 건축사의 설계의도가 충분히 반영되도록 설계도서의 해석, 자문, 현장여건 변화 및 업체선정에 따른 자재와 장비의 치수.위치.재질.질감.색상.규격 등의 선정 및 변경에 대한 검토.보완 등을 위하여 수행하는 설계업무를 말한다.

▪ 공사시방서의 작성
◦ 공사시방서에는 중간설계 및 실시설계도면에 구체적으로 표시할 수 없는 내용과 공사수행을 위한 시공 방법, 자재의 성능.규격 및 공법, 품질시험 및 검사 등 품질관리, 안전관리, 환경관리 등에 관한 사항을 기술한다.
◦ 공사시방서는 표준시방서 및 전문시방서를 기본으로 하여 작성하되, 공사의 특수성.지역여건.공사방법 등을 고려하여 작성한다.

▪ 설계도서 해석의 우선순위
설계도서.법령해석.감리자의 지시 등이 서로 일치하지 아니하는 경우에 있어 계약으로 그 적용의 우선 순위를 정하지 아니한 때에는 다음의 순서를 원칙으로 한다.
① 공사시방서
② 설계도면
③ 전문시방서
④ 표준시방서
⑤ 산출내역서
⑥ 승인된 상세시공도면[3)]
⑦ 관계법령의 유권해석
⑧ 감리자의 지시사항

▪ 구조계산서의 작성
◦ 다음 각 호에 해당하는 건축물을 건축하거나 대수선하는 경우에는 구조안전을 확인할 수 있도록 구조계산서(지진에 대한 안전을 포함한다)를 작성한다.
. 층수가 3층 이상인 건축물
. 연면적이 1천 제곱미터 이상인 건축물(창고, 축사, 작물재배사 및 표준설계도서에 따라 건축하는 건축물은 제외)
. 높이가 13미터 이상인 건축물

---

2) 일반적으로 오해하는 것 중의 하나가 사후설계관리업무를 감리업무로 당연시하는 것이다. 감리란 간단히 말해 공사가 납품된 설계도서에 의해 진행되도록 확인하고 자문 및 지시하는 것으로 사후설계와는 차이가 있다.
3) 상세시공도면이란 'Shop Drawing'이라고 하며, 시공할 담당자가 상세한 축척으로 직접 작성하는 도면이다.

. 처마높이가 9미터 이상인 건축물
. 기둥과 기둥 사이의 거리(기둥이 없는 경우에는 내력벽과 내력벽 사이의 거리)가 10미터 이상인 건축물
. 국토해양부령으로 정하는 "지진구역1" 지역에 건축하는 건축물 중 중요도 (특), 중요도(1)에 해당하는 건축물
. 박물관, 전시장 등의 용도에 쓰이는 바닥면적 합계가 5천제곱미터 이상인 건축물
◦ 구조내력의 기준 및 구조계산의 방법 등은 '건축물의 구조기준 등에 관한 규칙'이 정하는 바에 의하고 이에 필요한 세부기준 등은 국토해양부장관이 작성 또는 승인한 기준이 정하는 바에 의한다.

■ 관계전문기술자의 협력

◦ 구조[4)]
다음 각 호에 해당하는 건축물에 대한 구조계산은 국가기술자격법에 의한 건축구조기술사가 하여야 한다.
. 6층 이상인 건축물
. 기둥과 기둥사이의 거리가 30미터 이상인 건축물
. 다중이용 건축물
. 한쪽 끝은 고정되고 다른 끝은 지지(支持)되지 아니한 구조로 된 차양 등이 외벽의 중심선으로부터 3미터 이상 돌출된 건축물
.「건축법 시행령」 제32조제1항제6호에 해당하는 건축물 중 국토해양부령으로 정하는 건축물

◦ 설비
연면적이 1만제곱미터이상인 건축물(창고시설을 제외한다) 또는 에너지를 대량으로 소비하는 건축물로서 건축물의설비기준등에관한규칙 제2조의 규정에서 정하는 건축물은 다음 각 호의 구분에 따른 관계전문기술사의 협력을 받아야 한다.
. 전기설비
전기, 승강기(전기 분야만 해당한다) 및 피뢰침:「국가기술자격법」에 따른 건축전기설비기술사 또는 발송배전기술사
. 기계설비
가스・급수・배수(配水)・배수(排水)・환기・난방・소화・배연・오물처리 설비 및 승강기(기계 분야만 해당한다) :「국가기술자격법」에 따른 건축기계설비기술사 또는 공조냉동기계기술사

◦ 토목
깊이 10미터이상의 토지굴착공사 또는 높이 5미터이상의 옹벽 등의 공사를 수반하는 건축물의 설계자 및 공사감리자는 토지 굴착 등에 관하여 국토해양부령으로 정하는 바에 따라「국가기술자격법」에 따른 토목 분야 기술사의 협력을 받아야 한다.

---

4) 전항에서는 단순히 구조계산서를 작성하는 수준이었으나, 여기서는 구조기술사에 의한 구조계산으로 강화되었음에 유의할 것.

[별표] 설계도서 작성기준

- ■ 기획업무
- ■ 계획설계
- ■ 중간설계(=기본설계)
- ◦ 건축, 구조, 기계, 전기, 토목, 조경
- ■ 실시설계
- ◦ 건축, 구조, 기계, 전기, 토목, 조경

☞ 각 단계별 자세한 내용은 원문의 별표를 참조하시오.

§ 구조실무개론

건축사들이 알아야할 구조

■ 구조기술사의 업무범위 와 책임

구조기술사의 업무범위에는 구조설계, 구조계산, 구조안전진단 등이 있다. 그 중 구조계산은 구조기술사의 날인에 의해 권한과 책임이 인정되나, 구조도면은 구조기술사가 작성하더라도 도면 날인자에게 책임이 있으므로 '건축사+구조기술사'가 공동으로 날인해야 한다. 구조설계는 건축가와 구조기술사가 협의해서 진행하는 것이 바람직하다.

■ 구조계산서

실무에 있어서 구조도면 담당자는 기둥, 보 등의 리스트(일람표)에만 집중하기 쉬운데, 앞 뒤의 개요, 설계하중을 이해하면 구조계산의 실체를 파악하는데 큰 도움이 된다.

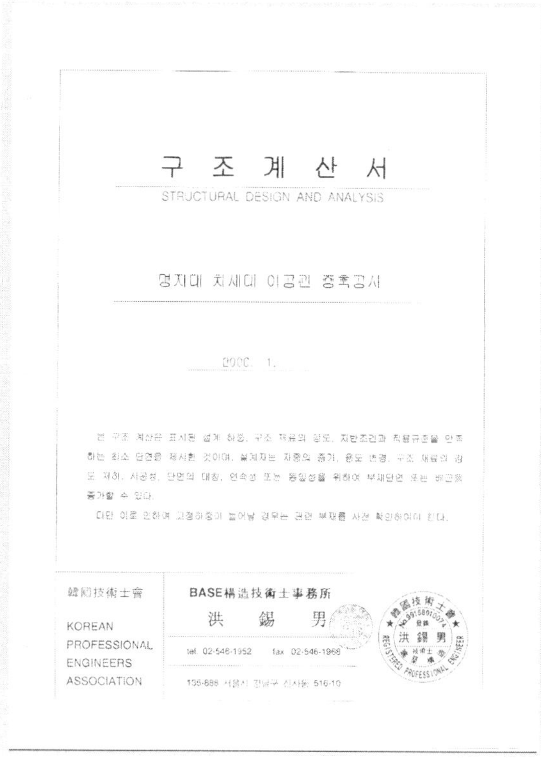

구 조 계 산 서

STRUCTURAL DESIGN AND ANALYSIS

명지대 차세대 이공관 증축공사

2000. 1.

韓國技術士會
KOREAN PROFESSIONAL ENGINEERS ASSOCIATION

BASE構造技術士事務所
洪 錫 男
tel. 02-546-1952 fax 02-546-1968

표지

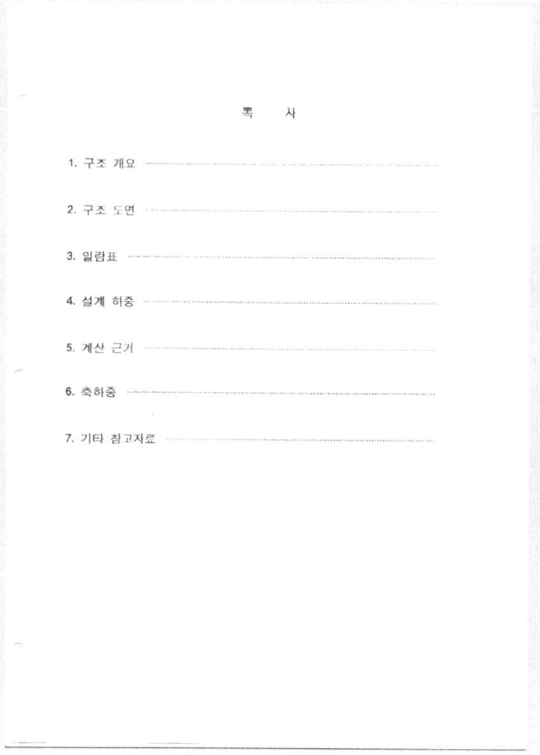

목 차

1. 구조 개요
2. 구조 도면
3. 일람표
4. 설계 하중
5. 계산 근거
6. 축하중
7. 기타 참고자료

목차

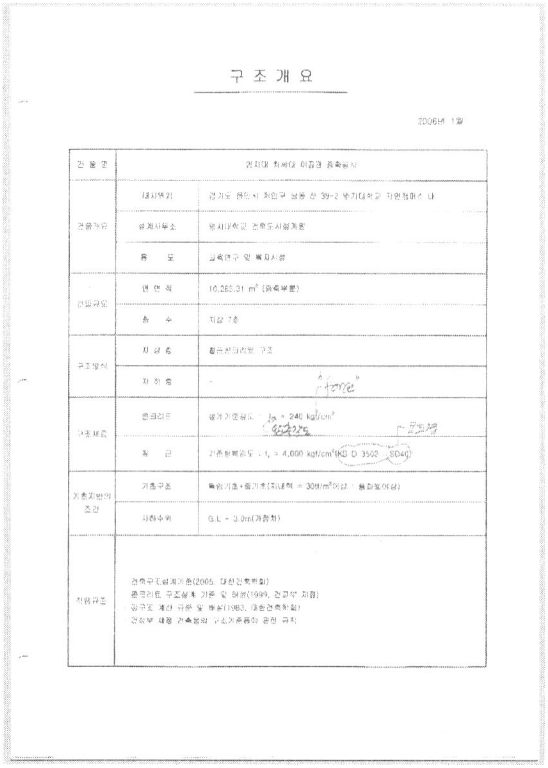

구 조 개 요

2006년 1월

건물명		명지대 차세대 이공관 증축공사
건물개요	대지위치	경기도 용인시 처인구 남동 산 39-2 명지대학교 자연캠퍼스 내
	설계사무소	명지대학교 건축도시설계원
	용도	교육연구 및 복지시설
건물규모	연면적	10,283.31 m² (증축부분)
	층수	지상 7층
구조형식	지상층	철근콘크리트 구조
	지하층	-
구조재료	콘크리트	설계기준강도 : f_{ck} = 240 kgf/cm²
	철근	기준항복강도 : f_y = 4,000 kgf/cm² (KS D 3504 : SD40)
기초지반의 조건	기초구조	독립기초+줄기초(지내력 = 30t/m²이상 : 풍화토이상)
	지하수위	G.L - 3.0m(가정치)
적용규준		건축구조설계기준(2005, 대한건축학회) 콘크리트 구조설계 기준 및 해설(1999, 건교부 제정) 강구조 계산 규준 및 해설(1983, 대한건축학회) 건설부 제정 건축물의 구조기준등에 관한 규칙

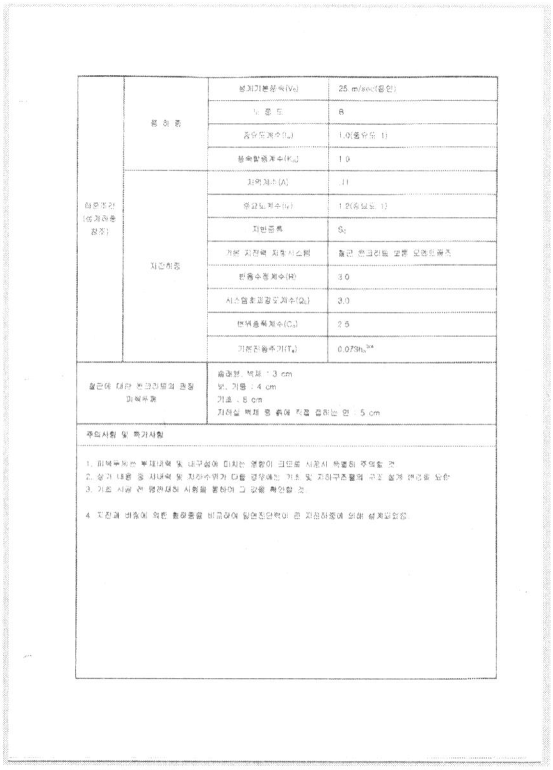

하중조건(설계하중 참조)	풍하중	설계기본풍속(V_0)	25 m/sec(용인)
		노풍도	B
		중요도계수(I_w)	1.0(중요도 1)
		풍속할증계수(K_{zt})	1.0
	지진하중	지역계수(A)	.11
		중요도계수(I_E)	1.2(중요도 1)
		지반종류	S_C
		기본 지진력 저항시스템	철근 콘크리트 보통 모멘트골조
		반응수정계수(R)	3.0
		시스템초과강도계수(Ω_0)	3.0
		변위증폭계수(C_d)	2.5
		기본진동주기(T_a)	$0.073h_n^{3/4}$
철근에 대한 콘크리트의 최소 피복두께			슬래브, 벽체 : 3 cm 보, 기둥 : 4 cm 기초 : 8 cm 지하실 벽체 등 흙에 직접 접하는 면 : 5 cm

주의사항 및 특기사항

1. 피복두께는 부재내력 및 내구성에 미치는 영향이 크므로 시공시 특별히 주의할 것.
2. 상기 내용 중 지내력 및 지하수위가 다를 경우에는 기초 및 지하구조물의 구조 설계 변경을 요함
3. 기초 시공 전 평판재하 시험을 통하여 그 값을 확인할 것.

4. 지진과 바람에 의한 횡하중을 비교하여 밑면전단력이 큰 지진하중에 의해 설계되었음.

개요

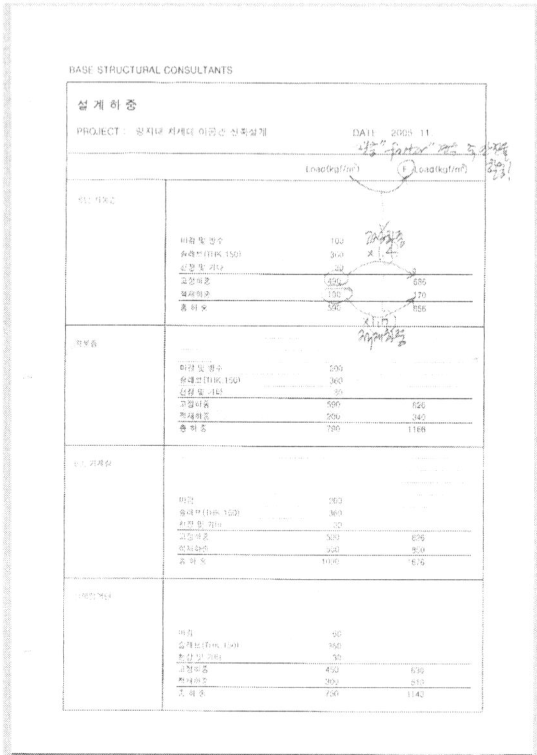

BASE STRUCTURAL CONSULTANTS

설계하중

PROJECT : 명지대 차세대 이공관 신축설계 DATE : 2005. 11.

		Load(kgf/m²)	F. Load(kgf/m²)
[illegible]	마감 및 방수	100	
	슬래브(THK.150)	360	
	천정 및 기타	30	
	고정하중	490	686
	적재하중	100	170
	총하중	590	856
[illegible]	마감 및 방수	200	
	슬래브(THK.150)	360	
	천정 및 기타	30	
	고정하중	590	826
	적재하중	200	340
	총하중	790	1166
E.L. 기계실	마감	200	
	슬래브(THK.150)	360	
	천정 및 기타	30	
	고정하중	590	826
	적재하중	500	850
	총하중	1090	1676
[illegible]	마감	60	
	슬래브(THK.150)	360	
	천정 및 기타	30	
	고정하중	450	630
	적재하중	300	510
	총하중	750	1140

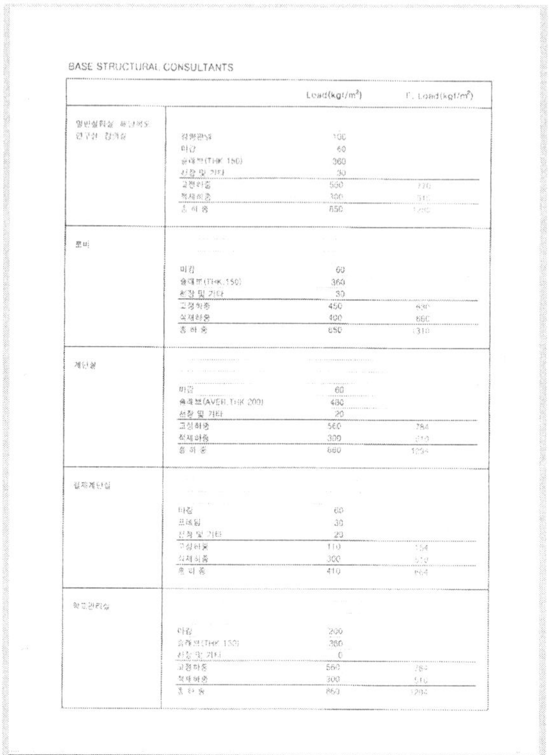

BASE STRUCTURAL CONSULTANTS

		Load(kgf/m²)	F. Load(kgf/m²)
일반실험실, [illegible] 연구실, 강의실	[illegible]	100	
	마감	60	
	슬래브(THK.150)	360	
	천정 및 기타	30	
	고정하중	550	770
	적재하중	300	510
	총하중	850	1280
로비	마감	60	
	슬래브(THK.150)	360	
	천정 및 기타	30	
	고정하중	450	630
	적재하중	400	680
	총하중	850	1310
계단실	마감	60	
	슬래브(AVER.THK 200)	480	
	천정 및 기타	20	
	고정하중	560	784
	적재하중	300	510
	총하중	860	1294
철재계단실	마감	60	
	프레임	30	
	천정 및 기타	20	
	고정하중	110	154
	적재하중	300	510
	총하중	410	664
[illegible]	마감	200	
	슬래브(THK.150)	360	
	천정 및 기타	0	
	고정하중	560	784
	적재하중	300	510
	총하중	860	1294

하중

◦ 구조설계
구조계산에 앞서 프로젝트의 구조방식 등을 결정하는 중요한 단계이다. 구조기술사에게 일식으로 위임하지 않고 반드시 건축가와 구조기술사가 협의하여 전체적인 시스템과 그에 따른 세부 방침을 결정해야 한다.

◦ 구조방식(철근콘크리트조, 철골조 등)
일반적으로 철콘조와 철골조는 스팬 12~15미터, 층수 20층을 경계로 한다.
◦ 장스판 방식결정
철골트러스, 철콘 프리텐션, 철콘 포스트텐션 등 각 방식의 특성과 장단점을 고려하여 결정하는데, 일반적으로 스팬 20미터까지는 철콘 프리/ 포스트 텐션공법이 가능하나 그 이상인 경우에는 철골트러스를 적용한다.
철콘 텐션 공법은 내화에 유리하지만 시공이 까다로와 시공자가 제한된 형편이며, 철골트러스는 그 반대라고 할 수 있다.
사례) 명지대학교 자연캠퍼스 학생복지관의 경우 스팬 17미터이며 철콘 포스트텐션 공법을 적용하였다.
◦ 구조프레임
철콘 슬라브의 경우, 경제성은 2way[1] > 1way > Flat slab 순서이며, 시공성은 그 반대이다.

■ 구조계산의 기준

구조계산방법에는 허용응력설계법과 극한강도설계법이 있다. 두 방법의 차이는 오른쪽 그림(응력-변형율 다이어그램)에서 보이는 응력과 변형율에 대해 접근하는 방법의 차이에서 비롯된 것인데, 결과 값 자체는 크게 다르지 않다.
2010년 현재의 기준은 극한강도설계법(철골조에서는 한계상태설계법이라고 함)이다.

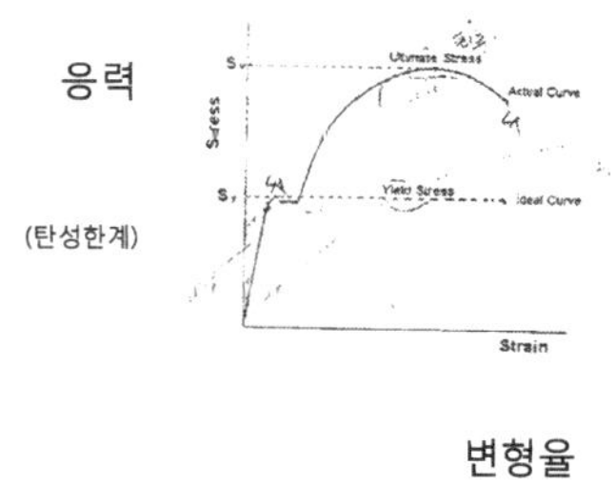

◦ 허용응력설계법은 재료의 설계기준강도를 안전율로 나누어 일부만 인정[2]함으로써 안전치를 확보한다.
◦ 극한강도설계법은 전체적인 허용응력을 한계강도 범위까지로 증가시키는 대신에 허용응력법과 동일하게 강도저감계수[3]를 적용하는 한편, 하중에서도 하중계수[4]를 적용하여 할증함으로써 안전치를 확보한다.

---

1) 슬라브에서 2way란 단변:장변비가 1:2 이상의 넓적한 형태를 말한다.
2) 인정범위는 경우에 따라 다른데 대략 40~67% 내외로 이해하면 된다. 예컨대 콘크리트의 설계기준 압축강도를 240kgf/cm^{2}에서 40% 수준인 100kgf/cm^{2}으로 줄여서 적용한다.
3) 강도저감계수는 강도에 따라 0.7~0.85의 범위로 적용한다.
4) 고정하중(Dead Load, 사하중)은 1.2~1.4배, 활화중(Live Load, 적재하중)은 1.4~1.7배 전후로 적용한다.

■ 구조재료

◦ 콘크리트의 압축강도(fc= 240 kgf/cm^2)[5]에 비해 철근의 인장강도(fy= 4,000 kgf/cm^2)가 무려 17배나 된다.

◦ 기초의 지내력은 최소한 Fe= 10tf/m^{2}이상을 확보해야 한다.

착공전 지질조사에서 확인되는 지하수위는 계절과 강우에 따라 계속 변한다. 따라서 실제 착공시의 지하수위가 그와 다른 경우 기초 등에 대한 설계 적정성 검토가 필요하다.

■ 시공현장에서 유용한 상식

동일한 등분포하중 및 동일한 단면일 경우

◦ 모멘트는 스팬의 2승에 비례한다.

◦ 처짐은 스팬의 4승에 비례한다.

■ 설계하중(건축물 하중기준 및 해설(2000) 기준)

설계하중에는 아래와 같은 종류가 있다.

◦ 고정하중(골조+마감, 칸막이, 고정설비): 지진력을 경감하기 위해 경량화하는 것이 좋다.

◦ 적재하중(내부에 실리는 점유물): 가변성이 크다.(반영구적 vs 일시적)

◦ 풍하중

◦ 지진하중

◦ 설(雪)하중

◦ 지하구조물에 작용하는 하중: 토압 및 수압

◦ 기타하중: 공사 중 하중(트럭, 크레인이 지하층 지붕바닥으로 통과)

■ 건축재료의 단위중량

구 분	재 료	중량(t/m^3)
흙	건조	1.3
	함수	1.8
	옥상정원의 젖은 흙	2.0
모래	함수	2.0
석재	대리석,화강암	2.7
벽돌	경량벽돌	1.1
	보통벽돌	1.9
콘크리트	경량콘크리트	1.0-2.0
	무근콘크리트	2.3
	철근콘크리트	**2.4t/m^3**
금속	알루미늄	2.7
	강재	7.9
목재(기건상태)	낙엽송, 나왕	0.6

5) 재료의 압축, 인장 강도에서 표시되는 'f'는 force의 약자이다.

■ 고정하중_골조

구 분	평균 고정하중(kg/m²)	비 고
철골구조	250~ 400	철골구조는 워낙 슬림하다 보니 단위중량은 철근콘의 3배인데도, 평균 고정하중은 철근콘의 1/2 수준에 불과하다
철근콘크리트구조	500~ 750	
프리스트레스 콘크리트구조	철근콘크리트구조의 70~80%	

■ 적재하중(공식용어는 활화중)

건축물의 구조기준 등에 관한 규칙 별표3 건축물의 종류별 각 부분의 적재하중

구 분	건축물의 부분	적재하중(kg/m²)
주 택	가. 주거용 건축물의 거실·공용실·복도	200
	나. 병원의 수술실·병실·복도	200
	다. 숙박시설의 객실·공용실·복도	200
	라. 공동주택의 노대	300
사무실	가. 사무실·로비·복도	**250kg/m²**
	나. 문서보관실	500
학 교	가. 교실·복도	250
	나. 실험실(일반)	300
	다. 실험실(중량물)	500
핀매장	상점·백화점	350
집회 및 유흥장	가. 극장·발코니·복도	350
	나. 무대·무도장	500
	다. 식당	350
	라. **주방(영업용)**= T300 무근콘	**700**
	마. 집회장(고정식)	350
	바. 집회장(이동식)	400
	사. 연회장	400
체육시설	가. 체육관 바닥·옥외경기장	500
	나. 스텐드(고정식)	400
	다. 스텐드(이동식)	450
도서관	가. 열람실	250
	나. **서고(개가식)**	**700**
	다. 서고(2단 서가식)	1,000
차고 및 차로	가. 승용차 전용	300
	나. **일반차량**(실내층 기준, 옥상은 그 이상)	**500**
	다. 트럭·중량차량	1,200
	라. 옥상 일반주차장=200(옥상)+500(일반차량)	700
창 고	가. 경량품 저장창고	500
	나. 중량품 저장창고	1,000
공 장	가. 경공업공장	500
	나. 중공업공장	1,000
옥 상	가. 30도 이상 경사지붕·곡면지붕	80
	나. **적재물이 거의 없는 옥상**	**100**
	다. 일반옥상(사무실·학교·주거용 건축물)	200
	라. **옥상정원(토심1m=** 사람7단, 차13단)	**2,000**

◦ 적재하중 하중표(Loading Map 작성)

건축물은 건물의 사용방법에 따라서 끊임없이 변하게 된다. 평면도상에 하중분포도를 작성해두면 추후 건물의 용도 변경이나 적재하중의 적정성 평가에 유용하다.

◦ 적재하중 사례 검토

건물의 옥상에 1개 층 증축할 경우, 무근콘크리트 층을 걷어내면 T150기준 약 350kg/m^2 의 고정하중을 줄이는 대신 사무실 정도의 적재하중(250kg/m^2)은 감당할 수 있게 된다. 그러나 주방, 서고 등의 경우에는 구조 보강이 필요할 수 있다.

옥상 평지붕에서 철거된 무근콘크리트 층

◦ 함박관 휴게실의 증축에 관한 구조검토

하중(kg/m^2)	기존(옥상)	변경후(휴게실)	변경후(주방)
적재하중	100 (적재물이 거의 없는)	350(식당)	700
고정하중 중 마감하중	350(T150무근콘)	70(T30몰탈)	120(T60무근콘)
합계	450	> 420	< 820
보강 필요 여부	-	불필요	필요함

위의 분석결과에 따라 휴게실 부분은 그냥 사용할 수 있으나, 주방부분에는 구조보강이 필요함을 확인하였다.

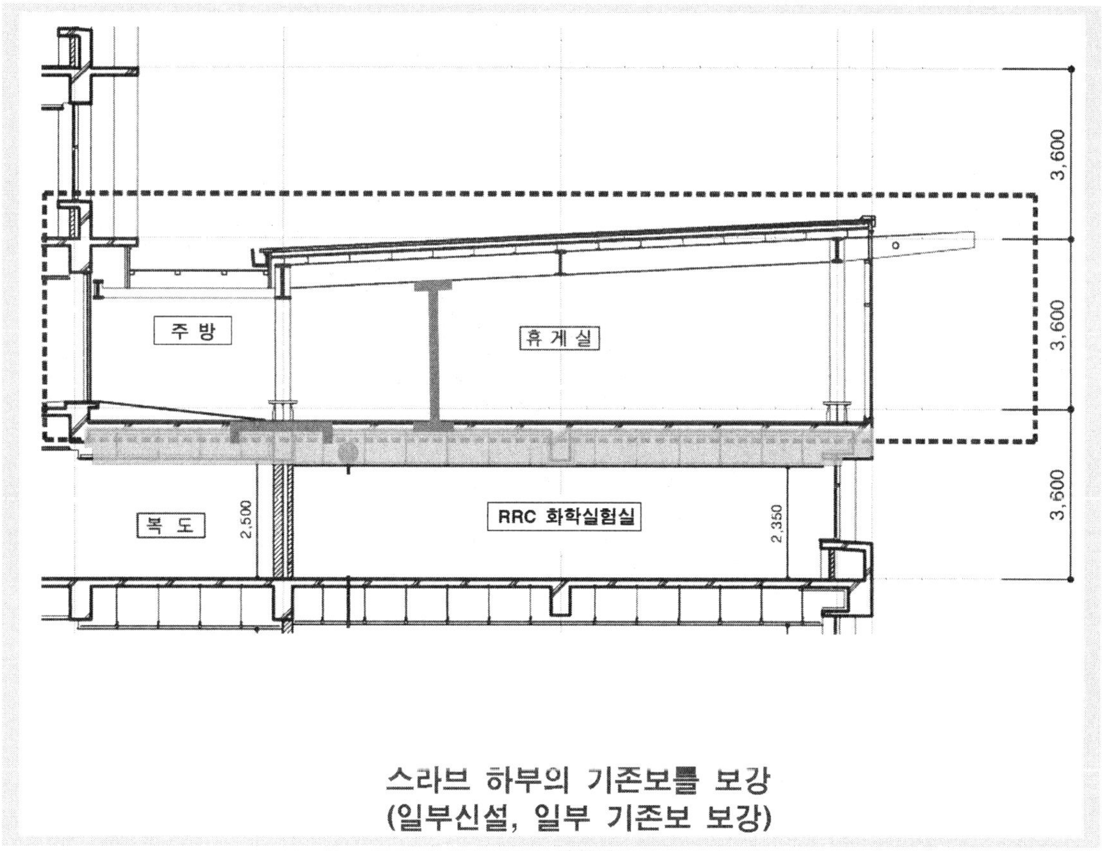

구조보강방안

주방 구조보강방안

1차방안(파란색)

기존 철콘보의 하부를 철판으로 감싸 보강하는 방법으로써 일반적인 방법이고 안정적이다. 그러나 하부의 화학실험실에서 장기 실험을 진행중이라 이전이 불가하여 대안을 모색하게 되었다.

2차방안(주황색)

신설되는 휴게실 지붕층의 철골보에 휴게실 층의 보를 매달고, 스라브는 스라브끼리 잡아당겨 보강하는 센구조의 특수한 해법이다. 하부공사를 최소화할 수 있는, 이론적으로 획기적인 방법이다. 하지만 디테일의 문제 등, 장기적인 안정성에는 다소 부족할 수도 있다.

☞ 최종적으로는 구조 보강 없이, 주방 하중을 최소화 하여 사용하기로 하였다.

■ 기타 고려사항

구조설계의 하중조건과 다르게 공사가 진행되거나, 변경될 때에는 반드시 구조기술사의 구조검토를 받아야 한다.

◦ 사례 검토:

명지대학교 자연캠퍼스 차세대과학관의 누드엘리베이터 접합상세 변경의 건으로, 원래 설계는 용접으로 되어 있으나 시공하면서 현장에서 임으로 볼트로 변경되었다. 현장기사는 용접보다 볼트체결이 현장에 적합하다는 일반적인 판단에 의해 감리자에게 시공대안 승인을 요청하였고, 감리자는 구조기술사의 전문적인 검토 없이 임의로 판단하여 승인하였으며,

잘못된 상태로 시공되었다. 추후 원 설계자의 지적에 따라 용접을 추가하였다. 이는 시공성만 알고 구조에 대한 이해-강접(용접)과 힌지(볼트체결)의 단부모멘트의 차이-를 이해하지 못한데서 비롯된 것이다.

엘리베이터 철골 프레임 조립과정

우측이 지적 전 철골체결 상태이고, 좌측이 지적 후 해당부위에 철판으로 용접을 추가한 상태

§ 구조방식 비교

센구조 홈페이지 자료

구분	철근콘크리트라멘조	철골조, 철골철근콘크리트조	TSC 조 (센구조 특허공법)
형상	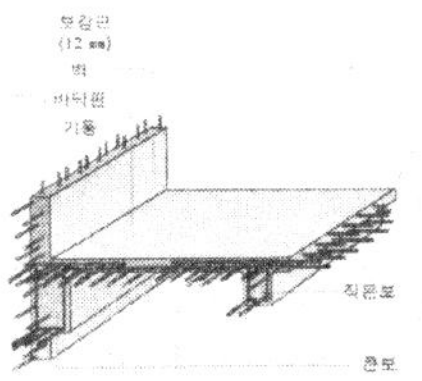	 	
경제성	*가장 경제적 *자재전용자재비 적게소요. *인건비 비율 높다. 인건비 상승에 따라 경쟁력 점차 감소. *노동 집약적 방법	*가장 비 경제적 *자재비 비율 높다. *현재까지는 자재비에 의하여 공사비가 좌우된다. *Pre-Fab 방식	*R.C 와 S조의 중간 *고가의 자재비 비율을 줄임으로써,Steel조 보다 저렴 *층고감소로 구체공사 및 마감공사비 절감 *고층의 경우 추가분양면적 확보로 수익성 증대
층고	*장스팬의 구조물 시공시 층고가 높아지고 이는 자중의 증가로 하중이 증가하는 비경제적인 결과.	*RC에 비해 층고를 줄일 수 있으나 강성의 약화로 진동 및 처짐의 사용성면에서 문제점 발생	*S.조와 비교시 10~20cm/층 정도 보춤을 줄일 수 있으며, 층수 증가 또는 천장고 확보 면에서 유리. *처짐 및 진동등에 대한 사용성 확보
스판	*일반적으로 10m 이내의 Span에 적용하며, 그 이상의 경우 상당히 큰 매스의 구조물이 필요하다..	*R.C 구조물에 비하여 長 Span이 가능하다. *Built-Up Beam을이용하여 20m이상의 Span에도 적용 가능하나,보춤(Depth) 제약이 있을 경우 Pre-Flex 등의 방안을 적용해야 한다. *일반적으로 16m 이내의 Span에 적용한다.	*단면 성능 향상으로 20m 이상의 長 Span 적용이 가능하다.
내화	*현행 내화 규징상으로는 안진	*내화 피복 요함	*내화피복 요함(S.조에 비하여 내화피복 물량 감소)
공기	*공기가 가장 길게 소요된다. *Critical Path가 거푸집, 철근, 타설 전 공종에 걸쳐져 있음 *양생기간으로 인하여 후속 공정 연결에 한계가 있음.	*공기를 가장 줄일 수 있다. *2~3 개층/절을 한번에 조립하고, 콘크리트 타설 작업을 순차적으로 연속 실시 가능 *후속 공정 연결 용이	*R.C 와 S조의 중간 *R.C.조의 거푸집 현장 조립 및 철근 배근에 따르는 공기 단축 가능 *S.조와 유사한 시공으로 후속 공정 연결 용이
현장관리	*가설재로 인하여 현장 정리에 불리 *노무자에 대한 안전관리에 유의	*공장 생산에 따라 현장 정리 유리	*공장 생산에 따라 현장 정리 유리
품질관리	*기능공의 숙련도 및 기상 조건 등에 영향을 많이 받는다.	*현장 공정 감소로 인하여 품질관리 용이	*현장 공정 감소로 품질관리 용이 *S.조의 Roll Beam에 비해 공장 품질 관리 필요 *현장 품질관리의 경우 S.조와 동일
요약	*공사비 면에서는 유리하나, 구조적인 한계가 있고, 인건비 상승에 따라 점차 공사비가 상승되고 있으며, 품질관리 및 현장관리에 단점을 지니고 있다.	*품질관리가 용이하고, 후속 마감 공사를 조기에 순차적으로 연결할 수 있어 구조체 공사 관점에서는 공기를 가장 줄일 수 있는 공법이나, 고가의 재료로 인하여 공사비가 상승되는 단점을 지니고 있다.	*R.C.조와 Steel조의 장점을 결합한 구조. 시행 과정에서의 보완 및 기술 축적을 통해 개선되고 있는 新 구조 System.

§ 구조보강공법 비교[6)]

센구조 홈페이지 자료

	H형강 보강	철판 보강	탄소섬유 보강	Wire Tension보강 (센구조 특허공법)
구분	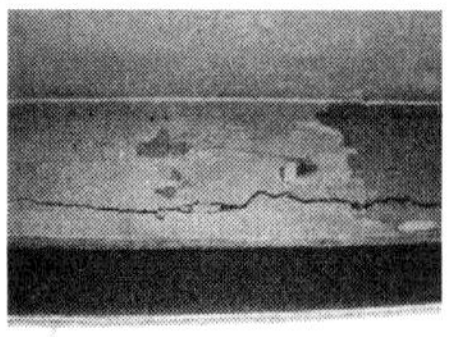			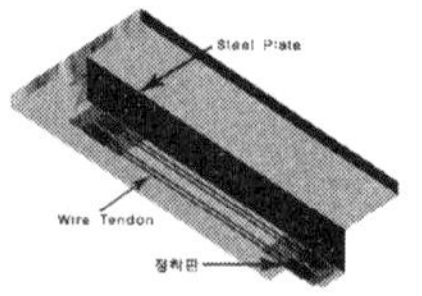
	바꿔칠 수 없으니까 밑에다 새부재 보강	밑에다 둘 공간 없으니까 나누어 보강	철판이 무거우니까 섬유지로 보강	힘 받는 건 철근이니깐 와이어로 보강
시공방법	기존의 R.C 슬래브 및 보에 H-형강을 설치하여 보강	기존의 R.C 슬래브 및 보에 철판을 접합하여 보강	기존의 R.C 슬래브 및 보에 탄소섬유시트를 부착하여 보강	PC 강연선을 사용하여 기존의 슬래브 및 보에 하중의 반대방향으로 하중을 가하여 보강
시공성	부재 규격이 크고 무거워 소운반 및 설치 시 중장비 필요	작업 공정이 H형강 공법에 비해 복잡. 부재 부피가 크고 무거워 장비 필요	작업 공정 간단. 보강 자재가 경량으로 인력 작업이 가능	작업 공정이 간단. 보강 부재의 부피가 작고 경량으로 인력 작업이 가능.
소음분진	ANCHOR 작업 시 소음 소량 발생	면처리, ANCHOR 작업으로 인한 소음 다량 분진 발생	면처리 작업으로 인한 소음 분진 다량 발생	ANCHOR 작업 시 소음 소량 발생 분진 발생 적음
공기단축	지장물 철거 및 재설치에 의해 기간 가장 길다.	중량물 취급, 에폭시 충전에 따라 공사기간 다소 길다.	공정이 복잡하여 공사기간이 다소 길다.	공정이 간단하여 공사기간이 가장 짧다.
보강효과	JACK UP이 수반 될 경우 양호	JACK UP이 수반 될 경우 비교적 양호 에폭시 충전에 대한 품질관리 필요	에폭시 접착력에 의존하므로 신뢰도가 낮음	구조체의 내력 확보에 의해 보강 효과 우수. 구조검토에 따라 품질 확보
보강부재	H형강, Anchor, Epoxy	철판, Anchor, Epoxy	탄소섬유 쉬트, Epoxy	PC 강연선, 정착판, Anchor

6) 각 공법 및 재료별로 장단점을 가지고 있으므로 절대적인 장단점 비교는 무의미하다. 보강원인과 현장여건 검토를 통하여 상대적으로 가장 적합한 공법을 선정하도록 한다.

§ 건축사들이 알아야할 지진이야기

피해를 최소화시킬 설계 노력 필요

이인영
건축구조기술사, OPUS구조기술사 대표
2011.3. 일본대지진이후 일부 내용 추가 편집

이 인영
건축구조기술사
opus 구조기술사사무소 대표

세기에 경험하기 어려운 동남아시아의 지진 피해로 말미암아 세인들의 지진에 관한 관심이 높아지고 이미 지진에 관한 기본적 이론이나 지진 발생 배경이 신문지상에 보도된 뒤라서 어느 정도의 깊이로 원고를 준비 하여야 할지 잠시 생각을 하였다.

일반인들의 관심이 높은 지진의 발생 배경과 지진의 강도에 관한 이해를 돕기 위한 설명을 간단히 하고 그래도 본 신문의 독자가 주로 건축 계획을 하는 분들임을 감안해 어떻게 하면 효율적인 내진 시스템 계획이 가능하며 어떤 구조가 지진에 유리한지 또 지진과 바람 하중이 건축물에 어떻게 다르게 작용하는지, 내진설계와 제진설계 그리고 면진설계의 차이가 무엇인가에 대하여도 개괄적으로 소개하고자 한다.

1. 지진의 발생 원인

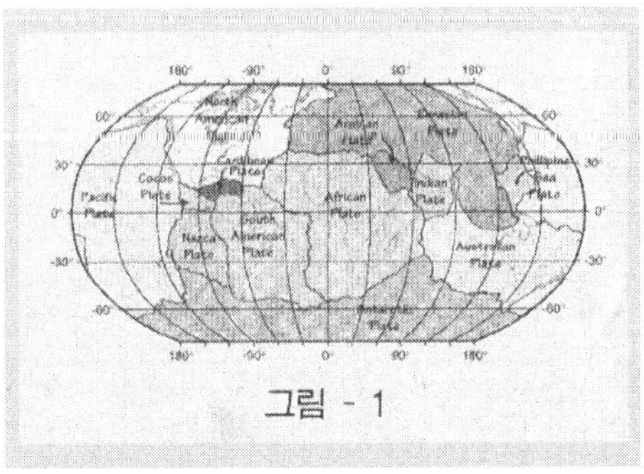

Plate 이론

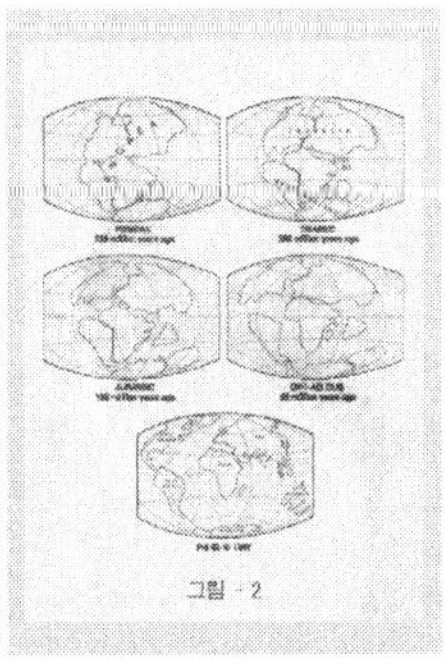

Plate의 변화

우선 지진의 발생 배경은 이미 언론에 보도된 바와 같이 PLATE 이론이 현재까지 정설로 되어 있다. 이 이론의 기본적 가정은 아래 '그림-1'에서 보는 바와 같이 지구 표면이 12개가 넘는 대륙의 판으로 나뉘어 있고 이들 판들 사이의 충돌로 인한 지각의 변형 현상이 지진이라는 것이다.

이 PLATE 이론에 의하면 이들 대륙판들은 각각 따로 움직인다. 이때 서로 다른 판을 밀기도 하고 당기기도 하며 다른 판의 위나 아래로 이동하기도 한다. 이러한 판의 움직임은 평평하던 평야에 주름이 생기게 하여 이른바 산맥이 되기도 하고(히말라야 산맥 등),발생된 에너지가 축적 되어 있다가 한계에 이르면 폭발하여 화산이 되기도 하며 이로 인하여 산과 호수가 생기기도 한다. 지각의 대규모 변형에 의한 단층이 생기면 이것이 계곡과 강을 이루고 이때의 땅의 극심한 진동과 충격 현상인 지진은 인간에게 엄청난 피해를 주게 되기도 하는 것이다.

아래 '그림-2'는 이러한 판의 움직임이 셀 수 없는 기간 동안 발생하여 처음엔 한 덩어리의 땅이었던 지구가 여러 개의 대륙으로 나뉘는 과정을 보여주니 참으로 신기한 것이다. 이러한 연유로 옛날에는 바다이었던 부분이 산이 되기도 하여, 사막의 한 가운데나 산위에서 조개화석이 발견되는 이유가 되는 것이다.

2. 지진의 크기

그럼 이번엔 자주 질문을 받는 지진의 크기에 대하여 알아보기로 하겠다.
지진을 표현하는 단위로는 규모와 진도라는 용어가 사용되고 있다. 하나의 지진에 대하여 규모는 하나지만 진도는 진앙지에서의 거리와 지반조건에 의하여 지역에 따라 다양하게 나올 수 있다.

1) **규모Magnitude**

지진의 규모는 지진의 절대적인 에너지 크기로서, 폭탄으로 비유하자면 폭탄 자체의 폭발력에 해당하는 개념이다[7]. 규모는 미국의 지진학자 리히터의 이름을 따 리히터 규모Richter Magnitude로 표현한다. 리히터규모는 통상 1~9의 아라비아 숫자 소수점 한자리까지 표기한다.[8].

2011년 3월에 일본을 강타한 지진은 규모가 9.0에 이르며 이는 지난 100년간 발생한 지진 가운데 열손가락 안에 들 정도로 강한 규모라고 한다. 그 이전까지 가장 큰 규모의 지진은 지난 1960년 남미 칠레 해안을 강타한 규모 9.5의 지진이었으며 당시 1600만명 이상이 사망했다. 2004년 인도네시아 수마트라섬의 지진은 규모 9.1로서 당시 20만명 이상의 사망자를 기록했었다.

2)**진도Scale**

지진의 세기는 지진에 의한 흔들림과 피해정도를 표시하는 척도로서 동일한 지진에 의해서도 지역에 따라 다른 값을 갖는다. 즉 각 지역마다 다르게 체감하는 상대적인 크기로서, 폭탄으로 비유하자면 투하지점으로부터 멀수록 그 피해정도가 적은 것에 비유할 수 있다.
지진의 진도는 지진의 규모와 진앙거리 그리고 진원깊이에 따라 좌우되며 그 지역의 지질구조와 구조물의 형태 및 인구 현황에 따라 달리 평가될 수 있기 때문에 진도계급은 나라마다 실정에 맞는 척도를 채택하고 있다.

일본은 일본기상청계급(JMA Scale 8계급)을, 미국에서는 MMI(12등급)를 사용하며 그 외에 진도계급의 국제적 통일을 시도한 동유럽의 MSK scale(Medvedev, Spouheur, Karnik 12계급) 등이 있다.

우리나라의 경우에 미국의 MMI(Modified Mercalli Intensity, 수정 머켈리 진도, 12등급)를 사용한다.

---

7) 원자폭탄의 폭발력을 얘기할 때 흔히 기준이 되는 히로시마에 투하된 원폭인 "리틀 보이"는 TNT 20kt급인데 이는 리히터 규모 3.0에 못 미치는 크기이다.
8) 지진 발생 때 방출되는 에너지는 리히터 규모 1씩 커질 때마다 32배씩 커진다. 따라서 규모 1 차이는 32배, 2 차이는 약 1,000배의 차이가 난다.

진도계급		규모	TNT 양	MMI에 따른 상황
MMI	JMA			
I	I	2	1톤(터널발파)	극히 미세한 진동, 특수 조건하의 극히 일부만 느낌
II				실내에서 극히 일부만 느낌
III		3	29톤	실내에서 대다수가 느낌, 매달린 물체가 약하게 움직임
IV	II	4	1,000톤 (소규모핵폭탄)	실내에서 대다수가 느낌, 실외에서 감지 불가
V	III			건물 전체가 흔들림, 물체가 깨어지거나 전도 또는 추락
VI	IV	5	32,000톤	똑바로 걷기 어려움, 약한 건물의 회벽이 떨어지거나 균열이 감
VII	V-			서있기 곤란, 운전 중에 지진을 느낌, 회벽이 붕괴, 담장이 무너짐
VIII	V+	6	백만 톤	차량의 운전이 곤란, 일부 건물이 붕괴, 사면이나 지표의 균열
IX	VI-	7	3,200만 톤(수소폭탄)	견고한 건물의 심한 피해, 지표면의 균열발생, 지하 파이프 관 파손
X	VI+			대부분 견고한 구조물이 기초와 함께 파괴, 대규모 사태
XI	VI	8	10억 톤	철로 휘어짐, 구조물 거의 완전파괴, 지하 파이프 완전 작동 불능
XII	VI	9	320억 톤	지면이 파도형태로 움직임, 물체가 공중으로 던져짐

표 각 진도와 규모의 상관관계(Louie, 1996)

3) 지진의 크기(강도)와 세기(진도)에 대한 표현

어떤 지역에서 발생한 지진에 대한 정확한 표현은 다음과 같다

"2011년 3월 11일 오후 2시 46분에 일본 동북부 도호쿠 지방을 강타한 지진은 진앙(진원지)가 후쿠시마현 부근 해저 40km지점으로서 그 규모가 리히터 규모 9.0이다. 이 지진으로 후쿠시마현 하마도리에서는 진도 5가 관측되었고, 나카도리에서는 진도 4가 관측되었다."

3. 지진에 유리한 구조와 불리한 구조

우리나라는 1988년 이래로 내진 설계를 도입하여 용도에 따라 일정한 규모 이상의 건물은 내진 설계를 하도록 되어 있다. 그런데 큰 건물이라 히여 지진에 약히고 작은 건물이라 히여 지진에 강한 것도 아니며, 큰 건물에 거주하는 사람의 생명이나 재산이 작은 건물의 그것과 다를 리 없는데 규모나 용도에 의하여 내진설계 의무 여부를 규정해 놓은 것은 잘 이해가 되지 않는다.

그렇지만 정책을 입안하는 분들께서 국민경제와 사회적인 여러 여건을 감안해 결정하여 규정을 만든 것이니 따라야 할 규정임에는 틀림이 없다.

전문적인 용어로 강성이니 연성이니 하는 것을 따져 구조가 지진에 유리한지 불리한지를 가려서 유리한 건물은 지진 하중을 좀 작게 적용토록 하고 불리한 것은 좀 크게 적용토록 하여 균형을 맞추도록 하고 있으나 용어가 구조 전문가가 아니면 생소하니 좀더 쉽게 '그림-3'을 예로 설명하여 보겠다.

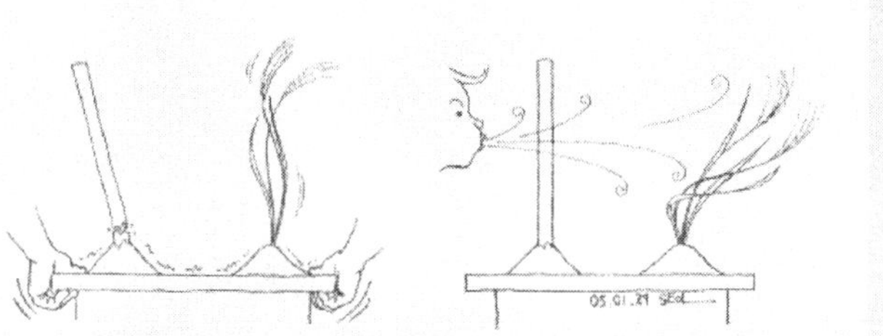

그림 - 3

1) 지진하중과 바람하중

'그림-3'은 지진 하중과 바람 하중이 건축물에 미치는 영향이 어떻게 다른지와 어떤 구조가 지진에 유리한지를 보여주고 있다. 지진은 건물이 현재의 상태를 유지하고자하는 힘(관성의 법칙)과 지반이 흔들려 건물을

이동시키려는 힘이 상충하여 발생되는 하중이므로 건축물의 자중이 무거울수록 불리하며 가벼울수록 유리하다.
또한 유연한 건물(철골조)은 갈대와 같이 건물 자체의 변형을 허용하여 지진에 의한 충격을 삭감시키는데(위 좌측그림) 이는 우리가 하늘높이 솟았던 야구공을 받을 때 손을 몸쪽으로 살짝 당기며 받으면 충격을 줄여 손이 덜 아프게 하는 원리와 같은 것이다.
또한 바람은 지진과는 다르게 건물을 외부에서 미는 힘과 건물이 그에 견디려는 힘의 대결이므로 건물이 가벼울수록 잘 밀리고 무거울수록 굳건히 견딜 수 있는 것이다.('그림-3'오른쪽 그림).

2) 내진설계와 내바람설계

건축물의 구조 설계 시 지진에 대한 개념과 바람에 대한 개념이 다소 다르다. 지진이 왔을 경우엔 건물의 손상은 다소 감수하더라도 사람의 생명과 재산을 보로 할 수 있고 대피할 시간을 확보할 정도의 안전만 확보토록 한다. 따라서 각 층간 변위를 $h^{\text{각 층의 층고}}$/66까지 허용한다. 바로 건물의 안전성과 경제성을 동시에 확보하고자 하는 것이 내진설계의 근본 철학이다.
그에 비하여 바람에 대하여는 설계기준 풍속에 달하는 바람이 불 경우에도 그 건물은 계속적으로 기능Serviceability을 유지토록 그 허용 변위를
H건물의 전체 높이/500~H/600까지 제한한다.

3) 유리한 구조의 선택

일반적으로 콘크리트구조는 자중이 무겁고 연성이 떨어져 철골구조에 비하여 지진에 불리하나 콘크리트의 자재 가격이 저렴하므로 위험 부위의 철근을 특별하게 보강(내진설계상세), 연성을 확보토록 하고 지진하중을 다소 크게 적용토록 하여 지진에 대하여는 철골과 같은 안전율을 확보토록 배려하고 있으니 설계자나 집을 지으려는 이는 계획 시 너무 자재 선택에 대한 걱정을 하지 않아도 될 것이다. 더구나 요즈음은 콘크리트와 철근 강도의 증가와 공법 및 설계기술의 발달로 층고를 낮추고 공기를 단축하는 공법이 개발되었고, 사용성 면에서의 우수성으로 초고층 주거건축에서는 콘크리트구조가 환영 받기도 한다.

4. 내진 구조, 제진구조 그리고 면진구조에 대하여

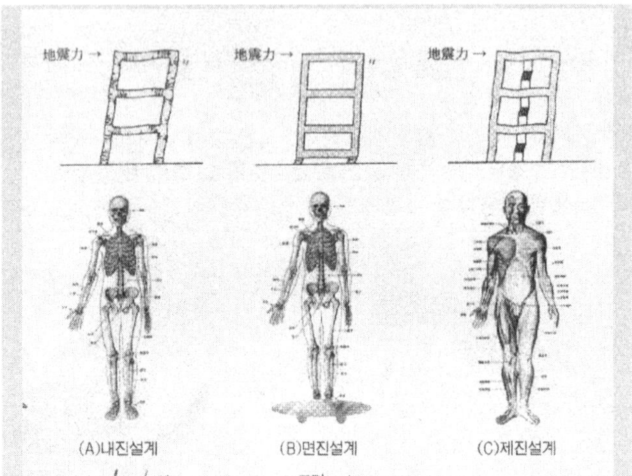

그림 - 4

지진에 관심이 좀 있었던 독자면 내진구조와 제진구조 그리고 면진구조에 대하여 들어 보았을 것이고 그 정확한 뜻에 대하여 궁금하였을 것이라 생각한다. 여기에서는 그 궁금증을 일거에 제거하도록 쉽고 간단하게 설명하여 보고자 한다.

1) 내진(耐震)구조

우선 내진구조는 지진에 대하여 건축 구조(보, 기둥, 벽 등) 스스로의 힘에 의하여 견디도록 구조를 마냥(?)튼튼하게 설계하는 것이다. 다소 보수적이고 안전 측의 무식한 방법이긴 하지만 설계와 시공방법이 가장 일반적이고 쉬워서 현재 제일 많이 사용되는 지진에 대항하는 설계방법이다. 사람에 비유한다면 위의 그림-4(A)처럼 살이 없이 뼈 자체가 튼튼하여 외부로부터의 충격을 뼈가 직접 받아 견디듯이, 건축물도 기둥과 보 및 벽체가 지진으로부터의 충격에 견디도록 설계된 구조를 말한다.

2) 제진(制震)구조

제진구조란 지진의 힘을 제거한다는 의미로 보면 된다. 지진이 오면 건물은 일정한 mode에 의하여 주기를 가지고

사진 - 1

흔들림으로서 건축물에 피해를 주게 되는데 건축물의 적절한 부위에 건축구조와는 진동주기가 다른 무거운 추 같은 것(TMD:Tuned Mass Damper)을 달아서 건축물을 초기에 흔들리게 하는 에너지를 이 추가 흡수하게 하여 변위를 억제하는 것이다.

'사진-1'은 최근 소개된 대만 수도 타이베이시에 위치한 세계 최고층 빌딩인 타이베이 파이낸셜 센터(일명 101 빌딩, 508m)에 적용된 제진 시스템이다.

여기에 사용된 진자(흔들이)형 제진 장치(TMD:Tuned Mass Damper)는 사진에서 보는 바와 같이 금색으로 도장된 지름 5.5m, 무게 680t의 거대한 쇠공으로 92층에서 88층에 이르기까지 8개의 줄로 매달려 강풍과 지진에 따른 요동으로부터 빌딩을 보호하도록 되어 있다.

이러한 TMD는 형태와 위치가 다르기는 하지만, 지진이나 바람뿐 아니라 공장 등에서 반복적 하중에 의하여 진동이 증폭되거나 그 진동이 지나치게 심하여 구조적 안전에 문제가 되거나, 구조적 안전엔 문제가 없더라도 사용성에 문제가 될 경우에도 진동을 억제하기 위하여 사용될 수 있는 유용한 시스템이다.

그림-4(C)를 보면 제진설계는 건물의 뼈대에 근육과 살을 붙인다는 의미이다. 여기서 근육과 살은 외력이 뼈에 도달하기 전에 그 힘을 완화시켜주는 완충작용을 하게 되어 뼈의 손상을 줄일 수 있게 되는 것이다. 전문적인 용어로 이러한 역할을 감쇠(Damping)라고 하며, 건물에서 이러한 감쇠 역할을 하는 특수한 장치를 감쇠기(Damper)라고 한다. 초고층건물이나, 일정한 주기로 반복적인 진동이 발생되어 사용성에 문제가 되는 공장 등의 경우에는 이러한 감쇠기를 적절한 위치에 설치하여 건물의 진동에 저항함으로써 경제적인 설계가 되도록 하는 것이 요즘 구조설계의 최신 기술이라고 할 수 있다.

3) 면진(免震)구조

끝으로 면진구조에 대하여 설명을 하고자 한다. 면진구조란 글자 그대로 건축물이 지진하중에 대하여 면제를 받도록 하여 주는 것이다.

그림-4(B)에서와 같이 사람이 롤러브레이드(ROLLER BLADE)를 타고 움직이는 판 위에 서 있을 경우 사람이 그 판의 움직임에 따라 민감하게 요동치지 않는 것과 같은 원리이다. 쉽게 이야기하여 건축물의 기초에 roller를 부착하여 지반과 건축물을 분리(Isolation),따로 놀게 하여 지반이 흔들리더라도 건축물은 움직이지 않거나 그 움직임을 극소화시키는 방법이다.

근래에는 이 roller 역할을 하는 재료에 대한 연구가 활발하고 이미 개발된 재료가 있어 원자력 발전소 등과 같이 특수한 경우엔 이 면진구조를 많이 채택하기도 한다. 꼭 지진에 관련된 것이 아니더라도 공장에서 진동이 큰 장비의 영향을 본 건물이나 인접 장치에 미치지 않게 하거나 무대장치 등에서(예:LG ART CENTER) 진동을 차단하기 위하여 면진 시스템이 사용되기도 한다.

국내에서도 이 면진 방식에 관한 이론과 학문에 대한 연구가 활발하여 면진 학회까지 탄생하였을 정도이고 이웃 일본에서는 리모델링시 면진구조로의 전환이 연구되고 있다고도 하니 우리도 이에 대한 연구를 더욱 활발히 하여야 할 것으로 생각한다.

5. 마무리하며

여기서 한 가지 강조하고 마무리해야 할 중요한 사실은 지진에 의한 피해를 줄여야 한다면 대부분 구조 설계자를 생각할 것이나 사실은 모든 설계자(건축계획, 구조, 전기, 설비, 토목 등)가 그 역할을 다해야 한다는 사실이다.

1906년 샌프란시스코 지진과 1995년 고베지진의 경우에 화재 등으로 인한 2차 피해가 90% 이상으로 집계되었으며, 화재에 의한 피해의 대부분은 불에 의한 직접피해보다 내장재 연소시 발생되는 가스에 의한 질식사라는 이야기를 처음 접하였을 때는 충격적이었다.

따라서 건축물이 규준에서 허용한 변위 내에서 움직이더라도 배관 등에 손상이 생겨서 가스 등이 누출되거나 전선에서 스파크가 발생함으로써 화재가 발생되지 않도록 설비나 전기를 하시는 분들은 그 지지 시스템 선정에 주의를 기울여야 할 것이다.

또한 건축계획을 하는 사람들의 피난, 배연 등 방재 시스템에 대한 세심한 배려가 구조설계자의 구조 안전에 대한 확인과 함께 지진 발생시 피해를 최소화 하는데 매우 중요하다는 것을 강조하며 글을 마치고자 한다.

사례_일본 지진 진도 8.9 강진, 도쿄 디즈니랜드 침수, 고속도로 파괴
매일신문 2011년 3월 11일 금요일

일본 도쿄 북동쪽 지역에서 *진도 8.9 규모(→'리히터 규모'로 수정)*의 지진이 발생했다.
일본 지질조사국에 따르면 진앙지는 도쿄 북동쪽 243마일 해저로 알려졌다. 해저에서 지진이 발생함에 따라 일본 기상청은 오후 3시를 기해 10m의 쓰나미가 몰려 올 수 있음을 예보하고 대형 쓰나미 경보를 내렸다. 일본 기상청에 따르면 하와이, 괌, 대만도 쓰나미의 영향을 받을 수 있다고 주의 할 것을 당부했다.

사례_지진제어기술 연구 보급 김형근 SH도시연구소 팀장
<글 · 사진=정태일 기자@ndisbegin>killpass@heraldm.com

"지진 리히터 규모가 1만 올라가도 피해는 30배 증가합니다. 리히터 6까지 견딜 수 있는 우리나라에 일본에서 발생한 강도의 지진이 일어났다면 서울의 50%는 사라졌을 겁니다"

그러면서 김 팀장은 현재 3층 · 연면적 1000㎡ 이상 건물을 지을 땐 리히터 규모 6에 견딜수 있도록 설정한 국내 내진설계 기준이 적절한지 적극 검토해야 한다.
학교는 대부분 80년대 지어졌기 때문에 '리히터 규모 6' 정도 지진이 닥치면 남아날 학교가 거의 없다는 것.

'비교적 지진 안전지대인 우리나라에서 내진설계 기준을 강화하면 그만큼 불필요한 비용이 더 발생하는 것 아니냐'는 반문에도 김 팀장은 고개를 저었다. 건물 전체에서 뼈대가 차지하는 비중은 30%이고, 그 중에서도 철근은 20~30%에 불과해 내진설계 기준 두 배 강화한다고 해서 돈이 두 배로 들어가는 건 아니라는 것이다.

또 국내 전문가들 모두 석사 이상의 우수 인력이지만 설계 용역비가 10년 전과 비슷할 정도로 구조설계 전문가들이 저평가 받는 점도 문제라고 지적했다. "강남 아파트 짓는 데 공사비는 3.3㎡당 2000만원 이상 들어가는 반면 내진설계는 고작 5만~6만원 수준입니다. 시공사나 발주처에서 적절한 비용을 공동부담해야 합니다."

§ 열성능과 단열재

■ 열의 이동
열은 다음 3가지 경로를 통해 이동한다.
◦ 전도傳導, Conduction:
열 또는 전기가 물체 속을 이동하는 현상.
◦ 대류對流, Convection:
기체나 액체가 가열되면 가열된 부분이 팽창하면서 밀도가 작아져 위로 올라가고, 위에 있던 밀도가 큰 부분은 내려오게 되는데, 이 이동에 의해 열이 전달되는 현상
◦ 복사輻射, Radiation:
물체로부터 열이나 전자기파가 사방으로 방출되는 현상

■ 건물과 열손실
◦ 건물의 부위별 열관류율(W/㎡K, 중부지방 기준)은 다음과 같았었다.
지붕 0.29 > 바닥 0.41 > 외벽 0.47 > 창 및 문 3.84
즉 지붕의 열손실이 가장 크고 창 및 문의 열손실이 가장 적다.
그러나 2013년 건축물의 에너지절약설계기준에서는 아래와 같이 변경되었다.
지붕 0.18 > 외벽 0.27 > 바닥 0.29 > 창 및 문 2.1
전체적으로 허용되는 열관류율이 축소됨으로써 기준이 강화되었으며, 외벽의 중요성이 바닥보다 강조된 것을 알 수 있다.
◦ 열전도율과 열관류율은 적을수록 단열성능이 좋고, 열전도저항은 그 반대이다.

■ 열전도율熱傳導率, Thermal Conductivity
열이 물체 속을 지나며 전하는 정도
☞ 한 재료 내에서의 열흐름
◦ 단위: W/mK(국제통용단위), ㎉/mh℃(구단위, W/mK X 0.86)
◦ 재료별 열전도율: 압출법보온판(아이소핑크) 0.034W/mK

■ 열관류율熱貫流率, Overall Heat Transmission
고체벽 양쪽의 기체나 액체의 온도가 다를 때 벽을 통해서 고온 측에서 저온 측으로 흐르는 열흐름의 정도
☞ 이쪽 공기에서 벽을 지나 저쪽 공기까지의 열량
◦ 단위: W/㎡K(국제통용단위), Kcal/㎡h℃(구단위)
◦ 복합재료별 열관류율:
T50 유리섬유 0.57 W/㎡K < T16 아키라이트 2.1 < T12 복층유리 2.9 < T3 판유리 5.1
즉 단층 판유리의 열관류율은 단열재의 1/10, 복층유리 1/5 수준으로써, 유리창의 단열성능은 거의 없다. 로이e유리는 단열재벽의 50% 내외의 수준에 이르나 가격이 비싸다.

■ 열관류저항 (㎡K/W, 열관류율의 역수)

■ 단열재

단열재는 독립된 기포의 집합체로서 열의 대류를 막는 열저항단열재와 알미늄 박판으로 복사를 차단하는 열반사단열재가 있다. 열저항단열재는 자체 두께에 의해 전도를 방지하지만 열반사단열재는 두께가 얇아 구조물과의 사이에 공기층을 확보해야 효과적이다.

구분	열저항 단열재				열반사단열재
	유기			무기	-
	발포 (스치로폼)	압출 (아이소핑크)	우레탄폼 뿜칠	글라스울	알미늄박판 샌드위치
	발포재: 공기	불화탄소	프레온	공기	공기
	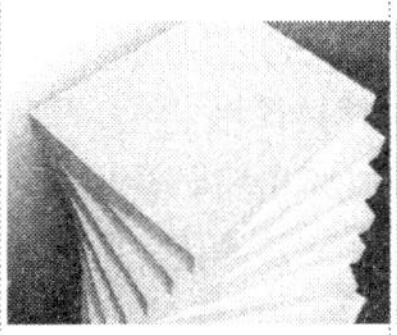	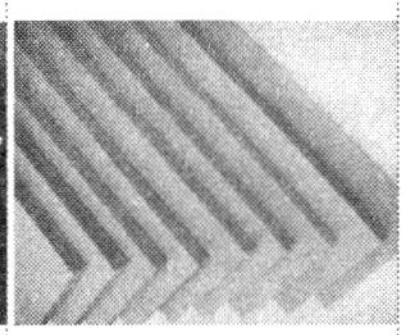	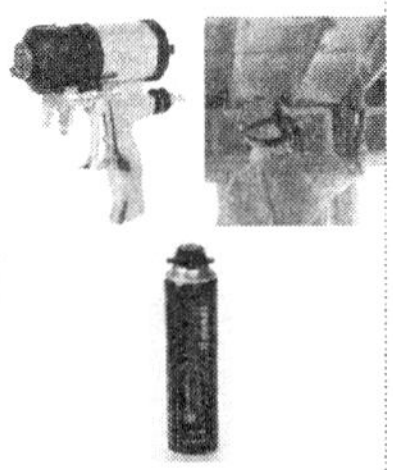		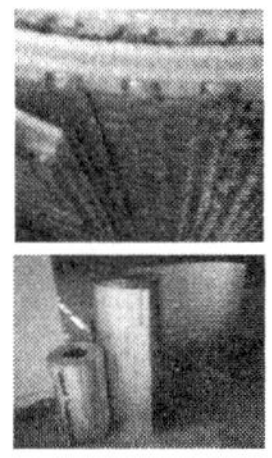
두께	50mm 전후				6mm 전후
단열성능 발휘	알갱이 사이틈	내부기포		섬유사이공간	
	열저항(전도-대류)				복사열차단
	단열재내의 폐쇠된 공기층이 전도와 대류를 차단. 방습층 없음. 습기 유입시 단열성 감소.(유리면 능의 치명석 약섬: 1% 투습시 열전노율 30% 감소)				내부 기포층에서 전도 억제하며, 방습층 포함
공통	대류가 발생하지 않도록 기밀(Air-tight)성 유지				
강점	내습성	방수성	방수성, 접착성	내열성	내습성
약점	내열성	좌동	친화(親火)성	내습성, 잔가시	단열성능은 두께만큼만[1]
가격	저	중	고	저~중	중~고

■ 열반사단열재

1) 열반사단열재가 자기 두께 10배에 해당하는 열저항단열재의 단열효과를 낸다는 것은 명백한 허위광고이며 실제로는 그 두께 정도의 단열성능 밖에 발휘하지 못한다. 이규환건축사, 열반사단열재 주의보, 2011.4.1. 건축문화신문

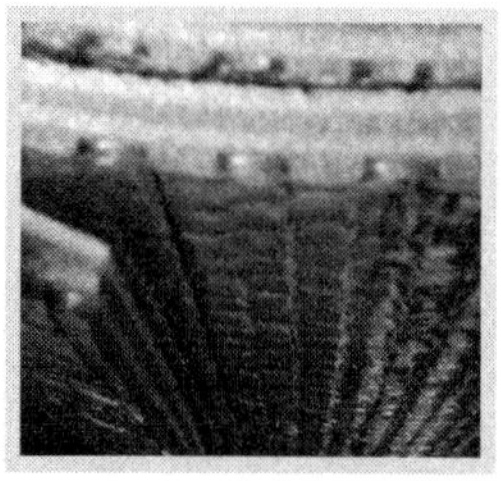

단면

단면구성

① AL 반사필름: 복사열 차단 및 차음, 방습(복사열 차단)

② 폴리에스터섬유: 공기층 형성으로 열 또는 냉기차단(전도, 대류 차단)

③ 폴리에틸렌: 방습, 충격음 방지 및 보온효과(전도, 대류 차단)

④ 반사필름: 복사열 차단 및 차음, 방습효과(복사열 차단)

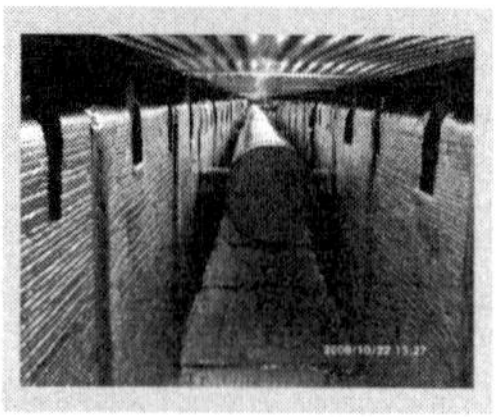

적용2)

특성

두께가 얇아 겹침시공에 의해 기밀한 시공이 가능하다.

작업속도가 높아 공기가 단축된다.

후속 작업에 의한 단열재 파손이 적다.

시공후 잔여물이 적다

롤 타입으로 보관이 용이하다.

한마디로 시공성이 좋다!(원설계는 외단열방식이나 시공중에 변경됨)

건축문화신문 | 자재정보/세미나소식 | 2011. 4. 1 107호 9

『열반사단열재 주의보』

에너지절약계획서를 제출하지 않는 중소규모건축에서 독버섯처럼 퍼지고 있는 열반사단열재 폐해 매우 심각한 상황

최근 친환경 건축을 검토함에 있어 단열과 환기가 가장 중요하게 대두되고 있다. 즉 단열과 환기만 잘하면 지구온난화문제의 해결에 큰 역할은 물론 쾌적한 생활을 영위하기에 크게 부족함이 없다는 말이다. 그런데 의도와는 달리 우리들의 노력을 일시에 물거품으로 만들 수 있는 핵폭탄급 문제가 도사리고 있다는 것을 알게 된다면 그 충격은 아마 상상 이상이 될 것이다. 설계 및 감리 시 열반사단열재의 무분별한 사용 때문에 발생하는 문제가 그것이다.

열반사단열재는 폴리에틸렌폼과 부직포 같은 유연한 부피형단열재 표면에 알루미늄박지를 접착해 놓은 것으로, 어느 순간부턴가 현장에서 빠르게 보급되기 시작한 제품이다. 아마도 제품의 물성이 부드러워 시공성이 좋다는 것이 가장 큰 보급요인이 아니었을까 생각한다. 그런데 시공성만 좋고 단열성이 없다면 과연 이것을 단열재라 할 수 있을까? 혹시라도 열반사단열재를 설계도면에 반영한 경우가 있다면 다음의 글을 유심히 읽어보시기 바란다. 열반사단열재의 문제점은 다음과 같다.

첫째, 극히 일부 성능 밖에 감당할 수 없는 보조재인 제품을 주단열재의 성능이 있다고 허위로 광고하고 있으며, 그 허위 광고를 사실로 인정하여 건설현장에 무책임하게 사용하고 있는 것이다. 허위광고 내용을 그대로 옮겨보면 두께 6~13mm에 불과한 열반사단열재가 압출법보온판(아이소핑크) 70~80mm 이상의 효과를 낼 수 있다고 선전하는 것을 두 눈으로 목격하기도 했다. 그러나 알루미늄박지가 붙었을 뿐 부피단열재와 유사한 구조의 보조단열재가 다른 부피단열재 보다 7~10배 이상의 성능을 보인다는 것은 상식적으로 말이 되지 않는다. 이런 거짓된 내용은 건설현장에서 익히 알고 있다. 그런데도 제품이 싸다는 이유로 현장에 무분별하게 적용되고 있다. 제품의 성능을 세밀히 검토하지 않은 건축사와 감리자는 이에 대한 문제와 책임을 자신도 모르는 사이 떠안고 있는 상황이다.

둘째, 성능을 요하는 제품들은 반드시 시험성적서를 준비해 두어야 한다. 그런데 열반사단열재 업체들은 제품자체만으로 시험한 것이 아닌 복잡한 구조체를 구성해서 받은 성적서를 제시하고 있다. 한 업체를 예로 들자면 열반사단열재 6mm의 시험체구성은 ((항온측)단열벽지2mm + 석고보드 9.5mm + AL필름0.029mm + 공기층 20mm + 콘크리트150mm + 열반사단열재 6mm + 공기층50mm + 화강석30mm(저온측))이고, 열반사단열재 10mm의 시험체구성은 ((항온측)석고보드9.5mm + AL방습필름0.05mm + 공기층30mm + 콘크리트 150mm + 열반사단열재10mm + 공기층 50mm + 화강석30mm(저온측))인 경우가 있었다. 계산방식은 전체 구조체의 열관류율(숫자가 작을수록 좋은 성능)을 시험한 후 콘크리트, 화강석 등 구성요소의 열관류율을 제외시키면 마지막 남는 것이 열반사단열재의 열관류율이 된다는 것이다. 그리고 그 결과로 열반사단열재 6mm의 열관류율은 0.33W/㎡K, 10mm의 열관류율은 0.46W/㎡K라는 비상식적인 결과를 보이고 있었다. 그들이 제시하는 성능에 대한 의구심은 물론 조작가능성까지도 충분히 예상할 수 있는 사례라 할 수 있다. 실제로 시험연구원에 갖고 간 제품에서 구성요소의 성능을 변형시켜 테스트를 받은 것이 뒤늦게 밝혀지기도 했다. 또한 성적서 자체를 조작해 제시한 것을 적발한 경우도 있었다. 제품만으로 시험하는 것보다 구조체로 시험하는 것이 시간과 노력이 더 들고 비용도 더 비싸다 한다. 그런데 왜 굳이 구조체 시험성적서를 들고 다니며 어렵게 설명하는지 그 이유를 생각해 봐야한다.

얼마 전 동료건축사의 신축허가도면에서 '두께 10mm 다층구조열반사단열재'라 표기한 것을 보고 깜짝 놀라 지적해 준 적이 있었다. 극단적으로 말해 두께 10mm 스치로폼으로 외벽단열을 한 것과 크게 다르지 않다. 더욱 놀란 것은 이런 현상이 설계도면을 무시하는 일부 불법시공현장만이 아니라 건축사인 우리들도 크게 의심하지 않고 도면에 표기하는 일이 많다는 것이다. 분명한 것은 열반사단열재 6~13mm 두께로 주단열재 시공을 하는 현장들은 모두 다 부실·불법건축물들이다. 그 두께로 건축법규를 만족하는 성능의 제품이 없기 때문이다. 아직은 시공성 문제와 비싼 가격 등으로 쉽게 적용하진 못하지만 제품 자체의 성능은 최고라고 알려져 있는 진공단열재도 그런 성능이 나오질 않는다.

특히 에너지절약계획서를 제출하지 않는 중소규모건축에서 독버섯처럼 퍼지고 있는 열반사단열재의 폐해는 매우 심각한 상황이다. 지구온난화방지를 위한 친환경건축의 실현은 고사하고 오히려 지구온난화를 부추기는 행위에 동참 또는 방관으로 묵인하고 있으며 그 결과 부실 설계 및 감리라는 책임으로 건축사의 명예에 먹칠은 물론 손해배상까지를 감당해야 하는 일이 생기지 않을까 걱정스럽다. 정부기관의 관리감독, 건설사들의 양심과 윤리의식은 물론 건축사들의 바른 이해와 적용이 시급하다.

재료선택권은 시급히 서둘러 회복시켜야 할 부분이다. 그리고 그 회복을 위한 첫번째 과제를 부실단열재의 추방에서부터 시작해 봄이 어떨까 제안해 본다.

이규환 건축사 master@archivalley. co.kr

▶ 시중에 나돌고 있는 단열재별 단열성능 비교표(허위과장 사례)

구분	열반사 단열재	아이소핑크 (가등급)	스치로폼 (나등급)	그라스울32K	우레탄
두께(mm)	10	75	80	84	54
열전도율(W/mk)	-	0.03	0.036	0.047	0.024
열관류율(W/m2K)	0.44	0.44	0.44	0.44	0.44
열전달저항(m2K/W)	2.272	2.273	2.264	2.272	2.272

`2) 해당 건물의 외장은 원래 외단열방식이었으나 공사도중 발주자의 요청에 의해 석재로 변경되었으며, 이에 따라 단열재도 변경되었다. 열반사단열재의 적용은 시공성을 감안한 시공자의 제안과 감리자의 승인에 의하여 변경되었다. 당시에는 첨부된 시험성적표를 근거로 승인되었다.

§ BIM에 의한 도면검토 효능

"A" 주상복합현장 성과사례/ 두올테크

2009-04-24

두올테크 BIM사업부에서는 3개월간의 3D BIM 검토기간을 통해 500건 이상의 체크사항을 도출해내었으며 이를 통해 재시공 방지 및 공사비 절감에 크게 기여했습니다.

2011-01-31

포스코건설 IFEZ 송도 아트센터현장 BIM적용

사례

■ 성과 요약

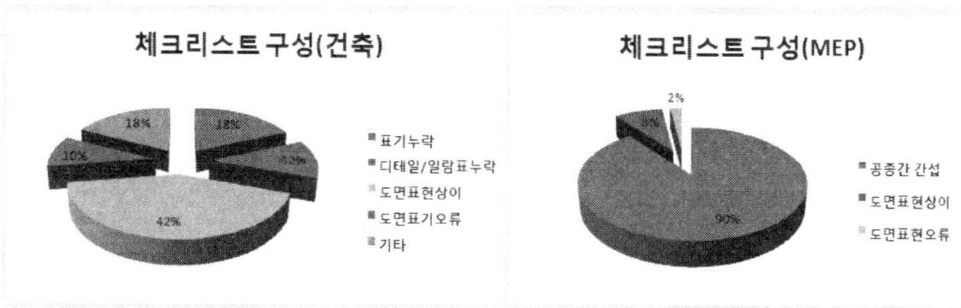

도면표현 상이(42%) 표기 누락(18%) 기타(18%) 디테일 누락(12%) 오류(10%)

공종간 간섭(90%) 도면표현 상이(8%) 오류(2%)

BIM 검토에 의한 도면분석

■ 도면오류 사례

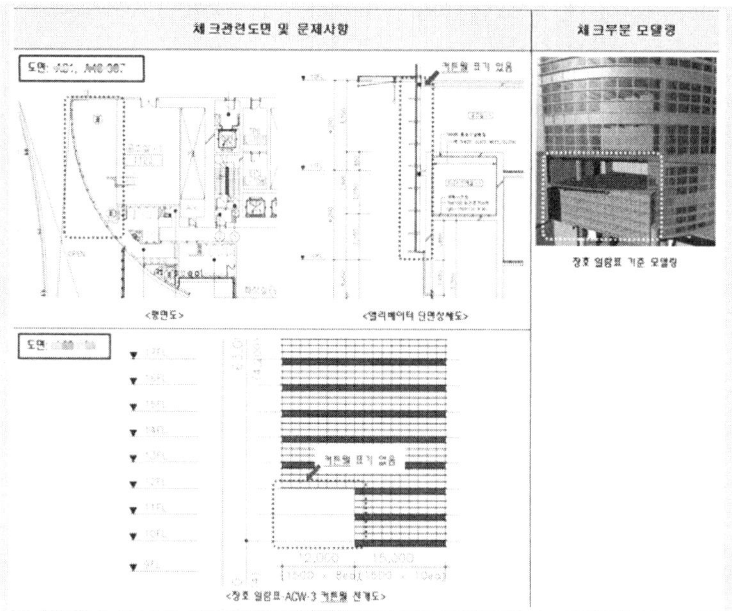

디테일, 일람표, 부호 표기 누락

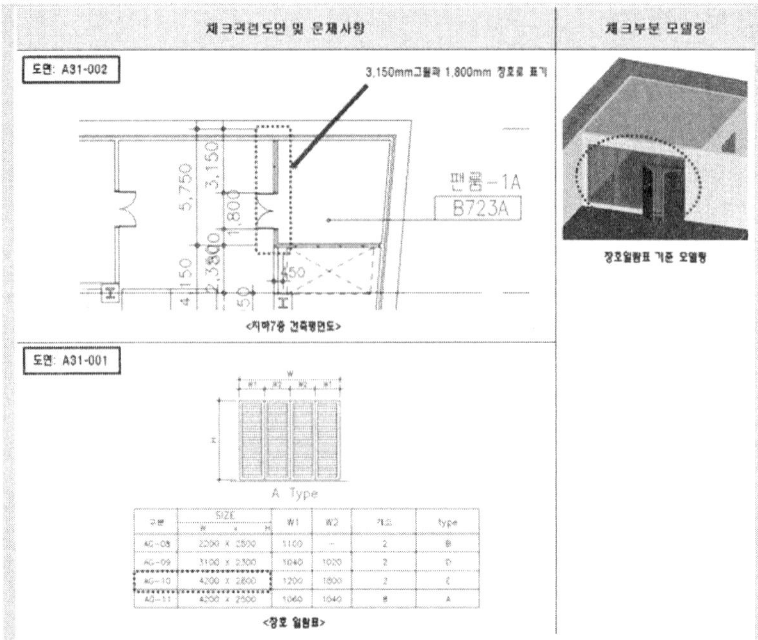

도면 표기 오류

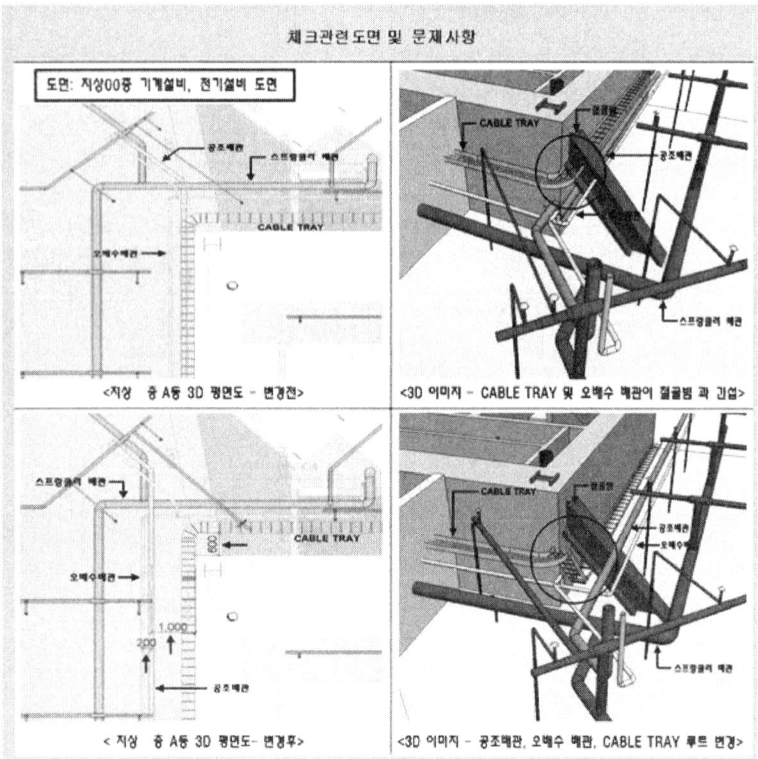

도면 간 상이한 표현 및 공종 간 간섭

§ BIM에 의한 도면검토 효능

국내 최초 BIM설계, 용인시민체육공원

2010년 1월 국토해양부에서는 BIM관련 적용가이드 자료를 통해 '시설물의 기획, 설계, 시공, 유지관리의 모든 단계에 필요한 물리적 형상, 속성 및 관련 자료에 관한 정보를 통합적으로 생성, 활용, 축적, 유통, 관리 및 재활용함으로써 업무의 수준과 효율을 증대하기 위해 BIM이 도입된다'고 언급하였다...

- 국내 최초 BIM설계, 용인시민체육공원

용인시민체육공원 국토일보,
2010-03-25 이경운 기자

<용인시민체육공원-(주)알피종합건축사사무소>

국내 최초 BIM설계, 용인시민체육공원

국내 최초로 공공건축물에 빌딩정보모델링(BIM:Building Information Modeling)을 활용한 용인시 시민체육공원이 착공, 각계의 관심이 집중되고 있다. 미래 용인의 상징이 될 주경기장과 시민체육공원은 경기도민체전과 전국체전 등 국내외 대규모 체육행사를 유치해 시의 위상을 높이고, 2020년 인구 120만을 바라보는 용인의 문화체육시설로 자리매김할 전망이다. 용인시는 시민체육공원 조성공사의 건축, 토목, 조경, 전기, 통신 등 기본·실시설계 전 공정에 설계 및 내역서 산출까지 BIM을 기반으로 한 정보를 제출토록 하고 있다. 이를 통해 생산성 향상과 투명성 확보 및 추후 유지관리 비용절감에 기여할 것으로 예상하고 있다.

§ 건설정보모델링(BIM) 가이드라인

조달청 PUBLIC PROCUREMENT SERVICE	보도자료 www.pps.go.kr 총 2매 배포일 2010. 12. 27(월)	부 서 과 장 사무관	시설사업국 시설기획과 이 종 기 이 헌 우 042-481-7408
배포 즉시 보도			

" 건설정보모델링(BIM) '가이드라인' 나온다 "

조달청, 내년 발주 설계 공모. 턴키공사 부터 적용
공공부문 녹색건설 확대와 예산절감 유도
2012년부터 Total Service로 발주하는 500억원 이상인 턴키·설계공모 공사에 BIM 적용을 의무화할 계획

□ 조달청(청장 : 노대래)은 내년부터 발주하는 설계공모와 턴키공사에 적용될 'BIM 발주지침'을 발표하였다.

* BIM(Building Information Modeling) : 기존의 2D설계를 3D설계로 한 차원 격상시킴. 건설 전(全) 단계의 정보를 통합 관리해 설계품질 향상과 예산절감, 녹색건설에 효과.

○ 'BIM 발주지침' 제정은 최근 많은 공공 발주기관이 BIM적용을 시도하고 있으나 요구사항과 납품 및 품질기준 등이 명확하지 않아 최소한의 가이드라인을 제시하기 위한 것이다.

○ BIM 발주지침은 조달청 홈페이지(WWW.pps.go.kr)에서 확인할 수 있다.

□ 조달청이 공개한 'BIM 발주지침'은 최소한의 BIM 작성과 납품, 발주기관 품질요구 기준을 담고, 설계 단계별로 BIM적용 범위를 제시해 신기술 적용에 따른 시장의 과도한 부담을 해소하는 데 초점을 두고 있으며, BIM을 활용한 건물에너지효율검토 및 에너지 시뮬레이션, 기초수량 데이터의 작성 등을 명확히 요구함으로써 공공부문의 녹색건설 확대와 예산절감을 유도하고 있다.

□ 'BIM 발주지침'은 2011년부터 공고하는 시설공사 Total Service* 공사 중 BIM을 활용하는 설계공모와 턴키공사의 입찰 공고시 입찰안내서에 반영해 적용된다.

* 시설공사 Total Service : 공사발주 경험이나 전문인력이 부족한 수요기관을 대상으로 시설물의 기획·설계·시공·사후관리의 건설 전 단계 업무를 조달청이 대행하는 서비스로 '10년 현재 3조 2,431억원 공사를 수임한 바 있다.

ㅇ BIM 적용에 대한 수요기관의 관심이 크게 증가하는 추세에 있어 다수 사업에 조달청이 공개한 'BIM 발주지침'이 활용될 전망이며, 앞으로 조달청은 시범사업을 통한 현장 적용과 연구용역을 통해 본 지침을 지속적으로 보완시켜 공공 발주기관 뿐만 아니라 그간 BIM적용이 어려웠던 중·소규모 업체에도 충분한 가이드가 될 수 있도록 발전시킬 계획이다.

□ 천룡 시설사업국장은 "Total Service를 이용하는 수요기관들이 BIM에 대한 관심이 높기 때문에 '11년에 당초 계획한 3-4건 보다 많은 BIM 발주가 가능할 것으로 본다"며 "발주 확대 뿐만 아니라 조기에 제도적 기반을 정착시키기 위해 시범사업 결과를 바탕으로 관련부처와 적극 협의해 나갈 것"이라 밝혔다.

□ 한편, 조달청은 그동안 '용인시민체육공원 조성사업', '디지털방송콘텐츠 지원센터 건립공사' 등에 BIM 설계를 반영해 발주한바 있으며 2012년부터 Total Service로 발주하는 500억원 이상인 턴키·설계공모 공사에 BIM적용을 의무화할 계획이다.

§ 건설업 분류

■ 일반건설업(=종합건설업)
2008-7/31 현재 13,000개

◦ 종합 순위: 대우건설, 삼성건설, 현대건설, 지에스건설, 대림산업 등
◦ 5개 업종별 순위
. 토목 현대건설
. 건축 삼성건설
. 토건(토목건축) 삼성건설
. 산업.환경설비 지에스건설
. 조경공사업 삼성에버랜드

■ 전문건설업(=단종업체)
2008-7/31 현재 41,000개
◦ 25가지 29종 업종

. 실내건축공사업
. 토공사업
. 미장방수조적공사업
. 석공사업
. 도장공사업
. 비계.구조물해체공사업
. 금속구조물.창호공사업
. 지붕판금.건축물조립공사업
. 철근.콘크리트공사업
. 기계설비공사업
. 상.하수도설비공사업
. 보링.그라우팅공사업
. 철도.궤도공사업
. 포장공사업
. 수중공사업
. 조경식재공사업
. 조경시설물설치공사업
. 강구조물공사업
. 철강재설치공사업
. 삭도설치공사업
. 준설공사업
. 승강기설치공사업
. 가스시설시공업 제1종, 제2종, 제3종
. 난방시공업 제1종, 제2종, 제3종
. 시설물유지관리업
(25가지)

※ 건설업 영업범위 폐지된다

국토부, 2009년 5월 21일 건설선진화방안 개정안 예고(2011년 쯤 시행할 계획)

이번 개정안에서 가장 눈에 띄는 사안은 건설업종별 영업범위 제한 폐지 부분이다. 영업범위 폐지에는 전문건설업종간 사업 분류 뿐 아니라 종합건설과 전문건설업체 간의 영업범위도 포함된다. 정통부는 이를 통해 발주자 및 수급인이 다양한 선택이 가능하도록 접근 시장을 넓히겠다는 목표다. 이와 더불어 발주자의 효율적인 선택을 위해 건설업체에 관한 정보를 공시하는 등 제공 기능도 확대키로 했다. 만약 건설업자가 허위광고 및 정보를 제공한 경우 벌금 등의 처벌안도 추가했다.

이와 관련 국토부는 "소모적 업역 분쟁에서 벗어나 다수업체간 경쟁을 위해 시공전문성이 강화될 것으로 전망된다. 등록제를 유지하는 부분은 업체 정보와 건설업체 관리 등 기본적인 시장질서 유지를 위해 필요하다고 판단했기 때문"이라면서 "준비기간을 거친 후 2011년 쯤 시행할 계획"이라고 밝혔다.

업종등록 부담도 완화된다. 경쟁력 있는 업체가 다양한 수주기회를 얻을 수 있도록 한다는 것이 그 목표다. 이에 따라 기존 업종등록 기준 중 자본금 부분은 최대자본금의 50% 범위내로 완화하고 기존 업종과 추가 업종의 기술사가 동일 종류 및 등급인 경우에는 각 1회에 한해 중복을 인정키로 했다.

부 록

참 고 자 료

§ 설계실무 과제 목차

각 과제는 수업 내용을 보완하며 인증요건을 충족시키고 있다.

과제 1	조별 명부 작성
과제 2	건축사사무소 창업 및 사업전략 수립
과제 3	소형 건축사사무소 분석
과제 4	대형 건축사사무소 분석
과제 5	윤리규정 작성
과제 6	용역비 실습
과제 7	계약서 실습
과제 8	설계단계별 도서목록과 건축사의 역할 검토
과제 9	행정절차별 도서목록 검토 후 설계단계와의 비교
과제 10	브로슈어 제작 및 발표

과제 1 조별 명부 및 명패	제출확인	설계실무1(이론)
00조 000건축	반장	201 년 학기
조장 조원	교수	지도교수 옥 태 범

얼굴을 인식할 수 있도록!
(50KB이하, 칼라, 가로세로비 유지)

01 (조장)
핸폰:
메일:
생년(월일 제외):
현주소: 기숙사/ 자취/ 통학; (본가:)
현학년: 스튜디오; 교수연구생
장래희망: 설계, 시공, 등

02 (이하 출석부순)
핸폰:
메일:
생년(월일 제외):
현주소: 기숙사/ 자취/ 통학; (본가:)
현학년: 스튜디오; 교수연구생
장래희망: 설계, 시공, 등

03
핸폰:
메일:
생년(월일 제외):
현주소: 기숙사/ 자취/ 통학; (본가:)
현학년: 스튜디오; 교수연구생
장래희망: 설계, 시공, 등

04
핸폰:
메일:
생년(월일 제외):
현주소: 기숙사/ 자취/ 통학; (본가:)
현학년: 스튜디오; 교수연구생
장래희망: 설계, 시공, 등

과제별 메모(교수용)

과제		내용	배점				최종점수
			형식	내용	발표자	기타 등(지각)	
1	조별 명부 작성						
2	창업 및 사업전략						
3	소형 건축사						
4	대형 건축사						
5	윤리규정						
6	용역비						
7	계약서						
8	설계단계						
9	해정절차						
10	브로슈어						

과제 2 건축사사무소 창업 및 사업전략	제출확인	설계실무1(이론)
00조 000건축	반장	201 년 학기
조장 조원	교수	지도교수 옥 태 범

* **사업 전문분야를 키워드로 제시한 후**
선택사유, 사업전망에 대한 예측 및 근거자료, 수주전략, 홍보방안 등을 요약, 정리할 것.

* 조직도는 총원 50명을 기준으로 하되 현재 조원이 각 부서장을 맡도록 할 것.

* 사무소 주소 및 입주건물 사진 등을 포함할 것.

* 사명, 엠블럼(심볼+로고), 명함을 포함하며 법인인감을 제작할 것.

* 작업목록은 실제조원 포트폴리오를 재구성하거나 전문분야에 맞추어 기존 건축사사무소 작업을 편집할 수도 있음.

* 전문분야에 합당한 벤치마킹 대상으로서의 소형 건축사사무소를 미리 선정할 것.

☞ 전문분야는 건축법 시행령 별표1(용도별 건축물의 종류)에 따라 정의한 후 부가설명을 기입할 것.

1. 단독주택 단독주택, 다중주택, 다가구주택, 공관
2. 공동주택 아파트, 연립주택, 다세대주택, 기숙사
3. 제1종 근린생활시설 수퍼마켓, 일용품 등의 소매점 등
4. 제2종 근린생활시설 일반음식점, 공연장, 종교집회장 등
5. 문화 및 집회시설 공연장, 집회장, 관람장, 전시장, 동식물원 등
6. 종교시설 종교집회장 등
7. 판매시설 도매시장, 소매시장, 상점 등
8. 운수시설 여객자동차터미널, 철도, 공항, 항만 등
9. 의료시설 병원 등
10. 교육연구시설 학교, 학원, 연구소, 도서관 등
11. 노유자시설 아동관련시설, 노인복지시설 등
12. 수련시설 유스호스텔 등
13. 운동시설 체육관, 운동장 등
14. 업무시설 공공업무시설, 일반업무시설 등
15. 숙박시설 일반숙박시설, 관광숙박시설 등
16. 위락시설 단란주점, 유흥주점, 무도장, 카지노
17. 공장
18. 창고시설
19. 위험물저장 및 처리시설 주유소 등
20. 자동차관련시설 주차장, 세차장, 폐차장, 매매장 등
21. 동물 및 식물관련시설 축사 온실 등
22. 분뇨 및 쓰레기처리시설
23. 교정 및 군사시설
24. 방송통신시설
25. 발전시설
26. 묘지관련시설
27. 관광휴게시설 야외음악당, 관망탑, 휴게소 등
28. 장례식장

☞ 용도 이외의 구분이나 전략이 있다면 별도로 표기할 것.
(환경디자인, 공공디자인, 인테리어 등; 리모델링, 에너지 특화, BIM 특화, CPTED 특화 등)

과제 3 소형 건축사사무소 분석	제출확인	설계실무1(이론)
00조 000건축	반장	201 년 학기
조장 조원	교수	지도교수 옥 태 범

00건축사사무소

* 간단개요

대표자

대표작

창립연도

규모(인원)

사무실 위치

* 인적 구성

{대표자 및 주요 파트너} 별 {학력, 건축사사무소 경력}

학력, 경력상의 인맥 분석

* 작업목록을 검토하여 수주전략분석

작업내용을 {프로젝트명/ 연도/ 규모/ 용도/ 위치 등(비쥬얼 지양)}으로 구분하여 시간별로 정리한 후 특성 추출(동일 발주자, 전문 분야 등)

* 분석결과(벤치마킹 대상)

☞ 추천 후보
- 본인 취업희망사
- 직접 인터뷰가 가능한 건축사(외래교수 포함)
- 젊은 건축가상 수상자(2008년~)

과제 4 대형 건축사사무소 분석	제출확인	설계실무1(이론)
00조 000건축	반장	201 년 학기
조장 조원	교수	지도교수 옥 태 범

00건축사사무소

* 간단 개요
설립자(owner), 현재 대표이사, 총**인원**, 건축사 인원, 부서별 인원 등

* **조직도 분석**

* 조직구성 분석
임원진(최고 경영자, 파트너, 부사장급 임원)의 구성 등

* 신규 진출분야 등 특기 사항?

다음 표는 과제4 취합 후에 반장이 작업하여 이클래스에 업로드할 것.

1. 조별 사업전략

구분	구성원 및 사무소명칭	전문분야 및 전략	벤치마킹
보기 원안/ 옥교수 수정	조장+ 조원1, 2, 3 이도건축理都建築(한자는 있는 경우만) Ido Architects (& Partners *Associates, Planners, Engineers* Ltd.)	분야: 일반명칭 ☞ 건축법 시행령 용도별 건축물의 종류 28가지 전략: 에너지절약, 셉테드 등	소형) 문훈건축발전소/ 문훈 대형) 간삼/ 김태집
1조			

과제 5 건축사단체별 건축사의 책임과 직업윤리 분석 후 자사 윤리규정 작성	제출확인	설계실무1(이론)
00조 000건축	반장	201 년 학기
조장 조원	교수	지도교수 옥 태 범

건축사단체별 건축사의 책임과 직업윤리

구분	한국건축가협회	대한건축사협회	새건축사협의회
영문명칭			
창립연도			
회원자격 및 구분			
소속부처			
건축사의 책임 및 직업윤리			
기타 특기사항 (건축사 vs 건축가)			

자사 윤리규정

과제 6 용역비 실습	제출확인	설계실무1(이론)
00조 000건축	반장	201 년 학기
조장 조원	교수	지도교수 옥 태 범

용역비 실습에서는 총원을 현재 조원 포함 5인으로 함.

-1. 임금

사무소별 임금(원) (☞ 실행예산에 적용)				기준 임금[1](원) (☞ 견적서에 적용)		
일련번호	직급	연봉	월급(연봉/12)	직급	단가(일당)	월급
1	대표			건축사(기술사)		
2				특급기술자		
3				고급기술자		
4				중급기술자		
5				초급기술자		
합계	-			-		
평균	-			-		

이하 양식은 별도 출력 제출

-2. 실행예산

____________________ 원(부가세 별도)

※ 실비정액보수가산방식으로 계산

-3. 견적서

____________________ 원(부가세 별도)

※ 실비정액보수가산방식으로 계산

-4. 최종 견적금액(백만원 단위 이상으로 반올림)

____________________ 원(부가세 별도)

※ 실행예산보다 많거나 적은 경우 그 사유를 간단히 명기할 것.

1) 기준임금은 직전연도 엔지니어링업체 임금실태조사에 의하며, 월급은 엔지니어링기술자의 노임단가(시급) X 평균근무일수(22.04일)로 한다.(반장이 이클래스 공지)

과제 7 계약서2) 실습	제출확인	설계실무1(이론)
00조 000건축	반장	201 년 학기
조장 조원	교수	지도교수 옥 태 범

계약서는 그룹별로 제출

(2부 작성 후 간인 및 날인, 법인인감 사용)

다음 표는 반장 작업

조별 최종견적금액

구분	금액(원)	조	일련번호	금액(원)	조
1(최저가)			10(최고가)		
2			9		
3			8		
4			7		
5			6		

그룹 편성

구분	갑 금액(원)	조	을(용역자) 금액(원)	조	그룹별 평균
가그룹	(최저가)		(최고가)		
나그룹	(차저가)		(차고가)		
다그룹	(차저가)		(차고가)		
라그룹	(차저가)		(차고가)		
마그룹	(차저가)		(차고가)		

계약금액(합의금액)

구분	갑 금액(계약금액 대비 +-%)		계약금액(원)	을 금액(계약금액 대비 +-%)	
가그룹					
나그룹					
다그룹					
라그룹					
마그룹					

2) 계약서는 건축사협회 양식 기준(반장이 이클래스 공지)

과제 8 설계단계별 도서목록과 건축사의 역할	제출확인	설계실무1(이론)
00조 000건축 조장 조원	반장	201 년 학기
	교수	지도교수 옥 태 범

규 모	단 계	주 체	주요업무; 도서목록(건축 구조 기계설비 전기설비 기타 중 특성 요약)
소형 (주택, 근생) 중규모 대규모	기획 Preliminary Study	<설계자> and/or <발주자> (개인, 법인, 공공 등)	<규모별> <재정> 사업성 분석, 규모검토 <건축(공통)> 법규검토, 규모검토 <건축>
	계획설계 Schematic Design	<설계자>	<건축> 대안검토 후 계획안 확정
	기본설계 (중간설계) Design Development	<설계자>	<건축> 계획안의 구체화 <구조> 계산서 <기계설비> 계산서 <전기설비> 계산서 ...
	실시설계 Construction Documents	<설계자>	<건축> 시공도면 수가, 시방서, 내역서 등 <구조> <기계설비> <전기설비> ... 도서 납품
	현장설계 (사후설계) *on-field design*	<설계자>	현장보완. 특히 <건축>, <구조> 분야
	감리 Supervision	<설계자>와 동일한 혹은 다른 <감리자>	도면대로 시공되는 지 확인 (현장설계와 혼동 금지)

과제 9 행정절차별 도서목록 조사 및 설계단계와의 비교	제출확인	설계실무1(이론)
00조 000건축 조장 조원	반장	201 년 학기
	교수	지도교수 옥 태 범

-1. 설계단계와 행정절차의 비교

설계단계	(해당되는 좌우를 연결)	행정절차
기획		심의
계획설계		
기본설계		허가
실시설계		
사후설계(현장설계)		철거/ 멸실신고; 착공신고; 중간검사; 사용승인
준공도면		
		유지관리

-2. 행정절차별 개요 및 도서목록(주거를 제외한 일반건축물 기준)

구 분	내 용	도면목록 (건축 구조 기계설비 전기설비 기타 중 특성 요약)
심의	건축계획심의	건축
	경관심의	+ 색채, 경관
	교통영향평가심의	+ 교통(도시와의 접속 위주; 내부교통은 건축부문)
	환경영향평가심의	+ 토목 등
	재해영향평가심의	+ 토목 등
허가		
감리	철거/ 멸실	
	착공신고	
	중간검사	
	사용승인	건축물대장
사용승인	유지관리	P.O.E.; 시설물유지관리법

과제 10 사무소 브로슈어[3] 발표	제출확인	설계실무1(이론)
00조 000건축	반장	201 년 학기
조장 조원	교수	지도교수 옥 태 범

브로슈어 구성

기 작성한 과제를 기반으로 하여 업그레이 함.

1. 표지
- 조명, 건축사사무소 명칭(한글, 영문 등), 조장, 조원
- **경고문 명기.**

(본 자료는 수업시간 중 학생 과제로 제작된 것으로서, 일부 내용은 사실과 다를 수 있으며 기존 건축사사무소 자료가 임의로 편집되어 사용되었음을 밝힙니다.)

2. 홍보자료

3. 부록(대외비)
- 앞부분과 간지로 구분함.
- 사업전략은 과제 6의 인건비 의거, 연매출액을 산출한 후 구체적인 수주지표를 수립할 것.

☞ 조별 수주지표 참조
- 벤치마킹 사무소 분석은 과제 3, 4 재편집

* 제출방식은 지도교수에 따름.
- 오프라인 제출시 책자 형태(A4 세로 좌철)로 하며, 발표는 제출본과 동일하게 진행해야 함.
- 온라인 제출은 이클래스에 업로드.

* 인증씨디

2. 조별 수주지표

구분	명칭	급여인원 (인)	연봉합계 (억원)	연간 필요매출액 (억원)	매출액 / 연봉비율(배)	전문 분야	수주 규모 및 건수	홍보 방안
1조	00건축	5	₩1.8	₩5.5	3.0	교육연구시설	3,400m2 X 3.6건	홈페이지+현상
	...							
평균								

3) 반장은 조별개요(사업전략, 수주지표)와 이클래스에 올려진 각 조 브로우셔를 취합하여 씨디로 제출할 것.(인증자료)

참 고 문 헌

Demkin, Joseph A, AIA, Executive Editor 등 공저, 이상준 등 공역, 건축설계실무핸드북, Student Edition(13판), 대가, 2006

Ramroth, William G , Jr., Risk Management for Design Professionals, Kaplan Publishing, 2007

권문성, 아뜰리에17건축사사무소의 덕원갤러리 브리핑 자료, 2002.

김기수+김양곤, 건축물 감리제도의 개선방향, 건축사 통권500호, 82~83쪽, 2010.12

김상민, 경기도 민자도로 적자, 조선일보, 2010.11.14.

김영민, 초고층 건물 구조시스템의 최적대안평가, 건축(대한건축학회지), 2010.10

대한건축사협회지 편집부, 통계, 건축사, 통권 500호, 2010.12

박인석, 건축설계산업에 있어서의 현황과 이슈, 명지대 건축대학 건축학부 교수세미나 발표자료, 2010.12

박현호, KS_주거시설 범죄예방환경설계 가이드라인, 2011 외 여러 자료

삼우종합건축사사무소, 신입사원지원서, 2010

손석원, 건축설계 유망지식서비스 산업에 포함돼야, 건축문화신문, 2010.12.16

신재욱 등, 도시+건축 인허가실무서, 공유, 2010

옥태범, 셉테드란 무엇인가, 명지대 건축커뮤니케이션 강의자료, 2010.12.01

윤혁경, 법,제도의 변천과정을 통한 건축관련 제 법규의 이해, 하우징 브랜드 페어 세미나 자료, 2007

윤홍우, 도시형생활주택사업 탄력, 한국일보, 2010.05.09

이경운, BIM에 의한 도면검토 효능, 국토일보, 2010.3.25

이은주, 중국이 다시 봤다, 한국건축의 젊은 상상력, 중앙일보, 2010.11.13

이인영, 건축사들이 알아야 할 지진이야기, 건축사신문

이창남, 센구조 자료, 2009

장우정, 보고서는 핵심 담아 한 장으로, 조선비즈, 2010.12.01

정용식, 부동산 개발: 계획과 실무, 부연사, 2010

최철호, 두올테크 자료, 2009

설계실무입문(개정판) 값 10,000원

2014년 5월 30일 초판발행
2017년 2월 28일 초판 2쇄

저 자: 옥 태 범
발행인: 유 병 진

명지대학교 출판부
MYONGJI UNIVERSITY PRESS

서울특별시 서대문구 거북골로 34
전 화 (02) 300 - 1740
팩 스 (02) 300 - 1742
등 록 제 9 - 25호 1969. 10. 15
제 작 네오프린텍(주)

ISBN 978-89-7335-383-5 (93540)